普通高等教育"十一五"国家级规划教材

高等职业教育示范专业系列教材

（电气工程及自动化类专业）

修订版

供配电技术

第 2 版

主　编　江　文　匡桂阳

副主编　许慧中　蒋世祥

参　编　宋定珍　方爱平　郭轶平

主　审　林毓梁

机械工业出版社

本书系统地论述了供配电系统的整体功能和相关技术知识，重点介绍了工厂供配电系统的组成和结构、系统的设计和计算，以及系统的运行和管理。本书共分9章，包括：概论，供配电系统的常用一次设备，供配电系统的负荷计算，短路电流及计算，电力线路及变配电所的结构和电气主接线，供配电设备及导线的选择校验，供配电系统的继电保护，防雷、接地与电气安全，供配电系统的运行维护与管理。

本书注重理论联系实际。理论知识力求全面、深入浅出和通俗易懂；实践技能注重实用性、可操作性和有针对性。同时介绍了反映现代供配电技术的新设备和新技术。每章末都附有小结，大部分章末附有思考题和习题，书后还附有部分习题参考答案。

本书可作为职教本科、高职高专院校自动化类、供用电技术、建筑智能化工程技术等专业的教材，也可供从事供配电系统运行管理或其他相关行业的技术人员参考。

图书在版编目（CIP）数据

供配电技术／江文，匡桂阳主编 . —2 版 . —北京：机械工业出版社，2022.2（2025.2重印）

普通高等教育"十一五"国家级规划教材 高等职业教育示范专业系列教材

ISBN 978-7-111-69693-3

Ⅰ.①供… Ⅱ.①江… ②匡… Ⅲ.①供电系统-高等职业教育-教材 ②配电系统-高等职业教育-教材 Ⅳ.①TM72

中国版本图书馆 CIP 数据核字（2021）第 244767 号

机械工业出版社（北京市百万庄大街 22 号 邮政编码 100037）
策划编辑：于 宁　　　　责任编辑：于 宁 杨晓花
责任校对：樊钟英 张 薇 封面设计：鞠 杨
责任印制：单爱军
北京虎彩文化传播有限公司印刷
2025 年 2 月第 2 版第 5 次印刷
184mm×260mm · 18.5 印张 · 457 千字
标准书号：ISBN 978-7-111-69693-3
定价：55.00 元

电话服务　　　　　　　　　网络服务
客服电话：010-88361066　　机 工 官 网：www.cmpbook.com
　　　　　010-88379833　　机 工 官 博：weibo.com/cmp1952
　　　　　010-68326294　　金 书 网：www.golden-book.com
封底无防伪标均为盗版　机工教育服务网：www.cmpedu.com

前　言

本书是遵照"高职高专院校电气工程及自动化专业国家级教学改革试点专业系列教材"的规划，根据该类专业的要求，并结合供配电技术的最新发展和实用技术编写的专业教材。

本书共分9章，包括：概论，供配电系统的常用一次设备，供配电系统的负荷计算，短路电流及计算，电力线路及变配电所的结构和电气主接线，供配电设备及导线的选择校验，供配电系统的继电保护，防雷、接地与电气安全，供配电系统的运行维护与管理。在内容编写上，按照"培养学生的一般能力和专业能力相结合、基础知识和创新意识相并重"的原则，力求做到"保证基础、加强应用、体现先进"。

本书由江文、匡桂阳主编，匡桂阳负责统筹和统稿。其中，第1章由许慧中和匡桂阳编写，第2章由郭轶平和匡桂阳编写，第3、8章由蒋世祥和匡桂阳编写，第4、5章由江文和匡桂阳编写，第6章由许慧中、江文和匡桂阳编写，第7章由宋定珍编写，第9章由方爱平和匡桂阳编写。

本书由林毓梁主审。林毓梁老师对本书的编写给予了极大的帮助，并提出了大量的意见和建议，在此谨表示衷心的感谢！

本书的编写也得到了申鸿光老师和许多学校及个人的大力支持及帮助，在此表示诚挚的谢意。

由于编者水平有限，书中难免有错漏之处，敬请同行、师生和广大读者批评指正，不胜感谢。

编　者

目　录

第1章

概　论

供配电系统基本知识

电能是现代人们生产和生活的重要能源，它属于二次能源。发电厂将一次能源（如煤、油、水、原子能等）转换成电能，电能的输送、分配简单经济，便于控制、调节和测量，易于转换为其他形式的能量（如机械能、光能、热能等）。因此，电能在现代化工农业生产及整个国民经济生活中得到了广泛应用。

供配电，即电能的供应和分配。工厂企业及人们生活所需要的电能，绝大多数是由公共电力系统供给的，所以在介绍供配电系统之前，本节首先对电力系统予以简单介绍。

1.1.1　电力系统

电力系统是由发电厂、电力网和电能用户组成的一个发电、输电、变电、配电和用电的整体。电能的生产、输送、分配和使用的全过程，实际上是同时进行的，即发电厂任何时刻生产的电能等于该时刻用电设备消耗的电能与输送、分配中损耗的电能之和。

发电机生产电能，变压器、电力线路输送、分配电能，电动机、电灯、电炉等用电设备使用电能。在这些用电设备中，电能转化为机械能、光能、热能等。这些生产、输送、分配、使用电能的发电机、变压器、电力线路及各种用电设备联系在一起组成的统一整体，就是电力系统，如图 1-1 所示。

与电力系统相关联的还有电力网络和动力系统。电力网络或电网是指电力系统中除发电机和用电设备之外的部分，即电力系统中各级电压的电力线路及其联系的变配电所；动力系统是指电力系统加上发电厂的动力部分，所谓动力部分，包括水力发电厂的水库、水轮机，热力发电厂的锅炉、汽轮机、热力网和用电设备，以及核电厂的反应堆等。所以，电力网络是电力系统的一个组成部分，而电力系统又是动力系统的一个组成部分，三者之间的关系见图 1-1。

1. 发电厂

发电厂是将自然界蕴藏的各种一次能源转换为电能（二次能源）的工厂。

图 1-1　动力系统、电力系统、电力网络示意图

发电厂有很多类型，按其所利用的能源不同，分为火力发电厂、水力发电厂、核能发电厂以及风力、地热、太阳能、潮汐发电厂等类型。目前在我国接入电力系统的发电厂最主要的有水力发电厂、火力发电厂、核能发电厂（又称核电站）及风力发电厂等。

1）水力发电厂，简称水电厂或水电站。它利用水流的位能来生产电能，主要由水库、水轮机和发电机组成。水库中的水具有一定的位能，经引水管道送入水轮机推动水轮机旋转，水轮机与发电机联轴，带动发电机转子一起转动发电。其能量转换过程是：水流位能→机械能→电能。

2）火力发电厂，简称火电厂或火电站。它利用燃料的化学能来生产电能，其主要设备有锅炉、汽轮机和发电机。我国的火电厂以燃煤为主。

为了提高燃料的效率，现代火电厂都将煤块粉碎成煤粉燃烧。煤粉在锅炉的炉膛内充分燃烧，将锅炉的水烧成高温高压的蒸汽，推动汽轮机转动，使与之联轴的发电机旋转发电。其能量转换过程是：燃料的化学能→热能→机械能→电能。

3）核能发电厂，通常称为核电站。它主要是利用原子核的裂变能来生产电能，其生产过程与火电厂基本相同，只是以核反应堆（俗称原子锅炉）代替了燃煤锅炉，以少量的核燃料代替了煤炭。其能量转换过程是：核裂变能→热能→机械能→电能。

4）风力发电、地热发电和太阳能发电。风力发电是利用风力的动能来生产电能，应建在有丰富风力资源的地方。地热发电是利用地球内部蕴藏的大量地热能来生产电能，应建在

有足够地热资源的地方。太阳能发电是利用太阳光能或太阳热能来生产电能，应建在常年日照时间长的地方。

2. 变配电所

变电所的任务是接受电能、变换电压和分配电能，即受电→变压→配电。

配电所的任务是接受电能和分配电能，但不改变电压，即受电→配电。

变电所可分为升压变电所和降压变电所两大类：升压变电所一般建在发电厂，主要任务是将低电压变换为高电压；降压变电所一般建在靠近负荷中心的地方，主要任务是将高电压变换到一个合理的电压等级。降压变电所根据其在电力系统中的地位和作用不同，又分为枢纽变电站、地区变电所和工业企业变电所等。

3. 电力线路

电力线路的作用是输送电能，并把发电厂、变配电所和电能用户连接起来。

水力发电厂须建在水力资源丰富的地方，火力发电厂一般也多建在燃料产地，即所谓的坑口电站，因此，发电厂一般距电能用户较远，所以需要多种不同电压等级的电力线路，将发电厂生产的电能源源不断地输送到各级电能用户。

通常把电压在35kV及以上的高压电力线路称为送电线路，而把10kV及以下的电力线路称为配电线路。

电力线路按其传输电流的种类又分为交流线路和直流线路；按其结构及敷设方式又可分为架空线路、电缆线路及户内配电线路。

4. 电能用户

电能用户又称电力负荷。在电力系统中，一切消费电能的用电设备均称为电能用户。

用电设备按电流不同可分为直流设备与交流设备两类，而大多数设备为交流设备；按电压高低可分为低压设备与高压设备，1000V及以下的用电设备属低压设备，高于1000V的用电设备属高压设备；按频率高低可分为低频（50Hz以下）、工频（50Hz）及中、高频（50Hz以上）设备，绝大部分设备采用工频；按工作制不同可分为连续运行、短时运行和反复短时运行设备三类；按用途不同可分为动力用电设备（如电动机）、电热用电设备（如电炉、干燥箱、空调器等）、照明用电设备、试验用电设备、工艺用电设备（如电解、电镀、冶炼、电焊、热处理等）。用电设备分别将电能转换为机械能、热能和光能等不同形式的适于生产、生活需要的能量。

1.1.2 供配电系统概况

供配电系统是电力系统的一部分，其实质是电力系统的用户。供配电系统是由工厂企业自己管理与维护的系统。供配电系统进线以外的部分由电力部门管理，而进线以内的部分则是由工厂企业自己运行管理。所以，以工厂企业为例，供配电系统就是指工厂企业所需的电力从进厂起到所有用电设备入端止的整个供配电线路及其中所有变配电设备和控制、保护等设备。如图1-1虚线框所示。

根据电力系统所提供的进线电压等级的不同，一般的供配电系统可分成一级变压和两级变压的供配电系统。一级变压是指进线电压一般为6~10kV，这样经过一次变压就可以得到220V/380V的电压。当进线电压为35kV或以上时，需要经过两次变压才能得到220V/380V的电压。

1. 一级变压的供配电系统

1）只有一个变电所的一级变压供配电系统。对于用电量较少的小型工厂或生活区，一般容量不超过1000kVA或比1000kVA稍多，通常只设一个将6~10kV电压降为220V/380V电压的变电所，这种变电所通常称为车间变电所（STS）。图1-2a所示为装有一台电力变压器的车间变电所，图1-2b所示为装有两台电力变压器的车间变电所。

2）拥有高压配电所（HDS）的一级变压供配电系统。一般中、小型工厂，多采用6~10kV电源进线，经高压配电所将电能分配给各个车间变电所，再由车间变电所将6~10kV电压降至220V/380V，供低压用电设备使用；同时，高压用电设备直接由高压配电所的6~10kV母线供电，如图1-3所示。

a) 装有一台变压器的车间变电所　b) 装有两台变压器的车间变电所

图1-2　只有一个变电所的一级变压供配电系统

图1-3　拥有高压配电所的一级变压供配电系统

3）高压深入负荷中心的一级变压供配电系统。某些中小型工厂，如果本地电源电压为35kV，且工厂的各种条件允许时，可直接采用35kV作为配电电压，将35kV线路直接引入靠近负荷中心的工厂车间变电所，再由车间变电所一次变压为220V/380V，供低压用电设备使用。如图1-4所示，

图1-4　高压深入负荷中心的一级变压供配电系统

这种高压深入负荷中心的一级变压供配电方式，可节省一级中间变压，从而简化了供配电系统，节约了有色金属，降低了电能损耗和电压损耗，提高了供电质量，而且有利于工厂电力负荷的发展。

2. 二级变压的供配电系统

大型工厂和某些电力负荷较大的中型工厂，一般采用具有总降压变电所（HSS）的二级变压供配电系统，如图1-5所示。该供配电系统一般采用35～110kV电源进线，先经过工厂总降压变电所，将35～110kV的电源电压降至6～10kV，然后经过高压配电线路将电能送到各车间变电所，再将6～10kV的电压降至220V/380V，供低压用电设备使用；高压用电设备则直接由总降压变电所的6～10kV母线供电。这种供配电方式称为二级变压的供配电方式。

3. 低压供配电系统

某些无高压用电设备且用电设备总容量较小的小型工厂，有时也直接采用220V/380V低压电源进线，只需设置一个低压配电室，将电能直接分配给各车间低压用电设备使用，如图1-6所示。

图1-5　二级变压的供配电系统　　　　图1-6　低压进线的供配电系统

1.1.3　供配电系统的基本要求

为了切实保证生产和生活用电的需要，并实现节能增效，供配电系统必须满足以下基本要求：

1）安全。在电能的供应、分配和使用中，不应发生人身事故和设备事故。

2）可靠。应满足电能用户对供电可靠性即供电连续性的要求。

3）优质。应满足电能用户对电压和频率等方面的质量要求。

4）经济。应使供配电系统的投资少、运行费用低，并尽可能地节约电能和减少有色金属的消耗量。

1.2 电力系统的电压

1.2.1　额定电压的国家标准

由于三相功率 S 和线电压 U、线电流 I 之间的关系为：$S = \sqrt{3}\,UI$，所以在输送功率一定时，输电电压越高，输电电流越小，从而可以减少线路上的电能损失和电压损失，同时又可减小导线截面，节约有色金属。而对于某一截面的线路，当输电电压越高时，其输送功率越大，输送距离越远；但是电压越高，绝缘材料所需的投资也相应增加，因而对应一定的输送功率和输送距离，均有相应技术上的合理输电电压等级。同时，还须考虑设备制造的标准化、系列化等因素，因此电力系统额定电压的等级不宜过多。

按照国家标准 GB/T 156—2017《标准电压》规定，我国三相交流电网、发电机和电力变压器的额定电压见表1-1。

表1-1 三相交流电网、发电机和电力变压器的额定电压

分类	电网和用电设备额定电压/kV	发电机额定电压/kV	电力变压器额定电压/kV	
			一次绕组	二次绕组
低压	0.38	0.40	0.38	0.40
	0.66	0.69	0.66	0.69
高压	3	3.15	3 及 3.15	3.15 及 3.3
	6	6.3	6 及 6.3	6.3 及 6.6
	10	10.5	10 及 10.5	10.5 及 11
	—	13.8, 15.75, 18, 20, 22, 24, 26	13.8, 15.75, 18, 20, 22, 24, 26	—
	35	—	35	38.5
	66	—	66	72.6
	110	—	110	121
	220	—	220	242
	330	—	330	363
	500	—	500	550
	750	—	750	800（825）
	1000	—	1000	1100

1. 电力线路的额定电压

电力线路（或电网）的额定电压等级是国家根据国民经济发展的需要及电力工业的水平，经全面技术经济分析后确定的。它是确定各类用电设备额定电压的基本依据。

2. 用电设备的额定电压

由于用电设备运行时，电力线路上要有负荷电流流过，因而在电力线路上引起电压损耗，造成电力线路上各点电压略有不同，如图1-7中的虚线所示。但成批生产的用电设备，其额定电压不可能按使用地点的实际电压来制造，而只能按线路首端与末端的平均电压，即电力线路的额定电压 U_N 来制造。所以用电设备的额定电压规定与同级电力线路的额定电压相同。

图1-7 用电设备和发电机的额定电压

3. 发电机的额定电压

由于电力线路允许的电压损耗为 ±5%，即整个线路允许有 10% 的电压损耗，因此，为了维护线路首端与末端平均电压的额定值，线路首端（电源端）电压应比线路额定电压高 5%，而发电机是接在线路首端的，所以规定发电机的额定电压高于同级线路额定电压 5%，用以补偿线路上的电压损耗，如图1-7所示。

4. 电力变压器的额定电压

电力变压器一次绕组的额定电压有两种情况：

1）当电力变压器直接与发电机相连，如图 1-8 中的变压器 T_1，则其一次绕组的额定电压应与发电机额定电压相同，即高于同级线路额定电压 5%。

图 1-8　电力变压器一、二次绕组的额定电压说明图

2）当变压器不与发电机相连，而是连接在线路上，如图 1-8 中的变压器 T_2，则可将变压器看作是线路上的用电设备，因此其一次绕组的额定电压应与线路额定电压相同。

电力变压器二次绕组的额定电压是指变压器一次绕组接上额定电压而二次绕组开路时的电压，即空载电压。变压器在满载运行时，二次绕组内约有 5% 的阻抗电压降。因此分以下两种情况讨论：

1）如果变压器二次侧供电线路很长（如较大容量的高压线路），则变压器二次绕组的额定电压，一方面要考虑补偿变压器二次绕组本身 5% 的阻抗电压降，另一方面还要考虑变压器满载时输出的二次电压要满足线路首端应高于线路额定电压 5%，以补偿线路上的电压损耗。所以，变压器二次绕组的额定电压要比线路额定电压高 10%，见图 1-8 中变压器 T_1。

2）如果变压器二次侧供电线路不长（如为低压线路或直接供电给高、低压用电设备的线路），则变压器二次绕组的额定电压，只需高于其所接线路额定电压 5%，即仅考虑补偿变压器内部 5% 的阻抗电压降，见图 1-8 中变压器 T_2。

1.2.2　供电质量

供电质量包括电能质量与供电可靠性。电力系统中的所有电气设备都必须在一定的电压和频率下工作。电气设备的额定电压和额定频率是电气设备正常工作并获得最佳经济效益的条件。因此，电压及波形、频率是衡量电能质量的基本参数。

1. 电压及波形

交流电的电压质量包括电压的数值与波形两个方面。电压质量对各类用电设备的工作性能、使用寿命、安全及经济运行都有直接的影响。

（1）电压偏移　电压偏移又称电压偏差，是指用电设备端电压 U 与用电设备额定电压 U_N 之差对额定电压 U_N 的百分数，即

$$\Delta U = \frac{U - U_N}{U_N} \times 100\% \tag{1-1}$$

加在用电设备上的电压在数值上偏移额定值后，对于感应电动机，其最大转矩与端电压的二次方成正比，当电压降低时，电动机转矩显著减小，以致转差增大，从而使定子、转子电流都显著增大，引起温升增加，绝缘老化加速，甚至烧毁电动机；而且由于转矩减小，转速下降，导致生产效益降低，产量减少，产品质量下降。反之，当电压过高时，励磁电流与铁损都大大增加，引起电动机过热，效率降低。对电热装置，这类设备的功率与电压的二次方成正比，所以电压过高将损伤设备，电压过低又达不到所需温度。电压偏移对白炽灯影响显著，白炽灯的端电压降低 10%，发光效率将下降 30% 以上，灯光明显变暗；端电压升高

10%时，发光效率将提高1/3，但使用寿命将只有原来的1/3。

电压偏移是由于供电系统改变运行方式或电力负荷缓慢变化等因素引起的，其变化相对缓慢。我国规定，正常情况下，用电设备端子处电压偏移的允许值如下：

1）电动机：±5%；

2）照明灯：一般场所为±5%；在视觉要求较高的场所为+5%，-2.5%。

3）其他用电设备：无特殊规定时±5%。

（2）波形畸变 随着硅整流、晶闸管变流设备、微机及网络和各种非线性负荷的使用增加，致使大量谐波电流注入电网，造成电压正弦波波形畸变，使电能质量大大下降，给供电设备及用电设备带来严重危害，不仅使损耗增加，还使某些用电设备不能正常运行，甚至可能引起系统谐振，从而在线路上产生过电压，击穿线路设备绝缘；还可能造成系统的继电保护和自动装置发生误动作；对附近的通信设备和线路产生干扰。

2. 频率

我国采用的工业频率（简称工频）为50Hz。当电网低于额定频率运行时，所有电力用户的电动机转速都将相应降低，因而工厂的产量和质量都将不同程度受到影响。频率的变化还将影响到计算机、自控装置等设备的准确性。电网频率的变化对供配电系统运行的稳定性影响很大，因而对频率的要求比对电压的要求更严格，频率的变化范围一般不应超过±0.5Hz。

3. 供电可靠性

供电可靠性是衡量供配电质量的一个重要指标，有的把它列在质量指标的首位。衡量供电可靠性的指标，一般以全年平均供电时间占全年时间的百分数来表示，如全年时间为8760h，用户全年平均停电时间为87.6h，即停电时间占全年的1%，则供电可靠性为99%。

1.2.3 电压的调整

为了减小电压偏移，保证用电设备在最佳状态下运行，供配电系统必须采用相应的电压调整措施，通常有以下几种：

1）合理选择变压器的电压分接头或采用有载调压变压器，使之在负荷变动的情况下，有效地调节电压，保证用电设备端电压的稳定。

2）合理减少供配电系统的阻抗，以降低电压损耗，从而缩小电压偏移范围。

3）尽量使系统的三相负荷均衡，以减小电压偏移。

4）合理地改变供配电系统的运行方式，以调整电压偏移。

5）采用无功功率补偿装置，提高功率因数，降低电压损耗，缩小电压偏移范围。

1.2.4 配电电压的选择

1. 高压配电电压的选择

目前我国电力系统中，220kV及以上电压等级多用于大型电力系统的主干线；110kV电压等级既用于中、小型电力系统的主干线，也用于大型电力系统的二次网络；35kV电压等级则多用于电力系统的二次网络或大型工厂的内部供电网络；一般工厂内部多采用6～10kV的高压配电电压。从技术经济指标来看，最好采用10kV电压等级。由于在同样的输送功率和输送距离条件下，配电电压越高，线路电流越小，因而线路所采用的导线或电缆截面越小，从而可减少线路的初投资和金属消耗量，且可减少线路的电能损耗和电压损耗。而从适应发展来说，10kV 更优于 6kV。由表 1-2 所列各级电压电力线路合理的输送功率和输送距离可以看出，采用 10kV 电压较之采用 6kV 电压更适应于发展，输送功率更大，输送距离更远。但如果工厂拥有相当数量的 6kV 用电设备，或者供电电源的电压就是 6kV，则可考虑采用 6kV 电压作为工厂的高压配电电压。

表 1-2　各级电压电力线路合理的输送功率和输送距离

线路电压/kV	线路结构	输送功率/kW	输送距离/km
0.38	架空线	≤100	≤0.25
0.38	电缆线	≤175	≤0.35
6	架空线	≤1000	≤10
6	电缆线	≤3000	≤8
10	架空线	≤2000	5~20
10	电缆线	≤5000	≤10
35	架空线	2000~10000	20~50
66	架空线	3500~30000	30~100
110	架空线	10000~50000	50~150
220	架空线	100000~500000	200~300

2. 低压配电电压的选择

供配电系统的低压配电电压，主要取决于低压用电设备的电压，通常采用 220V/380V。其中线电压 380V 接三相动力设备，相电压 220V 供电给照明及其他 220V 的单相设备。对于容易发生触电或有易燃易爆的个别车间或场所，可考虑采用 127V/220V 作为工厂的低压配电电压。但某些场合宜采用 660V 甚至更高的 1140V（只用于矿井下）作为低压配电电压。如矿井下，因负荷中心往往离变电所较远，所以为保证负荷端的电压水平，需要采用比 380V 更高的配电电压。

1.2.5　电力负荷的分级及对供电电源的要求

电力负荷既可指用电设备或用电单位（用户），也可指用电设备或用电单位所耗用的电功率或电流。这里的电力负荷指用电单位或用户设备。

1. 电力负荷的分级

根据电力负荷对供电可靠性的要求及中断供电在人身安全、经济损失上所造成的影响的程度，根据 GB 50052—2009《供配电系统设计规范》规定，将电力负荷划分为三级。

（1）一级负荷　当符合下列情况之一时，属于一级负荷：

1）中断供电将造成人身伤亡的电力负荷。

2）中断供电将造成重大经济损失，或造成公共场所秩序严重混乱的电力负荷。

3）中断供电将影响重要用电单位的正常工作，如重要的交通枢纽、重要的通信枢纽、国宾馆、国家级及承担重大国事活动的会堂、国家级大型体育中心，以及经常用于重要国际活动的大量人员集中的公共场所等的重要电力负荷。

一级负荷中，如果中断供电将造成人员伤亡或重大设备损坏或发生中毒、爆炸和火灾等情况的负荷，以及特别重要场所的不允许中断供电的负荷，视为特别重要负荷。

（2）二级负荷　当中断供电将造成较大政治影响、较大经济损失或将造成公共场所秩序混乱的电力负荷，属于二级负荷。

(3) 三级负荷　不属于一级和二级负荷的一般电力负荷，均属于三级负荷。

2. 各级电力负荷对供电电源的要求

(1) 一级负荷对供电电源的要求

1) 一级负荷应由两个独立电源供电，一主一备或互为备用。当一个电源发生故障时，另一个电源应不致同时受到损坏。

2) 一级负荷中的特别重要负荷，除上述两个电源外，还必须增设应急电源。为保证对特别重要负荷的供电，禁止将其他负荷接入应急供电系统。常用的应急电源有以下三种：独立于正常电源的发电机组、供电网络中有效地独立于正常电源的专门馈电线路、蓄电池。

(2) 二级负荷对供电电源的要求　二级负荷宜采用两回电源线路供电，一主一备。两个电源线路应做到当一回线路发生电力变压器故障或线路常见故障时不致中断供电（或中断供电后能迅速恢复）。在负荷较小或地区供电条件困难时，二级负荷可由一路6kV及以上的专用架空线供电。

(3) 三级负荷对供电电源的要求　三级负荷对供电电源无要求，一般为一路电源供电即可，但在可能的情况下，也应提高其供电可靠性。

表1-3为部分常用电力负荷级别。

表1-3　部分常用电力负荷级别

序号	建筑物名称	电力负荷名称	负荷级别
1	炼钢车间	容量为100t及100t以上的平炉加料起重机、浇注起重机、倾动装置及冷却系统的用电负荷	一级
		平炉、鼓风机及其他用电设备，5t及5t以上电弧炼钢炉的电极升降机构、倾炉机构及浇铸起重机	二级
2	铸铁车间	30t及30t以上的浇铸起重机、部级重点企业冲天炉鼓风机	二级
3	金属加工车间	价格昂贵、作用重大、稀有的大型数控机床及停电会造成设备损坏的机床，如自动跟踪数控仿型铣床、强力磨床等	一级
4	试验站	单机容量为200MW以上的大型电机试验、主机及辅机系统、动平衡试验的润滑油系统	一级
5	高层普通住宅	客梯、生活水泵电力、楼梯照明	二级
6	省、部级办公建筑	客梯电力、主要办公室、会议室、总值班室、档案室	二级
7	高等学校教学楼	客梯、主要通道照明	二级
8	市级以上气象台	主要业务用电子计算机系统电源，气象雷达、电报及传真收发设备、卫星云图接收机及语言广播电源，天气绘图及预报照明	一级
9	计算中心	主要业务用电子计算机系统电源	一级
10	大型博物馆	防盗信息电源、珍贵展品的照明	一级
11	重要图书馆	检索用电子计算机系统电源	一级
12	县级及县级以上医院	急诊部用房、监护病房、手术部、分娩室、婴儿室、血液病房的净化室、血液透析室、病理切片分析室、CT扫描室、高压氧仓、区域用中心血站、培养箱等	一级

（续）

序号	建筑物名称	电力负荷名称	负荷级别
13	银行	主要业务用电子计算机系统电源、防盗信息电源	一级
14	大型百货商店	经营管理用电子计算机系统电源、营业厅、门梯照明	一级
15	广播电台	电子计算机系统电源、直接播出的语言播音室、控制室、微波设备及发射机房的电力及照明	一级
16	电视台	电子计算机系统电源、直接播出的电视演播室、中心机房、录像室、微波设备及发射机房的电力及照明	一级
17	火车站	特大型站及国境站的旅客站房、站台、天桥、地道的用电设备	一级
18	民用机场	航行管制、导航、通信、气象、助航灯光系统的设施和站台，边境、海关安全检查设备，航班预告设备，三级以上油库，为飞行及旅客服务的办公用房、旅客活动场所的应急照明等	一级
19	市话局、电信枢纽、卫星地面站	载波机、微波机、长途电话交换机、市内电话交换机、文件传真机、会议电话、移动通信及卫星通信等通信设备的电源，载波机室、微波机室、交换机室、测量室、转接台室、传输室、电力室、移动通信室、调度机室及卫星地面站的应急照明，营业厅照明，用户传真机	一级

1.3 电力系统中性点运行方式

电力系统的中性点是指星形联结的发电机或变压器的三相绕组的公共连接点。考虑到电力系统运行的可靠性、安全性、经济性及人身安全等因素，电力系统的中性点常采用不接地、经消弧线圈接地、直接接地和经低电阻接地四种运行方式。下面分别介绍这几种运行方式的特点和应用。

1.3.1 中性点不接地的电力系统

中性点不接地的运行方式，即电力系统的中性点不与大地相接。

我国 3～66kV 系统，特别是 3～10kV 系统，一般采用中性点不接地的运行方式。

图 1-9 为电源中性点不接地的电力系统在正常运行时的电路图和相量图。

为讨论问题简化起见，假设图 1-9a 中所示三相系统的电源电压和电路参数都是对称的，而且将相与地之间存在的分布电容用一个集中电容 C 来表示，线间电容电流数值较小，可不考虑。

系统正常运行时，三个相电压 $\dot{U}_A$、$\dot{U}_B$、$\dot{U}_C$ 对称，三相对地电容电流 I_{C0} 也是对称的，其相量和为零，所以中性点没有电流流过，各相对地电压就是其相电压。

当系统发生单相接地时，如 C 相接地，如图 1-10a 所示，这时 C 相对地电压为零，非接地相 A 相对地电压 $\dot{U}'_A = \dot{U}_A + (-\dot{U}_C) = \dot{U}_{AC}$，B 相对地电压 $\dot{U}'_B = \dot{U}_B + (-\dot{U}_C) = \dot{U}_{BC}$，如图 1-10b 所示。由相量图可见，当一相接地时，非接地两相对地电压均升高 $\sqrt{3}$ 倍，变为线电压。而且，该两相对地电容电流 I_{C0} 在数值上也相应增大 $\sqrt{3}$ 倍。

图1-9　正常运行时中性点不接地的电力系统

图1-10　单相接地时的中性点不接地系统

当 C 相接地时，系统的接地电流（电容电流）$\dot{I}_C$ 为非接地两相对地电容电流之和。即

$$\dot{I}_C = -(\dot{I}_{C.A} + \dot{I}_{C.B}) \tag{1-2}$$

由图1-10b 的相量图可知，$\dot{I}_C$ 在相位上正好超前 $\dot{U}_C$ 90°；而在数值上，由于 $I_C = \sqrt{3} I_{C.A}$，而 $I_{C.A} = U'_A/X_C = \sqrt{3} U_A/X_C = \sqrt{3} I_{C0}$，因此

$$I_C = 3I_{C0} \tag{1-3}$$

即在数值上一相接地的电容电流为正常运行时每相对地电容电流的 3 倍。

由于线路对地电容 C 不容易准确确定，因此 I_{C0} 和 I_C 也不容易根据 C 来精确计算。通常采用下面的经验公式来确定中性点不接地系统的单相接地电容电流，即

$$I_C = \frac{U_N(l_{oh} + 35l_{cab})}{350} \tag{1-4}$$

式中，I_C 为系统的单相接地电容电流（A）；U_N 为系统的额定电压（kV）；l_{oh} 为同一电压

U_N 的具有电气联系的架空线路总长度（km）；l_{cab} 为同一电压 U_N 的具有电气联系的电缆线路总长度（km）。

必须指出：这种单相接地状态不允许长时间运行，因为如果另一相又发生接地故障，就会形成两相接地短路，产生很大的短路电流，从而损坏线路及其用电设备；此外，较大的单相接地电容电流会在接地点引起电弧，形成间歇电弧过电压，威胁电力系统的安全运行。因此，我国电力规程规定，中性点不接地的电力系统发生单相接地故障时，单相接地运行时间不应超过 2h。

中性点不接地系统一般都装有单相接地保护装置或绝缘监测装置，在系统发生接地故障时，会及时发出警报，提醒工作人员尽快排除故障；同时，在可能的情况下，应把负荷转移到备用线路上去。

1.3.2　中性点经消弧线圈接地的电力系统

在中性点不接地系统中，当单相接地电容电流超过规定数值时（3~10kV 系统中，接地电流大于 30A，20kV 及以上系统中接地电流大于 10A 时），将产生断续电弧，从而在线路上引起危险的过电压，因此须采用中性点经消弧线圈接地的措施来减小这一接地电流，熄灭电弧，避免过电压的产生，如图 1-11 所示。

a) 电路图　　　　　　　　　　　　　　　　　b) 相量图

图 1-11　单相接地时的中性点经消弧线圈接地系统

在正常情况下，三相系统是对称的，中性点电流为零，消弧线圈中没有电流通过。

当系统发生单相接地时，流过接地点的电流是接地电容电流 $\dot{I}_C$ 与流过消弧线圈的电感电流 $\dot{I}_L$ 之和。由于 $\dot{I}_C$ 超前 $\dot{U}_C$ 90°，而 $\dot{I}_L$ 滞后 $\dot{U}_C$ 90°，所以 $\dot{I}_L$ 与 $\dot{I}_C$ 在接地点互相补偿。如果消弧线圈电感选用合适，会使接地电流减小到小于发生电弧的最小生弧电流，电弧就不会发生，从而也不会产生过电压。

根据 $\dot{I}_L$ 与 $\dot{I}_C$ 的补偿关系，消弧线圈对接地电流的补偿分为以下三种：

1）全补偿关系。当 $\dot{I}_L = \dot{I}_C$ 时，即 $\dfrac{1}{\omega L} = 3\omega C$ 时，系统单相接地电流为零，称为全补偿。

从消弧的观点来讲这种方式是最好的，但 $X_L = X_C$ 容易引起系统串联谐振，产生谐振过电压，故不采用这种补偿方式。

2）欠补偿关系。当 $\dot{I}_L < \dot{I}_C$ 时，即 $\frac{1}{\omega L} < 3\omega C$ 时，此时有未补偿的容性电流，称为欠补偿。当部分电网被切除而退出运行时，电网的电容 C 减小，可能出现 $\frac{1}{\omega L} = 3\omega C$ 的全补偿状态，故也不采用。

3）过补偿关系。当 $\dot{I}_L > \dot{I}_C$ 时，即 $\frac{1}{\omega L} > 3\omega C$ 时，称为过补偿，这是常用的补偿方式。发生单相接地故障时，有一定数值的电感电流流过接地点，应控制其值不超过一定的数值。

中性点经消弧线圈接地系统与中性点不接地系统一样，当发生单相接地故障时，接地相电压为零，三个线电压不变，其他两相对地电压也将升高 $\sqrt{3}$ 倍。因此，发生单相接地故障时的运行时间也同样不允许超过 2h。

中性点经消弧线圈接地系统一般用于 35～66kV 的电力系统。

1.3.3 中性点直接接地的电力系统

这种系统的单相接地，即通过接地中性点形成单相短路，单相短路电流比线路的正常负荷电流大许多倍，如图 1-12 所示。因此，在系统发生单相短路时保护装置应动作于跳闸，切除短路故障，使系统的其他部分恢复正常运行。

中性点直接接地的电力系统发生单相接地时，其他两完好相的对地电压不会改变，这与上述中性点不直接接地的系统不同，因此，凡中性点直接接地的系统中的供电设备的绝缘只需按相电压考虑，而无须按线电压考虑。这对 110kV 以

图 1-12 单相接地时的中性点直接接地系统

上的超高压系统是很有经济技术价值的。高压电器的绝缘问题是影响电器设计和制造的关键问题。电器绝缘要求的降低，直接降低了电器的造价，同时改善了电器的性能。目前我国 110kV 以上电力网均采用中性点直接接地方式。

我国 220V/380V 低压配电系统也采用中性点直接接地方式，而且引出中性线（N 线）、保护线（PE 线）或保护中性线（PEN 线）。这样的系统称为 TN 系统。

中性线（N 线）的作用，一是用来接相电压为 220V 的单相用电设备；二是用来传导三相系统中的不平衡电流和单相电流；三是减少负载中性点的电压偏移。

保护线（PE 线）的作用是保障人身安全，防止触电事故发生。在 TN 系统中，当用电设备发生单相接地故障时，就形成单相短路，使线路过电流保护装置动作，迅速切除故障部分，从而防止人身触电。

TN 系统可因其 N 线和 PE 线的不同形式，分为 TN—C 系统、TN—S 系统和 TN—C—S 系统，如图 1-13 所示。

1. TN—C 系统

这种系统的 N 线和 PE 线合用一根导线（PEN 线），所有设备外露可导电部分（如金属外壳等）均与 PEN 线相连，如图 1-13a 所示。保护中性线（PEN 线）兼有中性线（N 线）和保护线（PE 线）的功能，当三相负荷不平衡或接有单相用电设备时，PEN 线上均有电流通过。

这种系统一般能够满足供电可靠性的要求，而且投资较少，节约有色金属，过去在我国低压配电系统中应用最为普遍。但是当 PEN 线断线时，可使设备外露可导电部分带电，对人有触电危险。所以，现在在安全要求较高的场所和要求抗电磁干扰的场所均不允许采用 TN—C 系统。

2. TN—S 系统

这种系统的 N 线和 PE 线是分开的，所有设备的外露可导电部分均与公共 PE 线相连，如图 1-13b 所示。这种系统的特点是公共 PE 线在正常情况下没有电流通过，因此不会对接在 PE 线上的其他用电设备产生电磁干扰。此外，由于 N 线与 PE 线分开，因此 N 线即使断线也并不影响接在 PE 线上的用电设备的安全。该系统多用于环境条件较差、对安全可靠性要求较高及用电设备对抗电磁干扰要求较严的场所。

a) TN—C 系统

b) TN—S 系统

c) TN—C—S 系统

图 1-13　低压配电 TN 系统

3. TN—C—S 系统

这种系统前一部分为 TN—C 系统，后一部分为 TN—S 系统（或部分为 TN—S 系统），如图 1-13c 所示。它兼有 TN—C 系统和 TN—S 系统的优点，常用于配电系统末端环境条件较差且要求无电磁干扰的数据处理或具有精密检测装置等设备的场所。

1.3.4　中性点经低电阻接地的电力系统

近几年来，随着 10kV 配电系统应用的不断扩大，特别是现代化大、中型城市在电网改造中大量采用电缆线路，致使接地电容电流增大。因此，即使采用中性点经消弧线圈接地的方式也无法完全在发生接地故障时熄灭电弧；而间歇性电弧及谐振引起的过电压会损坏供配电设备和线路，从而导致供电中断。

为了解决上述问题，我国一些大城市的 10kV 系统采用了中性点经低电阻接地的方式。

如北京市四环路以内地区的变电站，10kV 系统中性点均采用经低电阻接地方式。它接近于中性点直接接地的运行方式，在系统发生单相接地时，保护装置会迅速动作，切除故障线路，通过备用电源的自动投入，使系统的其他部分恢复正常运行。

电力系统的中性点运行方式是一个涉及面很广的问题。它对于供电可靠性、过电压、绝缘配合、短路电流、继电保护、系统稳定性以及对弱电系统的干扰等诸方面都有不同程度的影响，特别是在系统发生单相接地故障时，有明显的影响。因此，电力系统的中性点运行方式，应依据国家的有关规定，并根据实际情况确定。

小　结

1）供电系统概述。电力系统是由发电厂、电力网和电力用户组成的一个发电、输电、变电、配电和用电的整体。供电是指电力用户所需电能的供应和分配问题。对供电的基本要求是安全、可靠、优质、经济。供配电系统由总降压变电所（或高压配电所）、高压配电线路、车间变电所、低压配电线路及用电设备组成。变电所的任务是接受电能、变换电压和分配电能；配电所的任务是接受电能和分配电能。

大中型工厂和电力用户一般采用 35～110kV 电源进线，并拥有总降压变电所进行二次变压的供电系统。一般中型工厂和电力用户，多采用 6～10kV 电源进线，经高压配电所将电能分配给各车间变电所进行一次变压的供电系统；在条件允许时，也可采用将 35kV 电源进线直接引入负荷中心，进行一次变压的供电系统。某些无高压用电设备且总用电容量较小的小型工厂和电力用户，可直接采用 220V/380V 低压供电。

2）电力系统的电压。电能质量的主要指标是电压波形和频率。额定电压是指用电设备处于最佳运行状态的工作电压。一般用电设备的工作电压允许在额定电压的 ±5% 范围内变动。我国规定了电力系统各环节（发电机、电力变压器、电力线路、用电设备）的额定电压。

3）电力负荷的分级。根据对供电电源的要求，电力负荷可分为一级负荷、二级负荷与三级负荷。一级负荷应由两个独立电源供电，二级负荷需由两条回路电源供电，三级负荷对供电电源无要求。

4）电力系统的中性点运行方式。电力系统的中性点通常采用不接地、经消弧线圈接地、直接接地和经低电阻接地四种运行方式。前两种系统发生单相接地时，三个线电压不变，但会使非接地相对地电压升高 $\sqrt{3}$ 倍，因此，规定带接地故障运行不得超过 2h。中性点直接接地系统发生单相接地时，则构成单相对地短路，引起保护装置动作跳闸，切除接地故障。

我国 6～10kV 电力网和部分 35kV 电力网采用中性点不接地方式；110kV 以上电力网和 220V/380V 低压电网均采用中性点直接接地方式；20kV 及以上系统中单相接地电流大于 10A 及 3～10kV 电力网中单相接地电流大于 30A，其中性点均采用经消弧线圈接地方式；我国一些大城市的 10kV 系统采用经低电阻接地的方式。低压配电的 220V/380V 三相四线制系统通常接成 TN 系统。因其 N 线和 PE 线的不同形式，又可分为 TN—C、TN—S、TN—C—S 三种系统。

思 考 题

1-1 对供配电系统有哪些基本要求？

1-2 变电所和配电所各自的任务是什么？

1-3 水电站、火电站和核电站各采用什么一次能源？各自又是如何产生电能的？

1-4 什么叫电力系统和电力网？什么叫动力系统？

1-5 什么叫电力负荷？

1-6 表征电能质量的指标是什么？我国采用的工频是什么？一般要求的频率偏差为多少？电压质量包括哪些内容？

1-7 我国规定的三相交流电网额定电压有哪些等级？电力变压器的额定一次电压为什么有的高于供电电网额定电压5%，有的又等于供电电网额定电压？电力变压器的额定二次电压为什么有的高于其二次电网额定电压10%，有的又只高于其二次电网额定电压5%？

1-8 什么叫电压偏差？电压偏差对电气设备的运行有什么影响？如何进行电压调整？

1-9 高次谐波是如何产生的？对设备运行有何影响？

1-10 高低压配电电压各如何选择？最常用的高压和低压配电电压各为多少？

1-11 为什么工厂的高压配电电压大多采用10kV？在什么情况下可采用6kV作为高压配电电压？

1-12 三相交流电力系统的电源中性点有哪些运行方式？中性点不直接接地的电力系统与中性点直接接地的电力系统在发生单相接地时各有什么特点？

1-13 单相接地故障在什么情况下会形成短路？其短路电流性质如何？在什么情况下不会形成短路？其故障电流性质如何？

1-14 低压配电系统中的中性线（N线）、保护线（PE线）和保护中性线（PEN线）各有哪些功能？TN—C系统、TN—S系统、TN—C—S系统各有什么特点？

习 题

1-1 试确定图1-14所示供电系统中变压器T_1和线路WL_1、WL_2的额定电压。

图1-14 习题1-1电路图

1-2 试确定图1-15所示供电系统中发电机和所有变压器的额定电压。

图1-15 习题1-2电路图

第2章

供配电系统的常用一次设备

2.1 概述

本节主要介绍供配电系统电气设备的定义及其分类。

2.1.1 供配电系统电气设备的定义

供配电系统的电气设备是指用于发电、输电、变电、配电和用电的所有设备，包括发电机、变压器、控制电器、保护设备、测量仪表、线路器材和用电设备（如电动机、照明用具）等。

2.1.2 电气设备的分类

电气设备的常用分类有如下几种。

1. 按电压等级来分

通常用于交流50Hz、额定电压1200V以上或直流、额定电压1500V以上的电气设备称为高压设备；用于交流50Hz、额定电压1200V及以下或直流、额定电压1500V及以下的电气设备称为低压设备。

2. 按设备所属回路来分

1）一次回路及一次设备。一次回路是指供配电系统中用于传输、变换和分配电力电能的主电路，其中的电气设备就称为一次设备或一次电器。

2）二次回路及二次设备。二次回路是指用来控制、指示、监测和保护一次回路运行的电路，其中的电气设备就称为二次设备或二次电器。通常二次设备和二次回路通过电流互感器和电压互感器与一次电路相连。

2.1.3 供配电系统常用一次设备的分类

1）变换设备。用来按电力系统工作的要求变换电压或电流的电气设备，如变压器、互感器等。

2）控制设备。用于按电力系统的工作要求控制一次电路通、断的电气设备，如高低压断路器、开关等。

3）保护设备。用来对电力系统进行过电流和过电压等的保护用电气设备，如熔断器、避雷器等。

4）补偿设备。用来补偿电力系统中的无功功率以提高功率因数的设备，如并联电容器等。

5）成套设备（装置）。按一次电路接线方案的要求，将有关的一次设备及其相关的二次设备组合为一体的电气装置，如高低压开关柜、低压配电屏、动力和照明配电箱等。

本章主要介绍高低压一次设备中的变换设备、常用控制设备、部分成套设备和保护设备。

2.2 电弧的产生及灭弧方法

2.2.1 电弧及其主要危害

电弧是一种高温、强光的电游离现象。当开关电器切断（包括正常操作和误操作）有电流的线路时，或线路、触头、绕组发生短路时，就可能产生电弧。

1. 电弧的主要特征

电弧是开关电器和线路中一种必然的物理现象，是电流的延续，它的主要特征有：

1）能量集中，发出高温、强光。

2）是自持放电，维持电弧稳定燃烧所需电压很低。如电气触头间有大于 10～20V 的电压、大于 80～100mA 的电流就会产生电弧。电力变压器中的油，在 10～100V 的电压下就能维持电弧的燃烧。

3）电弧是游离的气体，质轻易变。

2. 电弧的危害

本节讨论的电弧不是电焊工作产生的电弧，而是开关电器和线路所产生的电弧，它的主要危害有以下几种：

1）延长了电路的开断时间。当开关分断短路电流时，触头间的电弧延长了短路电流持续的时间，使短路故障蔓延，从而给供配电系统造成更大的损坏。

2）高温可使开关触头变形、熔化，导致接触不良甚至损坏。

3）高温可能造成人员灼伤甚至直接或间接死亡，强光可能损害人的视力。

4）引起弧光短路，严重时造成爆炸事故。

因此，为了保证供配电系统的安全运行和人员的生命安全，必须采取有效措施迅速熄灭电弧。

2.2.2 电弧的产生

1. 产生电弧的根本原因

产生电弧的根本原因是开关触头在分断电流时，触头间电场强度很大，使触头本身的电子及触头周围介质中的电子被游离而形成电弧电流。

2. 产生电弧的游离方式

1）高电场发射。开关触头分断电流的瞬间，触头间隙中强电场把触头表面的电子拉出，形成自由电子，并发射到触头间隙中。

2）热电发射。当开关触头分断电流时，阴极表面由于大电流逐渐收缩集中而出现炽热的光斑，温度很高，使触头表面的电子吸收足够的热能而发射到触头间隙中去，形成的自由电子向间隙四周发射出去。

3）碰撞游离。间隙中的自由电子在强电场力的作用下向阳极高速移动，碰撞中性质点，只要能量足够大，就会使中性质点中的电子游离出来，从而使中性质点游离成带正电的正离子和自由电子。这些被游离出来的带电质点在电场力的作用下，继续向阳极移动，又会碰撞其他中性质点，使触头间隙中正离子和自由电子数越来越多，形成"雪崩"现象，当离子浓度足够大时，介质被击穿而产生电弧。

4）高温游离。电弧形成后温度很高，使电弧中的中性质点进一步游离成正离子和自由电子，从而加强了电弧中的游离。触头越分开，电弧越大，高温游离也越显著。

上述几种游离方式中，在触头分开之初是高电场发射和热电发射的游离方式占主导作用，接着碰撞游离和高温游离使电弧持续和发展，并且它们是互相影响、互相作用的。

2.2.3 电弧的熄灭

1. 电弧熄灭的条件

在电弧产生的过程中，游离和去游离是共同存在的两个过程。当游离率等于去游离率时，电弧在间隙中稳定燃烧。要使电弧熄灭，必须使触头间电弧中的去游离率大于游离率，即其中离子消失的速率大于离子产生的速率。

2. 去游离方式

去游离方式主要有复合和扩散两种。

（1）复合　复合是指正、负带电质点重新结合为中性质点的现象。它与电弧中电场强度、温度以及介质的性质等有关。电弧中温度越低，电场强度越弱，截面越小，则复合越快；介质的性质越稳定，密度越高，则自由电子加速的自由行程越短，获得的能量就越小，越有利于复合。

（2）扩散　扩散是电弧中的带电质点向电弧周围介质散发开去，从而使弧区带电质点的浓度减少。扩散的原因一是电弧与周围介质的浓度差；二是电弧与周围介质的温度差。扩散也与电弧截面有关，电弧截面越小，带电质点的扩散就越强烈。

带电质点的复合和扩散都会使电弧中的带电质点数量减少，使去游离增强，从而有利于电弧的熄灭。

3. 交流电弧的熄灭

由于交流电流每一个周期有两次过零值，电流过零时，电弧将暂时熄灭，弧柱温度急剧下降，高温游离中止，去游离大大增强，阴极附近空间的绝缘强度迅速增高。在熄灭交流电弧时，可充分利用这一特点来加速电弧的熄灭。在低压系统中，由于电压较低，开关的交流电弧比较容易熄灭。高压系统中具有完善灭弧结构的高压断路器，一般也只需要几个周期就能将电弧熄灭；真空断路器的灭弧只需半个周期，这也是近几年来真空断路器得到普遍使用的主要原因之一。

2.2.4 开关电器中常用的灭弧方法

（1）速拉灭弧法 迅速拉长触头间的电弧，使电场强度骤降，电弧与周围温度较低的介质增加接触，离子复合和扩散迅速增强，达到加速灭弧的目的。这种灭弧方法是开关电器中最基本的灭弧方法。高低压断路器中都装有强力的断路弹簧，目的就是加速触头的分断速度，以利灭弧。

（2）冷却灭弧法 利用介质，如油等来降低电弧的温度，从而增强去游离来加速电弧的熄灭。

（3）吹弧灭弧法 利用外力，如气流、油流或电磁力来吹动电弧，使电弧拉长，同时也使电弧冷却，电弧中的电场强度降低，复合和扩散增强，加速电弧熄灭。按吹弧的方向（相对电弧方向）分为纵吹和横吹两种，如图2-1所示；按施加外力的性质来分，有气吹、油吹、磁力吹和电动力吹等。如图2-2所示，低压刀开关迅速拉开刀开关时，由于本身已构成弯曲回路，回路中的电流产生的电动力作用于电弧，吹动电弧加速拉长。如图2-3所示，在开关中采用专门的磁吹线圈来吹弧。此外，还有利用铁磁物质如钢片来吸动电弧，这相当于反向吹弧，如图2-4所示。

a) 横吹　　　　　　b) 纵吹

图 2-1　吹弧方式
1—电弧　2—触头

图 2-2　利用本身电动力吹弧

图 2-3　利用磁吹线圈吹弧
1—磁吹线圈　2—灭弧触头　3—电弧

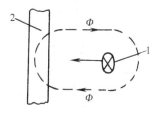

图 2-4　利用吸吹钢片吸弧
1—电弧　2—钢片

（4）长弧切短灭弧法 由于电弧的电压降主要降落在阴极区和阳极区，而且基本上是一个常数，而弧柱（电弧的中间部分）的电压降又较小，利用金属片（如钢栅片）将长弧切成若干短弧，如图2-5所示，则维持触头间电弧稳定燃烧的电压降相当于增加了若干倍。

当外施电压（触头间）小于电弧上的电压降时，电弧不能维持而迅速熄灭。低压断路器和部分刀开关的灭弧罩就是利用这个原理来灭弧的。

（5）粗弧分细灭弧法　将粗弧分成若干平行的细小电弧，增大了电弧与周围介质的接触面，改善了电弧的散热条件，降低了电弧的温度，从而使带电质点的复合和扩散得到加强，使电弧加速熄灭。

（6）狭沟灭弧法　使电弧在固体介质所形成的狭沟中燃烧，冷却条件改善，同时电弧与介质表面接触使带电质点的复合增强，从而加速电弧的熄灭。如有的熔断器在熔管中充填石英砂，就是利用了狭沟灭弧原理。用陶瓷制成的绝缘灭弧栅也是利用狭沟灭弧原理，如图2-6所示。

图2-5　钢灭弧栅（长弧切短）对电弧的作用　　图2-6　绝缘灭弧栅（狭沟灭弧）对电弧的作用

　　　1—钢栅片　2—电弧　3—触头　　　　　　　　　1—绝缘栅片　2—电弧　3—触头

（7）真空灭弧法　真空具有较高的绝缘强度，若将开关触头装在真空容器内，在此间产生的电弧（真空电弧）较小，且在电流第一次过零时就能将电弧熄灭。真空断路器就是利用这种原理来熄灭电弧的。

（8）六氟化硫（SF$_6$）灭弧法　SF$_6$气体具有优良的绝缘性能和灭弧性能，其绝缘强度约为空气的3倍，而绝缘强度的恢复速度约比空气快100倍，因此采用SF$_6$可极大地提高开关的断流容量和减少灭弧所需的时间。

在现代开关电器中，通常综合利用上述某几种灭弧方式的组合来达到灭弧的目的。而且越是重要的电气设备，其灭弧措施越完善。同时，电气设备的灭弧性能往往是衡量其运行可靠性和安全性的重要指标之一。

2.2.5　对电气触头的基本要求

电气触头是开关电器中极其重要的部件，也是一个易损的部件。为了满足开关电器的可靠性，电气触头必须满足下列基本要求：

1）满足正常负荷的发热要求。正常的负荷电流（包括线路过负荷电流）长期通过触头时，触头的发热温度不应超过允许值。为此，触头必须接触紧密、良好，尽量减少或避免触头表面产生氧化层，以降低接触电阻。

2）具有足够的机械强度，能够经受规定的通断次数而不致发生机械故障或损坏。

3）具有足够的动稳定度和热稳定度。具有足够的动稳定度指在可能发生的最大短路冲击电流通过时，触头不至于因最大电动力作用而损坏；具有足够的热稳定度指在可能最长的短路时间内通过最大短路电流时所产生的热量不致使触头烧损或熔焊。

4）具有足够的断流能力。在开断规定的最大负荷电流或最大短路电流时，触头不应被电弧过度烧损，更不应发生熔焊现象。

2.3 电力变压器

2.3.1 概述

根据国际电工委员会（IEC）的规定，凡是三相变压器额定容量在 5kVA 及以上，单相在 1kVA 及以上的输变电用变压器，均称为电力变压器。它是供配电系统中最关键的一次设备，主要用于公用电网和工业电网中，将某一给定电压值的电能转变为所要求的另一电压值的电能，以利于电能的合理输送、分配和使用。

2.3.2 电力变压器的分类及其特点

电力变压器的分类方法比较多，常用的有以下几种：

（1）按功能分 电力变压器按功能分有升压变压器和降压变压器两种。在远距离输配电系统中，为了把发电机发出的较低电压升高为较高电压等级，需采用升压变压器；而对于直接供电给各类用户的终端变电所，则采用降压变压器。

（2）按相数分 电力变压器按相数分有单相和三相两类。其中，三相变压器广泛用于供配电系统的变电所中，而单相变压器一般供小容量的单相设备专用。

（3）按绕组导体的材质分 电力变压器按绕组导体的材质分有铜绕组变压器和铝绕组变压器。过去我国工厂变电所大多采用铝绕组变压器，但现在低损耗的铜绕组变压器，尤其是大容量的铜绕组变压器已得到更为广泛的应用。

（4）按绕组形式分 电力变压器按绕组形式分有双绕组变压器、三绕组变压器和自耦式变压器三种。双绕组变压器用于变换一个电压的场所；三绕组变压器用于变换两个电压的场所，它有一个一次绕组，两个二次绕组；自耦式变压器大多在实验室中用作调压用。

（5）按容量系列分 目前我国电力系统大多采用 IEC 推荐的 R10 系列来确定电力变压器的容量，即容量按 $R10 = \sqrt[10]{10} = 1.26$ 的倍数递增，常用的有 100kVA、125kVA、160kVA、200kVA、250kVA、315kVA、400kVA、500kVA、630kVA、800kVA、1000kVA、1250kVA、1600kVA、2000kVA、2500kVA、3150kVA 等，其中，500kVA 以下容量的变压器为小型变压器，630~6300kVA 容量的变压器为中型变压器，8000kVA 以上的变压器为大型变压器。变压器容量系列的等级较密，便于合理选用。

（6）按电压调节方式分 电力变压器按电压调节方式分为无载调压变压器和有载调压变压器两种。其中，无载调压变压器一般用于对电压水平要求不高的场所，特别是 10kV 及以下的配电变压器；在 10kV 以上的电力系统和对电压水平要求较高的场所主要采用有载调压变压器。

（7）按安装地点分 电力变压器按安装地点分有户内式和户外式两种。

（8）按冷却方式和绕组绝缘分 电力变压器按冷却方式和绕组绝缘分为油浸式、干式和充气式（SF_6）等，其中油浸式变压器又有油浸自冷式、油浸风冷式、油浸水冷式和强迫油循环冷却方式等，而干式变压器又有浇注式、开启式、封闭式等。

油浸式变压器具有较好的绝缘和散热性能，且价格较低，便于检修，因此被广泛采用，但由于油的可燃性，油浸式变压器不能用于易燃易爆和安全要求较高的场所。

干式变压器结构简单，体积小，质量轻，且防火、防尘、防潮，虽然价格较同容量的油浸式变压器高，但在安全防火要求较高的场所，尤其是大型民用建筑物内的变电所、地下变电所和矿井内变电所，干式变压器被广泛使用。

充气式变压器是利用充填的气体进行绝缘和散热，具有优良的电气性能，主要用于安全防火要求较高的场所，并常与其他充气电器配合，组成成套装置。

普通中小容量的变压器一般采用自冷式结构，即变压器产生的损耗热经自然通风和辐射逸散；大容量的油浸式变压器采用水冷式和强迫油循环冷却方式；风冷式是利用通风机来加强变压器的散热冷却，一般用于大容量变压器（2000kVA 及以上）和散热条件较差的场所。

（9）按用途分　电力变压器按用途分有普通变压器、防雷变压器两种。6~10kV/0.4kV 的变压器通常称为配电变压器，安装在总降压变电所的变压器通常称为主变压器。

2.3.3　电力变压器的结构

1. 电力变压器的基本结构

电力变压器是利用电磁感应原理进行工作的，因此其最基本的结构组成是电路和磁路两部分。变压器的电路部分就是它的绕组，对于降压变压器，与系统电路和电源连接的称为一次绕组，与负载连接的为二次绕组；变压器的铁心构成了它的磁路，铁心由铁轭和铁心柱组成，绕组套在铁心柱上；为了减少变压器的涡流和磁滞损耗，采用表面涂有绝缘漆膜的硅钢片交错叠成铁心。

2. 常用三相油浸式电力变压器

常用三相油浸式电力变压器的结构如图 2-7 所示。

（1）油箱　油箱由箱体、箱盖、散热装置、放油阀组成，其主要作用是把变压器连成一个整体并进行散热。油箱内部是绕组、铁心和变压器油。变压器油既有循环冷却和散热作用，又有绝缘作用。绕组与箱体（箱壁、箱底）有一定的距离，由油箱内的油绝缘。油箱一般有四种结构：

1）散热管油箱。散热管的管内两端与箱体内相通，油受热后，经散热管上端口流入管体，冷却后经下端口又流回箱内，形成循环，用于 1600kVA 及以下的变压器。

2）带有散热器的油箱。用于 2000kVA 以上的变压器。

3）平顶油箱。

4）波纹油箱（瓦楞形油箱）。

（2）高低压套管　套管为瓷质绝缘管，内有导体，用于变压器一、二次绕组接入和引出端的固定和绝缘。

（3）气体继电器　气体继电器安装在 800kVA 及以上容量的油浸式变压器（户内式变压器容量在 400kVA 及以上）中，用于在变压器油箱内部发生故障时进行瓦斯保护。

图 2-7　三相油浸式电力变压器的结构
1—信号温度计　2—铭牌　3—吸湿器
4—储油柜　5—油位指示器　6—防爆管
7—气体继电器　8—高压套管　9—低压套管
10—分接开关　11—油箱及散热油管　12—铁心
13—绕组及绝缘　14—放油阀　15—小车
16—接地端子

（4）储油柜　俗称油枕，内储有一定的油，其作用一是补充变压器因油箱渗油和油温变化造成的油量下降；二是当变压器油发生热胀冷缩时保持与周围大气压力的平衡。其附件吸湿器与储油柜内油面上方空间相连通，能够吸收进入变压器的空气中的水分，以保证油的绝缘强度。

（5）防爆管　其作用是防止油箱发生爆炸事故。当油箱内部发生严重的短路故障时，变压器油箱内的油急剧分解成大量的瓦斯气体，使油箱内部压力剧增，这时，防爆管的出口处玻璃会自行破裂，释放压力，并使油流向一定方向喷出。

（6）分接开关　用于改变变压器一次绕组的匝数，以调节变压器的输出电压。

3. 环氧树脂浇注绝缘的三相干式变压器

图 2-8 为环氧树脂浇注绝缘的三相干式变压器的结构。

环氧树脂浇注绝缘的干式变压器又称为树脂绝缘干式变压器，它的高低压绕组各自用环氧树脂浇注，并同轴套在铁心柱上；高低压绕组间有冷却气道，使绕组散热；三相绕组间的连线也由环氧树脂浇注而成，因此其所有带电部分都不暴露在外。其容量从 30kVA 到几千 kVA，最高可达上万 kVA，高压侧电压有 6kV、10kV、35kV。目前我国生产的干式变压器有 SC 系列和 SG 系列等。

图 2-8　环氧树脂浇注绝缘的三相干式变压器的结构
1—高压出线套管和接线端子　2—吊环
3—上夹件　4—低压出线接线端子　5—铭牌
6—环氧树脂浇注绝缘绕组　7—上下夹件拉杆
8—警示标牌　9—铁心　10—下夹件　11—小车
12—三相高压绕组间的连接导体　13—高压分接头连接片

2.3.4　三相电力变压器的联结组别

电力变压器的联结组别是指变压器一、二次绕组所采用的连接方式的类型及相应的一、二次侧对应线电压的相位关系。常用的联结组别有 Yyn0、Dyn11、Yzn11、Yd11、YNd11 等。其中，大写字母表示一次绕组的连接形式，小写字母表示二次绕组的连接形式，数字表示一、二次线电压之间的相位关系。

如 Dyn11 表示一次侧为 D 联结（D），二次侧为丫联结（y），并有中性线引出（n）。当一次线电压相位指向零点（12 点）时，对应的二次线电压相位指向 11 点，二者之间有 30°的相位差。

下面分析变压器的某些常见联结组别的特点和应用。

1. 配电变压器的联结组别

6~10kV 配电变压器（二次电压为 220V/380V）有 Yyn0 和 Dyn11 两种常用的联结组别。

1）Yyn0 联结组别的示意图如图 2-9 所示，其一次线电压和对应二次线电压的相位关系如同时钟在零点（12 点）时时针与分针的位置一样（图中一、二次绕组上标"·"的端子为对应同名端，即同极性端）。

a) 一、二次绕组接线　　b) 一、二次电压相量　　　　　　　　c) 钟表表示

图 2-9　配电变压器 Yyn0 联结组别

　　Yyn0 联结组别的一次绕组采用星形联结，二次绕组为带中性线的星形联结，其线路中可能有的 $3n$（$n = 1$、2、3、…）次谐波电流会注入公共的高压电网中；而且，其中性线的电流规定不能超过相线电流的 25%。因此，负荷严重不平衡或 $3n$ 次谐波比较突出的场合不宜采用这种联结，但该联结组别的变压器一次绕组的绝缘强度要求较低（与 Dyn11 相比），因而造价比 Dyn11 稍低。在 TN 和 TT 系统中，由单相不平衡电流引起的中性线电流不超过二次绕组额定电流的 25%，且任一相的电流在满载都不超过额定电流时可选用 Yyn0 联结组别的变压器。

　　2）Dyn11 联结组别的示意图如图 2-10 所示，其一次线电压和对应二次线电压的相位关系如同时钟在 11 点时时针与分针的位置一样。其一次绕组为三角形联结，$3n$ 次谐波电流在其三角形的一次绕组中形成环流，不致注入公共电网，有抑制高次谐波的作用；其二次绕组为带中性线的星形联结，按规定，中性线电流容许达到相电流的 75%，因此其承受单相不平衡电流的能力远远大于 Yyn0 联结组别的变压器。对于现代供电系统中单相负荷急剧增加的情况，尤其在 TN 和 TT 系统中，Dyn11 联结的变压器得到大力的推广和应用。

a) 一、二次绕组接线　　b) 一、二次电压相量　　　　　　　　c) 钟表表示

图 2-10　配电变压器 Dyn11 联结组别

2. 防雷变压器的联结组别

防雷变压器通常采用 Yzn11 联结组别，如图 2-11 所示。其一次绕组采用星形联结，二次绕组分成两个匝数相同的绕组，并采用曲折形（Z）联结，在同一铁心柱上的两半个绕组的电流正好相反，使磁动势相互抵消。因此如果雷电过电压沿二次侧线路侵入时，此过电压不会感应到一次侧线路上；反之，如果雷电过电压沿二次侧线路侵入，二次侧也不会出现过电压。由此可见，Yzn11 联结的变压器有利于防雷，但这种变压器二次绕组的用材量比 Yyn0 联结的变压器增加 15% 以上。

a) 一、二次绕组接线

b) 一、二次电压相量

图 2-11　防雷变压器 Yzn11 联结组别

2.3.5　电力变压器的型号及主要技术数据

1. 电力变压器的型号

电力变压器全型号的表示和含义如下：

例如，SFL7 - 20000/110 表示该变压器为三相、油浸、风冷、双绕组、无载调压、铝导线、额定容量为 20000kVA、高压侧额定电压为 110kV，其性能水平代号为 7。

2. 电力变压器的主要技术参数

（1）额定电压　一次侧的额定电压为 U_{1N}，二次侧的额定电压为 U_{2N}。对于三相变压器，U_{1N} 和 U_{2N} 都是线电压，一般单位为 kV，低压也可用 V 表示。

（2）额定电流　变压器的额定电流指变压器在容许温升下一、二次绕组长期工作所容许通过的最大电流，分别用 I_{1N} 和 I_{2N} 表示。对于三相变压器，I_{1N} 和 I_{2N} 都表示线电流，单位为 A。

（3）额定容量 变压器的额定容量，是指它在规定的环境条件下，室外安装时，在规定的使用年限（一般以20年计）内能连续输出的最大视在功率，通常用kVA作为单位。按GB 1094.2—2013《电力变压器 第2部分：温升》规定，电力变压器正常使用的环境温度条件：最高气温为+40℃，最高日平均气温为+30℃，最高年平均气温为+20℃；最低气温，户内变压器为-5℃，户外变压器为-30℃。油浸式变压器顶层油温的温升，规定不得超过周围气温55℃。按规定的工作环境最高温度为+40℃计，则变压器顶层油温不得超过+95℃。

2.3.6 电力变压器的实际容量

电力变压器的实际容量是指变压器在实际使用条件（包括实际输出的最大负荷和安装地点的环境温度）下，在不影响变压器的规定使用年限（一般为20年）时所能连续输出的最大视在功率 S_T，单位为kVA。

一般规定，如果变压器安装地点的年平均温度 θ_{0av} 不等于20℃，则年平均温度每升高1℃，变压器的容量相应减少1%。因此，对于户外安装的变压器，其实际容量为

$$S_T = \left(1 - \frac{\theta_{0av} - 20}{100}\right)S_{NT} \tag{2-1}$$

对于户内变压器，由于散热条件较差，其户内的环境温度比户外的温度大约要高8℃，因此户内变压器的实际容量为

$$S_T = \left(0.92 - \frac{\theta_{0av} - 20}{100}\right)S_{NT} \tag{2-2}$$

此外，对于油浸式变压器，如果实际运行时变压器的负荷变动较大，而变压器的容量是按照最大负荷（计算负荷）来选择的，从维持其规定使用年限来考虑，允许一定的过负荷运行。但一般规定户内油浸式变压器的允许正常过负荷不得超过20%，户外油浸式变压器不得超过30%。

例2-1 某车间变电所的变压器室内装有一台630kVA的油浸式变压器。已知当地的年平均温度是+18℃，试求该变压器的实际容量。

解：该变压器的实际容量可由式（2-2）得

$$S_T = \left(0.92 - \frac{18 - 20}{100}\right) \times 630\text{kVA} \approx 592\text{kVA}$$

2.3.7 电力变压器的并列运行与负荷分配

两台及以上的变压器一、二次绕组的接线端分别并联连接投入运行，即为变压器的并列运行。变压器并列运行时必须符合以下条件才能保证供配电系统的安全、可靠和经济性。

（1）所有并列变压器的电压比必须相同 所有并列变压器的电压比必须相同，即额定一次电压和额定二次电压必须对应相等，容许差值不得超过±5%。否则将在并列变压器的二次绕组内产生环流，即二次电压较高的绕组将向二次电压较低的绕组供给电流，引起电能损耗，导致绕组过热甚至烧毁。

（2）并列变压器的联结组别必须相同 并列变压器的联结组别必须相同，也就是说并列

变压器的一次电压和二次电压的相序和相位应分别对应相同。否则，如图 2-12 所示，一台 Yyn0 联结和一台 Dyn11 联结的变压器并列运行时，它们的二次电压将出现30°的相位差，ΔU 将在两台变压器的二次侧产生一个很大的环流，可能导致变压器绕组烧坏。

(3) 并列变压器的阻抗电压须相等或接近相等　并列变压器的阻抗电压须相等或接近相等，容许差值不得超过 ±10%。因为并列运行的变压器的实际负载分配和它们的阻抗电压值成反比，如果阻抗电压相差过大，可能导致阻抗电压小的变压器发生过负荷现象。

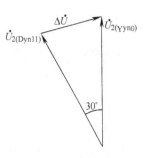

图 2-12　Yyn0 联结和 Dyn11 联结的变压器 并列运行时的相量图

当有 m 台变压器并列运行时，第 n 台变压器的负荷系数 ρ_n 为

$$\rho_n = \frac{S}{U_{kn}\sum_{i=1}^{m}\frac{S_{Ni}}{U_{ki}}} \tag{2-3}$$

式中，S 为所有变压器的总容量；U_k 为变压器的阻抗电压值；S_N 为变压器的额定容量。

例如，两台变压器的容量分别为 S_{N1}、S_{N2}，则总容量 $S = S_{N1} + S_{N2}$，且

$$\sum\frac{S_N}{U_k} = \frac{S_{N1}}{U_{k1}} + \frac{S_{N2}}{U_{k2}}$$

第一台变压器的负荷系数 ρ_1 为

$$\rho_1 = \frac{S}{U_{k1}\sum\frac{S_N}{U_k}}$$

第一台变压器实际承担的负荷为：$S_1 = S_{N1}\rho_1$，与它的阻抗电压成反比。

(4) 并列变压器的容量应尽量相同或相近　并列变压器的容量应尽量相同或相近，其最大容量和最小容量之比不宜超过 3:1。如果容量相差悬殊，不仅可能造成运行的不方便，而且当并列变压器的性能不同时，可能导致变压器间的环流增加，还很容易造成小容量的变压器发生过负荷情况。

例 2-2　现有一台 S9 - 800/10 型变压器与一台 S9 - 2000/10 型变压器并列运行，均为 Dyn11 联结。问负荷达到 2800kVA 时，上列变压器中哪一台变压器将要过负荷？过负荷将达到多少？

解：并列运行的变压器之间的负荷分配与阻抗的标幺值成反比，因此先计算各台变压器的阻抗标幺值。

变压器的阻抗标幺值计算公式为

$$|Z_T^*| = \frac{U_k\% S_d}{100 S_N} \tag{2-4}$$

式中，$U_k\%$ 为变压器的阻抗电压百分值；S_d 为基准容量（kVA），通常取 $S_d = 100\text{MVA} = 10^5\text{kVA}$；$S_N$ 为变压器的额定容量（kVA）。

查附录 C 可得 S9 - 800/10 型变压器（T_1）的 $U_k\% = 5$，S9 - 2000/10 型变压器（T_2）的 $U_k\% = 6$，因此两台变压器的阻抗标幺值分别为（取 $S_d = 10^5\text{kVA}$）

$$|Z_{T1}^*| = \frac{5 \times 10^5\text{kVA}}{100 \times 800\text{kVA}} = 6.25$$

$$|\boldsymbol{Z}_{T2}^{*}| = \frac{6 \times 10^5 \text{kVA}}{100 \times 2000 \text{kVA}} = 3.00$$

由此可知这两台变压器在负荷达 2800kVA 时各自负担的负荷为

$$S_{T1} = 2800 \times \frac{3.00}{6.25 + 3.00} \text{kVA} \approx 908 \text{kVA}$$

$$S_{T2} = 2800 \times \frac{6.25}{6.25 + 3.00} \text{kVA} \approx 1892 \text{kVA}$$

由以上计算结果可知，S9 - 800/10 型变压器将过负荷（908 - 800）kVA = 108kVA，将超过其额定容量（108kVA/800kVA）× 100% = 13.5%。

按前面所讲的变压器正常过负荷可达 20%（户内）或 30%（户外）来衡量，S9 - 800/10 型变压器过负荷 13.5% 应当是允许的。从两台变压器的容量比来看，2000kVA:800kVA = 2.5:1，尚未达到一般不允许的容量比 3:1。但考虑到负荷的发展，S9 - 800/10 型变压器宜更换为较大容量变压器。

2.4 互感器

2.4.1 概述

互感器是电流互感器和电压互感器的统称。它们实质上是一种特殊的变压器，又可称为仪用变压器或测量互感器。互感器是根据变压器的变压、变流原理将一次电量（电压、电流）转变为同类型的二次电量的电器，该二次电量可作为二次回路中测量仪表、保护继电器等设备的电源或信号源。因此，它们在供配电系统中具有重要的作用，具有以下主要功能：

1）变换功能。互感器将一次回路的大电压和大电流变换成适合仪表、继电器工作的小电压和小电流。

2）隔离和保护功能。互感器作为一、二次电路之间的中间元件，不仅使仪表、继电器等二次设备与一次主电路隔离，提高了电路工作的安全性和可靠性，而且有利于人身安全。

3）扩大仪表、继电器等二次设备的应用范围。由于互感器的二次电流或电压额定值统一规定为 5A（1A）及 100V，通过改变互感器的电压比、电流比，可以反映任意大小的主回路电压和电流值，而且便于二次设备制造规格统一和批量生产。

2.4.2 电流互感器

电流互感器（文字符号为 TA）是变换电流的设备。

1. 基本原理和结构

电流互感器的基本结构和接线如图 2-13 所示，它由一次绕组、铁心、二次绕组组成。具有以下结构特点：

1）一次绕组匝数少，二次绕组匝数多。如心柱式电流互感器的一次绕组为一个穿过铁心的直导线；母线式电流互感器本身没有一次绕组，利用穿过其铁心的一次电路作为一次绕组（相当于 1 匝）。

2）一次绕组的导线较粗，二次绕组的导线细。二次绕组的额定电流一般为 5A 或 1A。

a) 基本结构   b) 接线图

图 2-13 电流互感器的基本结构和接线

1—铁心 2——次绕组 3—二次绕组

3）电流互感器的一次绕组串接在一次电路中，二次绕组与仪表、继电器电流线圈串联，形成闭合回路。由于这些电流线圈阻抗很小，工作时电流互感器的二次回路接近短路状态。

电流互感器的电流比用 K_i 表示，则

$$K_i = I_{1N}/I_{2N} \approx N_2/N_1 \qquad (2\text{-}5)$$

式中，I_{1N}、I_{2N} 分别为电流互感器一次侧和二次侧的额定电流；N_1、N_2 为一次和二次绕组匝数。电流比一般表示成如 100/5A 的形式。

2. 接线方案

电流互感器在三相电路中的常用四种接线方案，如图 2-14 所示。

a) 一相式   b) 两相V形

c) 两相电流差式   d) 三相星形

图 2-14 电流互感器的接线方案

（1）一相式接线 如图 2-14a 所示，互感器通常接在 B 相，电流互感器二次绕组中流过的是对应相一次电流的二次电流值，反映的是该相的电流。这种接线通常用于三相负荷平衡的系统中，供测量电流或过负荷保护装置用。

（2）两相 V 形接线 如图 2-14b 所示，这种接线也称为两相不完全星形接线，电流互感器通常接在 A、C 相，在中性点不接地的三相三线制系统中，广泛用于测量三相电流、电能，以及作为过电流继电保护用（称为两相两继电器式接线）。由相量图 2-15 可知，公共线上的电流为 $\dot{I}_a + \dot{I}_c = -\dot{I}_b$，反映的正是未接互感器的那一相的电流。

（3）两相电流差式接线 如图 2-14c 所示，这种接线又称为两相一继电器式接线，流过电流继电器线圈的电流为 $\dot{I}_a - \dot{I}_c$，由图 2-16 可知其量值是相电流的 $\sqrt{3}$ 倍。这种接线适用于中性点不接地的三相三线制系统中，作为过电流继电保护用。

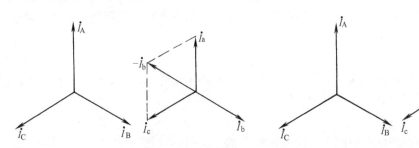

图 2-15 两相 V 形接线电流互感器的　　　　图 2-16 两相电流差式接线电流互感器的
　　　一、二次电流相量图　　　　　　　　　　　　一、二次电流相量图

（4）三相星形接线 如图 2-14d 所示，这种接线中的三个电流线圈正好反映了各相电流，因此被广泛用于三相负荷不平衡的三相四线制系统中，也可用在负荷可能不平衡的三相三线制系统中，作为三相电流、电能测量及过电流继电保护用。

3. 电流互感器的类型和型号

电流互感器的类型很多，其分类方法如下：

1）按一次电压分，电流互感器有高压和低压两大类。

2）按一次绕组匝数分，电流互感器有单匝式(包括母线式、心柱式、套管式) 和多匝式(包括线圈式、线环式、串级式) 两类。

3）按用途分，电流互感器有测量用和保护用两大类。

4）按准确度级分，测量用电流互感器有 0.1、0.2、0.5、1、3、5 等级，保护用电流互感器一般有 5P 和 10P 两级。

5）按绝缘介质类型分，电流互感器有油浸式、环氧树脂浇注式、干式、SF_6 气体绝缘等类型。

6）按铁心分，电流互感器有同一铁心和分开（两个）铁心两种。高压电流互感器通常有两个不同准确级的铁心和二次绕组，分别接测量仪表和继电器。因为测量用电流互感器的铁心在一次电路短路时易于饱和，以限制二次电流的增长倍数、保护仪器。保护用电流互感器铁心则在一次电路短路时不应饱和，二次电流与一次电流成比例增长，以保证保护电路灵敏度的要求。

图 2-17 和图 2-18 分别为 LQJ‐10 型和 LMZJ1‐0.5 型电流互感器的外形结构。其中，LQJ‐10 是目前常用于 10kV 高压开关柜中的户内线圈式环氧树脂浇注绝缘加强型电流互感器，它有两个铁心和两个二次绕组，分别为 0.5 级和 3 级，0.5 级用于测量，3 级用于继电保护。LMZJ1‐0.5 是广泛用于低压配电屏和其他低压电路中的户内母线式环氧树脂浇注绝缘加大容量电流互感器，它本身无一次绕组，穿过其铁心的母线就是其一次绕组。

图 2-17　LQJ‐10 型电流互感器
1——一次接线端子　2——一次绕组
3—二次接线端子　4—铁心
5—二次绕组　6—铭牌

图 2-18　LMZJ1‐0.5 型电流互感器
1—铭牌　2——一次母线穿孔　3—铁心
4—安装板　5—二次接线端子

电流互感器的型号表示如下：

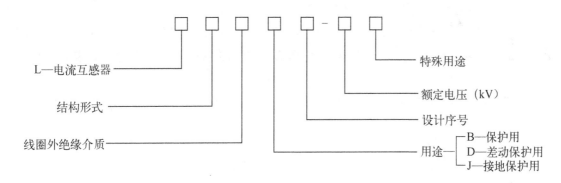

L—电流互感器
结构形式
线圈外绝缘介质
设计序号
额定电压（kV）
特殊用途
用途 — B—保护用　D—差动保护用　J—接地保护用

其中结构形式的字母含义：
R—套管式　Z—支柱式　Q—线圈式　F—贯穿式(复匝)　D—贯穿式(单匝)　M—母线式　K—开合式
V—倒立式　A—链式线圈外绝缘介质　J—变压器油（不表示）　G—空气（干式）　C—瓷（主绝缘）
Q—气体　Z—浇注成型固体　K—绝缘壳

4. 电流互感器的使用注意事项

1）电流互感器在工作时二次侧不得开路。如果开路，二次侧可能会感应出危险的高电压，危及人身和设备安全；同时，互感器铁心会由于磁通剧增而过热，产生剩磁，导致互感器准确级的降低。因此，电流互感器二次侧不允许开路。安装时，电流互感器二次接线必须可靠、牢固，决不允许在二次回路中接入开关或熔断器。

2）电流互感器二次侧有一端必须接地。这是为了防止一、二次绕组间绝缘击穿时，一次侧高电压窜入二次侧，危及设备和人身安全。

3）电流互感器在接线时，要注意其端子的极性。电流互感器的一、二次绕组端子分别用 P1、P2 和 S1、S2 表示，P1 和 S1、P2 和 S2 为用减极性法规定的同名端，又称同极性端（因其在同一瞬间，同名端同为高电平或低电平）。

例如，在图 2-14b 所示的两相 V 形接线中，如果二次侧接线没有按接线要求连接，而是将其中一个互感器的二次绕组反接，则公共线流过的电流不再是 B 相电流，而是 B 相电流的 $\sqrt{3}$ 倍，从而可能使继电保护误动作，也可能使电流表烧坏。

2.4.3 电压互感器

电压互感器（文字符号为 TV）是变换电压的设备。

1. 基本原理和结构

电压互感器的基本结构和接线图如图 2-19 所示，它由一次绕组、二次绕组和铁心组成，具有以下结构特点：

1）一次绕组并联在主回路中，二次绕组并联二次回路中的仪表、继电器等的电压线圈，由于这些二次绕组的电压线圈阻抗很大，电压互感器工作时二次绕组接近于开路状态。

a) 基本结构　　　　　　b) 接线图

图 2-19　电压互感器的基本结构和接线图
1—铁心　2——一次绕组　3—二次绕组

2）一次绕组匝数较多，二次绕组匝数较少，相当于降压变压器。

3）一次绕组的导线较细，二次绕组的导线较粗，二次绕组的额定电压一般为 100V，用于接地保护的电压互感器二次绕组的额定电压为 $(100/\sqrt{3})$ V，辅助二次绕组的额定电压则为 $(100/3)$ V。

电压互感器的电压比用 K_u 表示

$$K_u = U_{1N}/U_{2N} \approx N_1/N_2 \tag{2-6}$$

式中，U_{1N}、U_{2N} 分别为电压互感器一次绕组和二次绕组的额定电压；N_1、N_2 为一次绕组和二次绕组匝数。电压比 K_u 通常表示成如 10/0.1kV 的形式。电压互感器有单相和三相两类，在成套装置内，采用单相电压互感器较为常见。

2. 接线方案

电压互感器在三相电路中有四种常见的接线方案，如图 2-20 所示。

（1）一台单相电压互感器　如图 2-20a 所示，供仪表和继电器接一个线电压，适用于电压对称的三相线路，如用作备用线路的电压监视。

（2）两台单相电压互感器接成 V/V　如图 2-20b 所示，供仪表和继电器接于各个线电压，适用于三相三线制系统。

（3）三台单相电压互感器接成 Y_0/Y_0　如图 2-20c 所示，供电给需线电压的仪表和继电器；在小电流接地系统中，供电给接相电压的绝缘监视电压表，电压表应按线电压选择。常用于三相三线和三相四线制线路。

a) 一台单相电压互感器

b) 两台单相电压互感器接成V/V

c) 三台单相电压互感器接成Y_0/Y_0

d) 三台单相三绕组电压互感器或一台三相五心柱式三绕组电压互感器接成$Y_0/Y_0/\triangle$

图 2-20　电压互感器的接线方案

（4）三台单相三绕组电压互感器或一台三相五心柱式三绕组电压互感器接成 $Y_0/$ $Y_0/\triangle$　如图 2-20d 所示，其中一组二次绕组接成 Y_0 的二次绕组，供电给需线电压的仪表、继电器和绝缘监视用电压表；另一组绕组（辅助二次绕组）接成开口三角形（$\triangle$），供电给绝缘监视用电压继电器（KV）。当线路正常工作时，开口三角形两端的零序电压接近于零；而当线路上发生单相接地故障时，开口三角形两端的零序电压接近 100V，使电压继电器动作，发出故障信号。此辅助二次绕组又称剩余电压绕组，适用于三相三线制系统。

3. 电压互感器的类型和型号

电压互感器的类型很多，其分类方法如下：

1）按绝缘介质分，有油浸式、干式(含环氧树脂浇注式) 电压互感器两类。

2）按使用场所分，有户内式和户外式电压互感器。

3）按相数来分，有三相式、单相式电压互感器。

4）按电压分，有高压（1kV以上）和低压（0.5kV及以下）电压互感器。

5）按绕组分，有三绕组、双绕组电压互感器。

6）按用途来分，有测量用电压互感器，其准确度等级要求较高，规定为0.1、0.2、0.5、1、3级；有保护用电压互感器，准确度等级较低，一般有3P级和6P级，其中用于小电流接地系统的电压互感器（如三相五心柱式）的辅助二次绕组准确度等级规定为6P级。

7）按结构原理分，有电容分压式、电磁感应式电压互感器。

8）其他还有气体电压互感器、电流电压组合互感器等高压类型。

电压互感器的型号表示和含义如下：

其中结构形式的字母含义：X—带零序（剩余）电压绕组　B—三相带补偿绕组　W—五心柱三绕组

图2-21、图2-22分别为JDZJ-10（3、6）型和JDG6-0.5型电压互感器的外形结构。

图2-21　JDZJ—10（3、6）型电压互感器
1——一次接线端子　2—高压绝缘套管
3—一、二次绕组　4—铁心　5—二次接线端子

图2-22　JDG6—0.5型电压互感器

JDZJ-10（3、6）为单相双绕组环氧树脂浇注的户内型电压互感器，适用于10kV及以下的线路中，供测量电压、电能、功率和继电保护、自动装置用，准确度等级有0.5、1、3级，采用三台单相三绕组电压互感器接成图2-20d所示的 $Y_0/Y_0/\triangle$ 接线。

JDG6-0.5为单相双绕组干式户内型电压互感器，供测量电压、电能、功率及继

电保护、自动装置用，可用于单相线路、三相线路（两台单相电压互感器接成 V/V）中。

在中性点非有效接地系统中，电压互感器常因铁磁谐振而大量烧毁。为了消除铁磁谐振，某些产品如 JSXH-35 型、JDX-6（10）型及 JSZX-6（10）型电压互感器在结构上都进行了一些改进。

4. 电压互感器的使用注意事项

1）电压互感器在工作时，其一、二次侧不得短路。由于电压互感器二次回路中的负载阻抗较大，其运行状态近于开路，当发生短路时，将产生很大的短路电流，有可能造成电压互感器烧毁；其一次侧并联在主回路中，若发生短路会影响主电路的安全运行。因此，电压互感器一、二次侧都必须装设熔断器进行短路保护。

2）电压互感器二次侧有一端必须接地。这样做的目的是为了防止一、二次绕组间的绝缘击穿时，一次侧高压窜入二次侧，危及设备及人身安全。通常将公共端接地。

3）电压互感器在接线时，必须注意其端子的极性。三相电压互感器一次绕组两端标为 A、B、C、N，对应的二次绕组同名端标为 a、b、c、n；单相电压互感器的对应同名端分别标为 A、N 和 a、n。接线时，若将电压互感器其中一相绕组反接，二次回路中的线电压将发生变化，造成测量误差和保护误动作（或误信号），甚至可能对仪表造成损害。因此，必须注意其一、二次绕组端子极性的一致性。

2.5 熔断器

本节将重点介绍在一次电路中具有很高实用价值的保护用电气设备——高压熔断器和低压熔断器。

熔断器（文字符号为 FU）是用于过电流保护的最为简单和常用的电器，它是在通过的电流超过规定值并经过一定的时间后熔体（熔丝或熔片）熔化而分断电流，断开电路来完成其短路保护功能，有的熔断器也具有过负荷保护功能。

短路和过负荷（统称过电流）现象是输配电线路中时常出现的一种故障，当电路通过的实际电流超过其规定条件下的额定值，即为过电流。其中，过负荷电流超过额定值相对不多，而短路电流可达额定电流的十多倍甚至几十、上百倍。因此，过负荷只要不是过大，持续时间不是过长或过于频繁，一般对系统的影响不大；而短路则会产生相当严重的后果，必须设法避免和防护。熔断器的体积很小，但却能分断很高的短路电流。

2.5.1 高压熔断器

在输配电系统中，对容量小且不太重要的负荷，广泛采用高压熔断器作为高压输配电线路、电力变压器、电压互感器和电力电容器等电气设备的短路和过负荷保护。户内广泛采用 RN 系列高压管式限流熔断器，户外则广泛采用 RW4、RW10F 等型号的高压跌开式熔断器，或 RW10-35 型高压限流熔断器。

高压熔断器的全型号表示和含义如下：

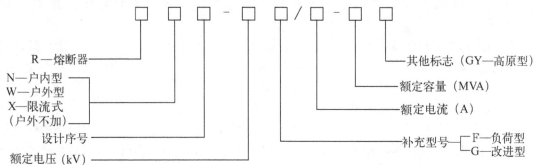

R—熔断器

N—户内型
W—户外型
X—限流式
（户外不加）

设计序号

额定电压（kV）

其他标志（GY—高原型）

额定容量（MVA）

额定电流（A）

补充型号 —— F—负荷型
G—改进型

其中对于自爆式熔断器，在"R"前面加字母"B"

1. RN 系列户内高压管式熔断器

RN 系列户内高压管式熔断器有 RN1、RN2、RN3、RN4、RN5 及 RN6 等型号，主要用于 3~35kV 配电系统中作为短路保护和过负荷保护用。其中，RN1 型用于高压电力线路及其设备和电力变压器的短路保护，也能用作过负荷保护；RN2、RN4、RN5 型则用于电压互感器的短路保护；RN6 型主要用于高压电动机的短路保护；RN3 和 RN1 相似，RN4 和 RN2 相似，只是技术数据有所差别；RN5 和 RN6 是以 RN1 和 RN2 为基础的改进型，具有体积小、质量轻、防尘性能好、维修和更换方便等特点。

RN1 和 RN2 型高压熔断器的外形和结构基本相同，灭弧原理也基本相同。图 2-23 和图 2-24 为 RN1、RN2 型高压熔断器的外形结构和熔管内部结构剖面图。其主要组成部分包括熔管、触座、动作指示器、绝缘子和底座。熔管一般为瓷质管，熔丝由单根或多根镀银的细铜丝并联绕成螺旋状，熔丝埋放在石英砂填料中，熔丝上焊有小锡球。

当过负荷电流通过时，熔丝上的小锡球受热熔化，铜锡分子相互渗透形成熔点较低的铜锡合金（冶金效应），使铜熔丝能在较低的温度下熔断，从而使熔断器能在过负荷电流或较小短路电流时也能动作，提高了熔断器保护的灵敏度。因几根并联铜丝是在密闭的充满石英砂填料的熔管内工作，当短路电流通过时，一旦熔丝熔断产生电弧，即产生粗弧分细、长弧切短和狭沟灭弧的现象，因此，熔断器的灭弧能力很强，能在短路后不到半个周期即短路电流未达到冲击电流值（i_{sh}）时就能完全熄灭电弧、切断短路电流。具有这种特性的熔断器称为限流式熔断器。

图 2-24 中，当过电流通过熔体时，工作熔体熔断后，

图 2-23　RN1、RN2 型高压熔断器

1—瓷熔管　2—金属管帽
3—弹性触座　4—熔断指示器
5—接线端子　6—瓷绝缘子
7—铸铁底座

图 2-24　熔管内部结构剖面图

1—金属管帽　2—瓷熔管　3—工作熔体
4—指示熔体　5—锡球　6—石英砂填料
7—熔断指示器（熔断后弹出状态）

指示熔体也相继熔断，熔断指示器弹出，发出熔体熔断的指示信号。

RN2 型与 RN1 型高压熔断器的区别主要是：它由三种不同截面的一根康铜丝绕在陶瓷芯上，并且无熔断指示器，由电压互感器二次侧仪表的读数来判断其熔体的熔断情况；而且由于电压互感器的二次侧近于开路状态，RN2 型高压熔断器的额定电流一般为 0.5A，而 RN1 型的额定电流为 2～300A 不等。

2. RW 系列户外高压跌开式熔断器

RW 系列跌开式熔断器又称跌落式熔断器，被广泛用于环境正常的户外场所，作为高压线路和设备的短路保护用。RW 系列跌开式熔断器包括一般跌开式熔断器（如 RW4、RW7 型等）、负荷型跌开式熔断器（如 RW10-10F 型）、限流型户外熔断器（如 RW10-35、RW11 型等）及 RW-B 系列爆炸式跌开式熔断器。下面主要介绍它们的结构和功能特点。

（1）一般户外高压跌开式熔断器（文字符号为 FD）　图 2-25 所示为 RW4-10（G）型跌开式熔断器的结构。它串接在线路中，可利用绝缘钩棒（俗称令克棒）直接操作熔管（含熔体）的分、合，此功能相当于隔离开关。

RW4 型熔断器没有带负荷灭弧装置，因此不容许带负荷操作；同时，它的灭弧能力不强，速度不快，不能在短路电流达到冲击电流（i_{sh}）前熄灭电弧，属于非限流式熔断器。常用于额定电压 10kV、额定容量 315kVA 及以下的电力变压器的过电流保护，尤其以居民区、街道等场合居多。

（2）负荷型跌开式熔断器（文字符号为 FDL）　图 2-26 所示为 RW10-10F 型负荷型跌开式熔断器的结构。

图 2-25　RW4-10（G）型跌开式熔断器结构
1—上接线端子　2—上静触头　3—上动触头
4—管帽　5—操作环　6—熔管　7—铜熔丝
8—下动触头　9—下静触头　10—下接线端子
11—绝缘瓷瓶　12—安装板

图 2-26　RW10-10F 型负荷型跌开式熔断器结构
1—上接线端子　2—绝缘瓷瓶　3—固定安装板
4—下接线端子　5—灭弧触头　6—熔丝管（闭合位置）
7—熔丝管（跌开位置）　8—熔丝
9—操作环　10—灭弧罩

RW10-10F型负荷型跌开式熔断器是在一般跌开式熔断器的上静触头上加装了简单的灭弧室，因而能带负荷操作，其操作要求和负荷开关相同。但该类型熔断器虽然有灭弧室，能有效开断大、小短路电流，但灭弧能力不是很强，灭弧速度也不快，不能在短路电流达到冲击值之前熄灭电弧，因此也属非限流式熔断器。

（3）户外限流式高压熔断器（文字符号为FU）图2-27所示为RW10-35型户外限流式高压熔断器的结构。

该熔断器的瓷质熔管内充有石英砂，熔体结构和RN型户内高压熔断器相似，因此，它的短路和过负荷保护功能与户内高压限流熔断器相同。这种熔断器的熔管固定在棒形支柱绝缘子上，因此，熔体熔断后不能自动跌开，无明显可见的断开间隙，不能作为隔离开关用。

（4）RW-B系列高压爆炸式跌开熔断器　其结构和RW系列高压跌开式熔断器基本相似，有B型和BZ型两种。B型为自爆跌开式，BZ型为爆炸重合跌开式。区别为BZ型熔断器每相有两根熔管，若为瞬时性故障，可投入重合熔管来保证系统继续工作；若为永久性故障，则重合熔管会再动作一次，将故障切除，以保护系统。

图2-27　RW10-35型户外限流式
高压熔断器结构
1—棒形支柱绝缘子
2—瓷质熔管（内装特制熔体及石英砂）
3—铜管帽　4、6—接线端子　5—固定抱箍

2.5.2　低压熔断器

在低压配电系统中，低压熔断器主要具有短路保护功能，有的也能实现过负荷保护。它们的主要缺点是熔体熔断后必须更换，会引起短时停电，保护特性和可靠性相对较差，在一般情况下，低压熔断器必须与其他电器配合使用。

低压熔断器的种类很多，有插入式（RC型）、螺旋式（RL型）、无填料封闭管式（RM型）、有填料封闭管式（RT型），以及引进技术生产的有填料管式（gF、aM系列）和高分断能力（NT系列）低压熔断器等。

国产低压熔断器的全型号[⊖]表示和含义如下：

⊖　上述型号不适用于引进技术生产的熔断器，如NT、gF、aM系列等。

下面介绍几种常用的低压熔断器。

1. RC1 型瓷插式熔断器

图 2-28 所示为 RC1 型瓷插式熔断器的结构。RC1 型低压熔断器结构简单，价格低，使用方便，但断流容量小，动作误差大，因此多用于 500V 以下的线路末端，作为不重要负荷的电力线路、照明设备和小容量的电动机的短路保护用。如居民区、办公楼、农用负荷等要求不高的供配电线路末端的负荷。

图 2-28　RC1 型瓷插式熔断器结构

2. RL1 型螺旋式熔断器

图 2-29 所示为 RL1 型螺旋式熔断器的结构。其瓷质熔体装在瓷帽和瓷底座间，内装熔丝和熔断指示器（红色色点），并填充石英砂。它的灭弧能力强，属限流式熔断器；并且体积小，质量轻，价格低，使用方便，熔断指示明显，具有较高的分断能力和稳定的电流特性，广泛用于 500V 以下的低压动力干线和支线上作为短路保护用。

3. RM10 型无填料封闭管式熔断器

如图 2-30 所示，RM10 型无填料封闭管式熔断器由纤维熔管、变截面锌片和触刀、管帽、管夹等组成。当短路电流通过时，熔片窄部由于截面小、电阻大而首先熔断，并将产生的电弧切短成几段而易于熄灭；在过负荷电流通过时，由于电流加热时间较长，而窄部的散热好，往往在宽窄之间的斜部熔断。由此，可根据熔片熔断的部位来判断过电流的性质。RM10 型低压熔断器不能在短路冲击电流出现以前完全灭弧，因此属非限流式熔断器。RM10 型低压熔断器结构简单，价格低廉，更换熔体方便。

a) 熔管

b) 熔片

图 2-29　RL1 型螺旋式低压熔断器结构

图 2-30　RM10 型无填料封闭管式熔断器结构
1—铜管帽　2—管夹　3—纤维熔管　4—锌熔片　5—触刀

4. RT0 型有填料封闭管式熔断器

RT0 型有填料封闭管式熔断器结构比较复杂，其外形及内部结构如图 2-31 所示。

RT0 型有填料封闭管式熔断器主要由瓷熔管、铜熔体（栅状）和底座三部分组成。熔管内装石英砂。熔体有变截面小孔和引燃栅，变截面小孔可使熔体在短路电流通过时熔断，将长弧分割为多段短弧，引燃栅具有等电位作用，使粗弧分细，电弧电流在石英砂中燃烧，形成狭沟灭弧。这种熔断器具有较强的灭弧能力，因而属限流式熔断器（在 i_{sh} 到来前就熔断）。熔体还有锡桥，利用冶金效应可使熔体在较小的短路电流和过负荷时熔断。熔体熔断

图 2-31 RT0 型有填料封闭管式熔断器结构

1—栅状铜熔体 2—触刀 3—瓷熔管 4—熔断指示器 5—盖板
6—弹性触座 7—瓷质底座 8—接线端子 9—扣眼 10—绝缘拉手手柄

后，其熔断指示器（红色）弹出，便于工作人员识别故障线路和进行处理。熔断后的熔体不能再用，须重新更换，更换时应采用绝缘操作手柄进行操作。

RT0 型熔断器的保护性能好，断流能力大，因此被广泛应用于短路电流较大的低压网络和配电装置中，作为输配电线路和电气设备的短路保护用，特别适用于重要的供电线路或断流能力要求高的场所，如电力变压器的低压侧主回路及靠近变压器场所出线端的供电线路。

5. 引进技术生产的高分断能力熔断器

1）NT 系列熔断器（国内型号为 RT16 系列）是引进技术生产的一种高分断能力熔断器，现广泛应用于低压开关柜中，适用于 660V 及以下的电力网络及配电装置作为过载和保护用。

NT 系列熔断器由熔管、熔体和底座组成，外形结构与 RT0 型相似。熔管为高强度陶瓷管，内装优质石英砂，熔体采用优质材料制成。主要特点为体积小，质量轻、功耗小、分断能力高、限流特性好。

2）gF、aM 系列圆柱形管状有填料熔断器也属引进技术生产的熔断器，具有体积小、密封好、分断能力高、指示灵敏、动作可靠、安装方便等优点，适用于低压配电系统。其中，gF 系列用于线路的短路和过负荷保护，aM 系列用于电动机短路保护。

2.6 高压开关设备

2.6.1 高压隔离开关

高压隔离开关（文字符号为 QS）的主要功能是隔离高压电源，以保证对其他电器设备及线路的安全检修及人身安全。因此，其结构特点是断开后具有明显可见的断开间隙，且断开间隙的绝缘及相间绝缘都是足够可靠的。但是隔离开关没有灭弧装置，所以不容许带负荷操作。但可容许通断一定的小电流，如励磁电流不超过 2A 的 35kV、1000kVA 及以下的空载变压器电路，电容电流不超过 5A 的 10kV 及以下、长 5km 的空载输电线路，以及电压互感器和避雷器回路等。

高压隔离开关按安装地点分为户内式和户外式两大类；按有无接地开关可分为不接地、单接地和双接地三类。

高压隔离开关的全型号表示和含义如下：

10kV 高压隔离开关型号较多，其中户内常用的有 GN8、GN19、GN24、GN28、GN30 等系列。图 2-32 所示为 GN8－10 型户内高压隔离开关的结构，它的三相闸刀安装在同一底座上，闸刀均采用垂直回转运动方式。GN 型高压隔离开关一般采用手动操动机构进行操作。

图 2-32　GN8－10 型户内高压隔离开关结构

1—上接线端子　2—静触头　3—闸刀　4—套管绝缘子　5—下接线端子
6—框架　7—转轴　8—拐臂　9—升降绝缘子　10—支柱绝缘子

户外高压隔离开关常用的有 GW4、GW5 和 GW1 等系列，其中 GW4－35 型户外高压隔离开关的结构如图 2-33 所示。为了熄灭小电流电弧，该隔离开关安装有灭弧角条，采用的是三柱式结构。

带有接地开关的隔离开关称为接地隔离开关，用来进行电气设备的短接、联锁和隔离，一般用来将退出运行的电气设备和成套设备部分接地和短接。接地开关是用于将回路接地的一种机械式开关装置。在异常条件（如短路下），接地开关可在规定时间内承载规定的异常电流；在正常回路条件下，接地开关不要求承载电流。接地开关大多与隔离开关构成一个整体，并且在接地开关和隔离开关之间有相互联锁装置。

图 2-33　GW4-35 型户外高压隔离开关结构

1—角钢架　2—支柱瓷瓶　3—旋转瓷瓶　4—曲柄　5—轴套　6—传动装置　7—管形闸刀　8—工作动触头
9、10—灭弧角条　11—插座　12、13—接线端子　14—曲柄传动机构

2.6.2　高压负荷开关

高压负荷开关（文字符号为 QS）具有简单的灭弧装置，能通断一定的负荷电流和过负荷电流，但不能断开短路电流，因此，必须借助熔断器来切断短路电流，故负荷开关常与熔断器一起使用。高压负荷开关大多还具有隔离高压电源，保证其后的电气设备和线路安全检修的功能，因为它断开后通常有明显的断开间隙，与高压隔离开关一样，所以这种负荷开关有功率隔离开关之称。

高压负荷开关根据所采用的灭弧介质不同，可分为固体产气式、压气式、油浸式、真空式和 SF_6 等；按安装场所可分为户内式和户外式两种。

高压负荷开关的全型号表示和含义如下：

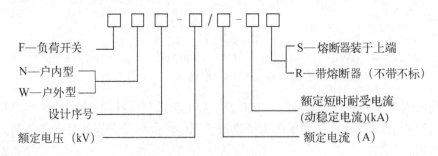

户内目前多采用 FN2-10RT 型及 FN3-10RT 型压气式负荷开关。图 2-34 为 FN3-10RT 型户内压气式负荷开关的外形结构。负荷开关上端的绝缘子是一个简单的灭弧室，它不仅起到支持绝缘子的作用，而且其内部是一个气缸，装有操动机构主轴传动的活塞，绝缘子上部装有绝缘喷嘴和弧静触头。当负荷开关分闸时，闸刀一端的弧动触头与弧静触头之间产生电弧，同时分闸时主轴转动带动活塞，压缩气缸内的空气从喷嘴向外吹弧，使电弧迅速熄灭。

FN3－10RT 型户内压气式负荷开关的外形与户内式隔离开关相似，也具有明显的断开间隙。因此，它同时具有隔离开关的作用。

FN1、FN5 和 FW5 型等为固体产气式负荷开关，主要是利用开断电弧的能量使灭弧室内的产气材料分解所产生的气体进行吹弧灭弧。与户内压气式负荷开关一样，它们的灭弧能力较小，可开断负荷电流、电容电流、环流和过负荷电流，但必须与熔断器串联，借助熔断器断开短路电流，适用于 35kV 及以下的电力系统，尤其是城市电网改造和农村电网。一般配用 CS 系列手动操动机构或 CJ 系列电动操动机构，如果配装了接地开关，只能用手动操动机构。

图 2-35 为西门子 12kV 真空负荷开关的剖面图。它利用真空灭弧原理工作，能可靠完成开断工作，特点是可频繁操作，配用手动操动机构或电动操动机构，灭弧性能好，使用寿命长。但必须和 HH—熔断器相配合才能开断短路电流。而且开断时，不形成隔离间隙，不能作为隔离开关用。一般用于 220kV 及以下电网中。

图 2-34　FN3－10RT 型户内压气式负荷开关
1—主轴　2—上绝缘子兼气缸　3—连杆　4—下绝缘子
5—框架　6—RN1 型熔断器　7—下触座　8—闸刀
9—弧动触头　10—绝缘喷嘴（内有弧静触头）
11—主静触头　12—上触座　13—断路弹簧
14—绝缘拉杆　15—热脱扣器

图 2-35　西门子 12kV 真空负荷开关的剖面图
1—上支架　2—前支撑杆　3—静触头　4—动触头
5—波纹管　6—软联结　7—下支架　8—下接线端子
9—接触压力弹簧和分闸弹簧　10—操作杆
11—下支持绝缘子　12—后支撑杆　13—陶瓷外壳
14—上支持绝缘子　15—上接线端子

SF₆ 负荷开关（如 FW11—10 型）、油浸式负荷开关（如 FW2、FW4 型）的基本结构都为三相共箱式，其中 SF₆ 负荷开关利用 SF₆ 气体作为灭弧和绝缘介质，而油浸式负荷开关则是利用绝缘油作为灭弧和绝缘介质，灭弧能力强，容量大，但都必须与熔断器串联使用才能断开短路电流，而且断开后无可见间隙，不能作为隔离开关用，适用于35kV及以下的户外电网。

2.6.3 高压断路器

高压断路器（文字符号为QF）是高压输配电线路中最为重要的电气设备，它的选用和性能直接关系到线路运行的安全性和可靠性。高压断路器具有完善的灭弧装置，不仅能通断正常的负荷电流和过负荷电流，而且能通断一定的短路电流，并能在保护装置作用下，自动跳闸，切断短路电流。

高压断路器按其采用的灭弧介质分，有油断路器、SF₆断路器、真空断路器、压缩空气断路器和磁吹断路器等，其中油断路器按油量多少又分为少油和多油两类。多油断路器的油量多，兼具灭弧和绝缘的双重功能；少油断路器的油量少，只作为灭弧介质用。

高压断路器按使用场所可分为户内型和户外型。

按分断速度分，高压断路器有高速（<0.01s）、中速（0.1~0.2s）、低速（>0.2s）三种，现采用高速比较多。

SF₆断路器和真空断路器目前应用较广，少油断路器因其成本低，结构简单，依然被广泛应用于不需要频繁操作及要求不高的各级高压电网中，但压缩空气断路器和多油断路器已基本淘汰。下面将主要介绍少油断路器、SF₆断路器和真空断路器。

高压断路器的全型号表示和含义如下：

1. 高压少油断路器

一般6~35kV户内配电装置中主要采用的高压少油断路器是我国统一设计、推广应用的一种新型少油断路器。按其断流容量（S_{oc}）分为Ⅰ、Ⅱ、Ⅲ型。SN10-10Ⅰ型的S_{oc}为300MVA；SN10-10Ⅱ型的S_{oc}为500MVA；SN10-10Ⅲ型的S_{oc}为750MVA。

图2-36和图2-37分别为SN10-10型高压少油断路器的外形结构和油箱内部剖面图。

（1）组成结构 高压少油断路器主要由油箱、传动机构和框架三部分组成。

油箱是断路器的核心部分，油箱的上部为铝帽，铝帽的上部为油气分离器，其作用是将灭弧过程中产生的油气混合物旋转分离，气体从顶部排气孔排出，而油则沿内壁流回灭弧室。铝帽的下部装有插座式静触头，有3~4片弧触片。断路器在合闸或分闸时，电弧总在弧触片和动触头（导电杆）端部的弧触头之间产生，从而保护了静触头的工作触片。油箱的中部为灭弧室，外面套有高强度的绝缘筒，灭弧室的结构如图2-38所示。油箱的下部为高强度铸铁制成的基座，基座内有操作断路器动触头（导电杆）的转轴和拐臂等传动机构，导电杆通过中间滚动触头与下接线柱相连。

图 2-37　油箱内部剖面图

图 2-36　SN10－10 型高压少油断路器的外形结构

1—铝帽　2—上接线端子　3—油标

4—绝缘筒　5—下接线端子　6—基座

7—主轴　8—框架　9—断路弹簧

1—铝帽　2—油气分离器　3—上接线端子　4—油标

5—静触头　6—灭弧室　7—动触头　8—中间滚动触头

9—下接线端子　10—转轴　11—拐臂　12—基座

13—下支柱瓷瓶　14—上支柱瓷瓶　15—断路弹簧

16—绝缘筒　17—逆止阀　18—绝缘油

断路器的导电回路是：上接线端子→静触头→动触头（导电杆）→中间滚动触头→下接线端子。

（2）工作及灭弧原理　合闸时，经操动机构和传动机构将导电杆插入静触头来接通电路。分闸或自动跳闸时，导电杆向下运动并离开静触头，产生电弧；电弧的高温使油分解形成气泡，使静触头周围的油压骤增，压力使逆止阀上堵住中心孔，致使电弧在封闭的空间内燃烧，灭弧室内的压力迅速增大。同时，导电杆迅速向下运动，产生的油气混合物在灭弧室内的一、二、三道灭弧沟和下面的纵吹灭弧囊中对电弧进行强烈地横、纵吹；下部的绝缘油与被电弧燃烧的油迅速对流，对电弧起到油吹弧和冷却的作用。由于上述灭弧方法的综合作用，使电弧迅速熄灭。图 2-39 为灭弧室的灭弧过程示意图。

少油断路器的油量少，绝缘油只起灭弧作用而无绝缘功能，因此，在通电状态下，油箱外壳带电，必须与大地绝缘，人体不能触及。但燃烧爆炸的危险性小。在少油断路器运行时，要注意观察油标，以确定绝缘油的油量，防止因油量不足使电弧无法正常熄灭而导致油箱爆炸事故的发生。

SN10－10 型断路器可配用 CS2 型手动操动机构、CD 系列电磁操动机构或 CT 系列弹簧储能操动机构。CD 系列和 CT 系列操动机构内部都有跳闸和合闸线圈，通过断路器的传动机构使断路器动作。电磁操动机构需用直流电源操作，也可以手动，远距离跳、合闸。弹簧储能操动机构可交、直操作电源两用，可以手动，也可以远距离跳、合闸。

图 2-38　灭弧室结构
1—第一道灭弧沟　2—第二道灭弧沟
3—第三道灭弧沟　4—吸弧钢片

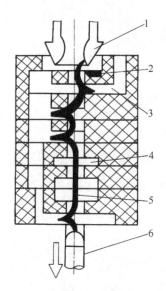

图 2-39　灭弧室灭弧过程示意图
1—静触头　2—吸弧钢片　3—横吹灭弧沟
4—纵吹灭弧囊　5—电弧　6—动触头

2. 高压真空断路器

高压真空断路器是利用真空作为绝缘和灭弧介质，具有无爆炸、低噪声、体积小、质量轻、寿命长、电磨损少、结构简单、无污染、可靠性高、维修方便等优点，因此，虽然真空断路器价格较高，但仍在要求频繁操作和高速开断的场合，尤其是安全要求较高的工矿企业、住宅区、商业区等被广泛采用。

真空断路器根据其结构分为落地式、悬挂式和手车式三种形式；按使用场合分为户内式和户外式。它是实现无油化改造的理想设备。下面重点介绍 ZN3－10 型真空断路器。

ZN3－10 型真空断路器主要由真空灭弧室、操动机构（配电磁或弹簧储能操动机构）、绝缘体传动件、底座等组成，外形结构如图 2-40 所示。真空灭弧室由圆盘状的动静触头、屏蔽罩、波纹管屏蔽罩、绝缘外壳（陶瓷或玻璃制成外壳）等组成，其结构如图 2-41 所示。

在触头刚分离时，由于真空中没有可被游离的气体，只有高电场发射和热电发射使触头间产生真空电弧。电弧的温度很高，使金属触头表面产生金属蒸气，由于触头的圆盘状设计使真空电弧在主触头表面快速移动，其金属离子在屏蔽罩内壁上凝聚，以致电弧在自然过零后极短的时间内，触头间隙又恢复了原有的高真空度。因此，电弧暂时熄灭，触头间的介质强度迅速恢复；电流过零后，外加电压虽然很快恢复，但触头间隙不会再被击穿，真空电弧在电流第一次过零时就能完全熄灭。

ZN3－10 型真空断路器可配用 CD 系列电磁操动机构或 CT 系列弹簧储能操动机构。

3. SF$_6$ 断路器

SF$_6$ 断路器是利用 SF$_6$ 气体作为灭弧和绝缘介质的断路器。SF$_6$ 是一种无色、无味、无毒且不易燃的惰性气体，在 150℃ 以下时，其化学性能相当稳定。由于 SF$_6$ 中不含碳（C）元素，这对于灭弧和绝缘介质来说，具有极为优越的特性，无须像油断路器那样需要经常检

图 2-40　ZN3－10 型真空断路器

1—上接线端子（后出线）　2—真空灭弧室

3—下接线端子（后出线）　4—操动机构箱　5—合闸电磁铁

6—分闸电磁铁　7—断路弹簧　8—底座

图 2-41　真空断路器灭弧室的结构

1—静触头　2—动触头　3—屏蔽罩

4—波纹管　5—与外壳封接的金属法兰盘

6—波纹管屏蔽罩　7—绝缘外壳

修；SF_6 又不含氧（O）元素，因此，不存在触头氧化问题，所以其触头磨损少，使用寿命长。除此之外，SF_6 还具有优良的电绝缘性能，在电流过零时，电弧暂时熄灭后，SF_6 能迅速恢复绝缘强度，从而使电弧很快熄灭。但在电弧的高温作用下，SF_6 会分解出氟（F_2），具有较强的腐蚀性和毒性，且能与触头的金属蒸气化合为一种具有绝缘性能的白色粉末状的氟化物，因此，SF_6 断路器的触头一般都设计成具有自动净化的功能，这些氟化物在电弧熄灭后的极短时间内能自动还原，对残余杂质可用特殊的吸附剂清除，基本上对人体和设备没有危害。

SF_6 断路器灭弧室的结构形式有压气式、自能灭弧式（旋弧式、热膨胀式）和混合灭弧式（以上几种灭弧方式的组合，如压气＋旋弧式等）。我国生产的 LN1、LN2 型 SF_6 断路器为压气式，LW3 型户外式采用旋弧式灭弧结构。LN2－10 型高压 SF_6 断路器的外形结构如图 2-42 所示，其灭弧室的工作原理如图 2-43 所示。

SF_6 断路器的静触头和灭弧室中的压气活塞是相对固定的。当跳闸时，装有动触头和绝缘喷嘴的气缸由断路器的操动机构通过连杆带动离开静触头，使气缸和活塞产生相对运动来压缩 SF_6 气体并使之通过喷嘴吹出，用吹弧法来迅速熄灭电弧。

SF_6 断路器具有下列优点：断流能力强，灭弧速度快，电绝缘性能好，检修周期长，适用于需频繁操作及有易燃易爆危险的场所；但是，SF_6 断路器的要求加工精度高，密封性能要求严格，价格相对昂贵。

SF_6 断路器的操动机构主要采用弹簧、液压操动机构。

4. 高压开关设备的常用操动机构

操动机构是供高压断路器、高压负荷开关和高压隔离开关进行分、合闸及自动跳闸的设备。一般常用的有手动操动机构、电磁操动机构和弹簧储能操动机构。

图 2-42 LN2-10 型高压 SF_6 断路器

1—上接线端子 2—绝缘筒 3—下接线端子
4—操动机构箱 5—小车 6—断路弹簧

图 2-43 高压 SF_6 断路器灭弧室的工作原理

1—静触头 2—绝缘喷嘴 3—动触头
4—气缸 5—压气活塞 6—电弧

操动机构的型号表示和含义如下：

（1）CS 系列手动操动机构 CS 系列手动操动机构可手动和远距离跳闸，但只能手动合闸，采用交流操作电源，无自动重合闸功能，且操作速度有限，所操作的断路器开断的短路容量不宜超过 100MVA，结构简单，价格低廉，使用交流电源简便，一般用于操作容量 630kVA 以下的变电所中的隔离开关和负荷开关。图 2-44 所示为 CS6 型手动操动机构和 GN8 型高压隔离开关的配合使用。图 2-45 所示为 CS2 型手动操动机构的外形结构。

（2）CD 系列电磁操动机构 CD 系列电磁操动机构能手动和远距离跳、合闸（通过其跳、合闸线圈），也可进行自动重合闸，且合闸功率大，但需直流操作电源。图 2-46 为 CD10 型电磁操动机构的外形和内部结构图。操作 SN10-10 型高压少油断路器的 CD10 型电磁操动机构根据断路器的断流容量不同，分别有 CD10-10 Ⅰ、CD10-10 Ⅱ 和 CD10-10 Ⅲ 型三种来配合使用。它们的分、合闸操作简便，动作可靠，但结构较复杂，需专门的直流操作电源，因此，一般在变压器容量 630kVA 以上、可靠性要求高的高压开关上使用。

图 2-44　CS6 型手动操动机构和 GN8 型高压
隔离开关的配合使用

1—GN8 型高压隔离开关　2—焊接钢管　3—调节杆
4—CS6 型手动操动机构　5—操作手柄

图 2-45　CS2 型手动操动机构的外形结构

1—操作手柄　2—外壳　3—跳闸指示牌
4—脱扣器盒　5—跳闸铁心

a) 外形图

b) 剖面图

图 2-46　CD10 型电磁操动机构外形和内部结构

1—外壳　2—跳闸线圈　3—手动跳闸铁心　4—合闸线圈　5—合闸操作手柄
6—缓冲底座　7—接线端子排　8—辅助开关　9—分合指示器

（3）CT 系列弹簧储能操动机构　CT 系列弹簧储能操动机构不仅能手动和远距离跳、合闸，且操作电源交、直流均可，可实现一次重合闸，其保护和控制装置可靠、简单。虽然 CT 系列弹簧储能操动机构结构复杂，价格较贵，但其应用已越来越广泛。

2.7 低压开关设备

供配电系统中的低压开关设备种类繁多，本节重点介绍常用的刀开关、刀熔开关、负荷开关、低压断路器等的基本结构、用途和特性。

2.7.1 低压刀开关

低压刀开关（文字符号为 QK）是一种最普通的低压开关电器，适用于交流 50Hz、额定交流电压 380V、直流电压 440V、额定电流 1500A 及以下的配电系统中，作为不频繁手动接通和分断电路或作为隔离电源以保证安全检修用。

刀开关的种类很多。按其灭弧结构分，有不带灭弧罩和带灭弧罩两种。不带灭弧罩的刀开关只能无负荷操作，起隔离开关的作用；带灭弧罩的刀开关能通断一定的负荷电流。按极数分，有单极、双极和三极。按操作方式分，有手柄直接操作和杠杆传动操作。按用途分，有单头刀开关和双头刀开关。单头刀开关的刀闸是单向通断；而双头刀开关的刀闸为双向通断，可用于切换操作，即用于两种及以上电源或负载的转换和通断。

低压刀开关的全型号表示和含义如下：

常用的带灭弧罩的 HD13 型单投刀开关的基本结构如图 2-47 所示，它由绝缘材料压制成型的底座、铜闸刀、铜静触头及用于操作闸刀通断动作的杠杆操作机构等元件组成。

2.7.2 刀熔开关

刀熔开关（文字符号为 QFS）又称熔断器式刀开关，是一种由低压刀开关和低压熔断器组合而成的低压电器，通常是把刀开关的闸刀换成熔断器的熔管。它具有刀开关和熔断器的双重功能。因为刀熔开关的结构紧凑简化，又能对线路实行控制和保护的双重功能，因此被广泛地应用于低压配电网中。

最常见的 HR3 型刀熔开关的结构如图2-48 所示。它是将 HD 型刀开关的闸刀换成 RT0 型熔断器的具有刀形触头的熔管。

图 2-47　HD13 型单投刀开关的基本结构　　　　图 2-48　HR3 型刀熔开关的结构

1—上接线端子　2—钢栅片灭弧罩　3—闸刀　4—底座　5—下接线端子　　　　1—RT0 型熔断器的熔管　2—弹性触座

6—主轴　7—静触头　8—连杆　9—操作手柄（中央杠杆操作）　　　　3—连杆　4—操作手柄　5—配电屏面

此外，目前被越来越多采用的是另一种新式刀熔开关——HR5 型刀熔开关，它与 HR3 型的主要区别是用 NT 系列低压高分断熔断器取代了 RT0 型熔断器作为短路保护用，各项电气技术指标更优，同时具有结构紧凑、使用维护方便、操作安全可靠等优点。而且，它还能进行单相熔断的监测，从而能有效防止因熔断器的单相熔断所造成的电动机断相运行故障。

低压刀熔开关全型号的表示和含义如下：

H—低压刀开关—产品名称

R—熔断器式—结构型号

设计序号

额定电流（A）

极数

其他特征

1—前面侧方操作前面检修

2—前面中央操作后面检修

3—侧面操作前面检修

2.7.3　低压负荷开关

低压负荷开关（文字符号为 QL）是由带灭弧装置的刀开关与熔断器串联而成，外装封闭式开关熔断器组或开启式开关熔断器组的开关电器，又称开关熔断器组。

低压负荷开关具有带灭弧罩的刀开关和熔断器的双重功能，既可带负荷操作，也能进行短路保护，但一般不能频繁操作，短路熔断后需重新更换熔体才能恢复正常供电。

低压负荷开关根据结构的不同，有封闭式负荷开关（HH 系列）和开启式负荷开关（HK 系列）。其中，封闭式负荷开关是将刀开关和熔断器的串联组合安装在金属盒（过去常用铸铁，现用钢板）内，一般用于粉尘多，不需要频繁操作的场合，作为电源开关和小型电动机直接起动的开关，兼作短路保护用。而开启式负荷开关采用瓷质胶盖，可用于照明和电热电路中作不频繁通断电路和短路保护用。

2.7.4 低压断路器

低压断路器（文字符号为 QF），是低压供配电系统中最主要的电器元件。它不仅能带负荷通断电路，而且能在短路、过负荷、欠电压或失电压的情况下自动跳闸，断开故障电路。

低压断路器的原理结构示意图如图 2-49 所示。主触头用于通断主电路，它由带弹簧的跳钩控制通断动作，而跳钩由锁扣锁住或释放。当线路出现短路故障时，其过电流脱扣器动作，将锁扣顶开，从而释放跳钩使主触头断开。同理，如果线路出现过负荷或失电压情况，通过热脱扣器或失电压脱扣器的动作，也可使主触头断开。如果按下脱扣按钮 6 或 7，使

图 2-49 低压断路器原理结构示意图
1—主触头 2—跳钩 3—锁扣
4—分励脱扣器 5—失电压脱扣器 6、7—脱扣按钮
8—电阻 9—热脱扣器 10—过电流脱扣器

失电压脱扣器或者分励脱扣器动作，则可以实现开关的远距离跳闸。

低压断路器的种类很多。按用途分，有配电用、电动机用、照明用和漏电保护用断路器等；按灭弧介质分，有空气断路器和真空断路器；按极数分，有单极、双极、三极和四极断路器，小型断路器可经拼装由几个单极断路器组合成多极断路器。

配电用断路器按结构分，有塑料外壳式(装置式) 和框架式(万能式) 两种。配电用断路器按保护性能分，有非选择型、选择型和智能型。非选择型断路器一般为瞬时动作，只作短路保护用；也有长延时动作，只作过负荷保护用。选择型断路器有两段保护和三段保护两种动作特性组合。两段保护有瞬时和长延时的两段组合或长延时和短延时的两段组合两种。三段保护有瞬时、短延时和长延时的三段组合。图 2-50 所示为低压断路器的三种保护特性曲线。智能型断路器的脱扣器动作由微机控制，保护功能更多，选择性更好。

图 2-50 低压断路器的三种保护特性曲线

按断路器中安装的脱扣器种类分有以下五种：

1) 分励脱扣器。用于远距离跳闸（远距离合闸操作可采用电磁铁或电动储能合闸）。

2）欠电压或失电压脱扣器。用于欠电压或失电压（零压）保护，当电源电压低于定值时自动断开断路器。

3）热脱扣器。用于线路或设备长时间过负荷保护，当线路电流出现较长时间过载时，金属片受热变形，使断路器跳闸。

4）过电流脱扣器。用于短路、过负荷保护，当电流大于动作电流时自动断开断路器。分瞬时短路脱扣器和过电流脱扣器（又分长延时和短延时两种）。

5）复式脱扣器。既有过电流脱扣器又有热脱扣器的功能。

国产低压断路器的全型号表示和含义如下：

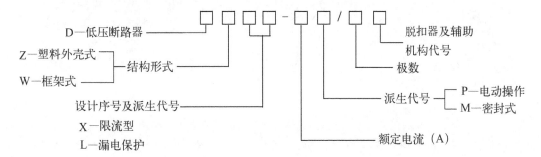

1. 塑料外壳式低压断路器

塑料外壳式低压断路器的所有机构及导电部分都装在塑料壳内，仅在塑壳正面中央有外露的操作手柄供手动操作用。目前常用的塑料外壳式低压断路器主要有 DZ20 型、DZ15 型、DZX10 型及引进国外技术生产的 H 系列、S 系列、3VL 系列、TO 系列和 TG 系列等。

塑料外壳式低压断路器的保护方案少（主要保护方案有热脱扣器保护和过电流脱扣器保护两种）、操作方法少（手柄操作和电动操作），其电流容量和断流容量较小，但分断速度较快（断路时间一般不大于 0.02s），结构紧凑，体积小，质量轻，操作简便，封闭式外壳的安全性好，因此，被广泛用作容量较小的配电支线的负荷端开关、不频繁起动的电动机开关、照明控制开关和剩余电流保护开关等。

图 2-51 为 DZ20 型塑料外壳式低压断路器的结构图。

DZ20 型属于我国生产的第二代产

图 2-51　DZ20 型塑料外壳式低压断路器结构
1—引入线接线端　2—主触头　3—灭弧室　4—操作手柄
5—跳钩　6—锁扣　7—过电流脱扣器
8—塑料壳盖　9—引出线接线端　10—塑料底座

品，目前的应用较为广泛。它具有较高的分断能力，外壳的机械强度和电气绝缘性能也较好，而且所带的附件较多。其操作手柄有三个位置，如图2-52所示。在壳面中央有分合位置指示。

a) 合闸位置　　　　　　　　　　b) 自由脱扣位置　　　　　　　　c) 分闸和再扣位置

图2-52　低压断路器操作手柄位置示意图

1—操作手柄　2—操作杆　3—弹簧　4—跳钩　5—锁扣　6—牵引杆　7—上连杆　8—下连杆　9—动触头　10—静触头

1）合闸位置。手柄扳向上方，跳钩被锁扣扣住，断路器处于合闸状态，如图2-52a所示。

2）自由脱扣位置。手柄位于中间位置，是当断路器因故障自动跳闸、跳钩被锁扣脱扣、主触头断开的位置，如图2-52b所示。

3）分闸和再扣位置。手柄扳向下方，这时主触头依然断开，但跳钩被锁扣扣住，为下次合闸做好准备，如图2-52c所示。断路器自动跳闸后，必须把手柄扳在此位置，才能将断路器重新进行合闸，否则无法合闸。不仅塑料外壳式低压断路器的手柄操作如此，框架式断路器同样如此。

2. 框架式低压断路器

框架式低压断路器又称为万能式低压断路器，它装在金属或塑料框架上。目前，框架式低压断路器主要有DW15、DW18、DW40、CB11（DW48）、DW914等系列，以及引进国外技术生产的ME系列、AH系列等。其中DW40、CB11系列采用智能型脱扣器，可实现微机保护。

框架式低压断路器的保护方案和操作方式较多，既有手柄操作，又有杠杆操作、电磁操作和电动操作等。而且框架式低压断路器的安装地点也很灵活，既可安装在配电装置中，又可安装在墙上或支架上。另外，相对于塑料外壳式低压断路器，框架式低压断路器的电流容量和断流能力较大，不过，其分断速度较慢（断路时间一般大于0.02s）。框架式低压断路器主要用于配电变压器低压侧的总开关、低压母线的分段开关和低压出线的主开关。

图2-53为目前推广应用的DW15型低压断路器的外形和内部结构。

DW15型低压断路器主要由触头系统、操作机构和脱扣器系统组成。其触头系统安装在绝缘底板上，由静触头、动触头和弹簧、连杆、支架等组成。灭弧室里采用钢纸板材料和数十片铁片作为灭弧栅来加速电弧的熄灭。操作机构由操作手柄和电磁铁操作机构及强力弹簧组成。脱扣系统有过负荷长延时脱扣器、短路瞬时脱扣器、欠电压脱扣器和分励脱扣器等；带有电子脱扣器的万能式断路器还可以把过负荷长延时、短路瞬时、短路短延时、欠电压瞬时和延时脱扣的保护功能汇集在一个部件中，并利用分励脱扣器来使断路器断开。

图 2-53 DW15 型框架式低压断路器外形和内部结构

1—灭弧罩 2—电磁铁 3—主轴 4—动触头 5—静触头 6—欠电压脱扣器 7—快速电磁铁
8—电流互感器或电流/电压变换器 9—热脱扣器或电子脱扣器 10—阻容延时装置
11—操作机构 12—指示牌 13—手动断开按钮 14—分励脱扣器

3. 其他常用低压断路器

1）H 系列塑料外壳式低压断路器。该系列断路器引进美国西屋电气公司技术制造，适用于低压交流 380V、直流 250V 及以下线路中，作为电能分配和电源设备的过负荷、短路、欠电压保护，在正常条件下作为线路的不频繁转换用。

2）AH 系列框架式低压断路器。该系列断路器引进日本技术制造，适用于交流电压660V、直流电压 440V 及以下的电力系统中，作为过负荷、短路、欠电压保护用，以及在正常条件下进行线路的不频繁转换。

3）ME 系列框架式低压断路器。该系列断路器是引进德国 AEG 技术制造的产品，其使用场合与 AH 系列相似。

4）3VL 系列塑料外壳式低压断路器。该系列断路器是德国西门子公司的新产品，运用七巧板原理可以组成数以千计的组合，每部装置仅用了最少的零件，却可提供最多的功能，符合并超出所有主要的国际标准。而且，即使在安装以后，每台 3VL 断路器均可改变元件配置以适应新的需求。

4. 常用剩余电流保护装置

剩余电流是指低压配电线路中各相（含中性线）电流相量和不为零的电流。通俗讲，当用电侧发生了事故，电流从带电体通过人体流到大地，使主电路进出线中的相线电流和中性线的电流大小不相等，此时电流的瞬时相量合成有效值称为剩余电流，俗称漏电。

剩余电流保护装置也称剩余电流保护器，俗称漏电保护装置或漏电保护器。漏电保护器是根据作用效果来称呼的，并不符合国际惯例，也不是我国当今对该类器件的规范称呼。国际上，依据保护原理定义它的名称，因为它的保护动作是根据流经它的"剩余电流"的大小来实现的，所以，将其称为"剩余电流保护器"。

剩余电流保护器是为了防止人身触电和漏电火灾等事故而研制的一种电器。它能在设备漏电或触电时迅速断开电路，保护人身和设备的安全。

由于剩余电流大多小于过电流保护装置（如低压断路器）的动作电流，因此当因线路绝缘损坏等造成漏电时，过电流保护装置不会动作，从而无法及时断开故障回路，以保护人身和设备的安全。尤其是目前随着国家经济的不断发展，人民生活水平日益提高，家庭用电量也不断增大，对TN-C-S（三相四线制）、TN-S（三相五线制）、TT和IT等系统必须装设剩余电流保护装置。

（1）剩余电流保护器的工作原理　剩余电流保护器是在剩余电流达到或超过其规定的动作电流值时能自动断开电路的一种开关电器。其结构可分为三部分：①故障检测用的零序电流互感器（此时可以称为剩余电流互感器）；②将测得的电参量变换为机械脱扣的剩余电流脱扣器；③包括触头的操作机构。

当电气线路正常工作时，通过零序电流互感器一次侧的三相电流相量和或瞬时值的代数和为零，因此其二次侧无电流；当电气线路出现绝缘故障时，剩余电流或触电电流通过大地与电源中性点形成回路，这时，零序电流互感器一次侧的三相电流相量和不再是零，从而在二次绕组中产生感应电流并通过剩余电流脱扣器和操作机构动作来断开带有绝缘故障的电路。

（2）剩余电流保护器的分类

剩余电流保护器根据其脱扣器的不同可以分为电磁式和电子式两类。

1）电磁式剩余电流保护器。零序电流互感器的二次回路输出电压不经任何放大，直接激励剩余电流脱扣器，称为电磁式剩余电流保护器，其动作功能与线路电压无关。

2）电子式剩余电流保护器。零序电流互感器的二次回路和脱扣器之间接入一个电子放大线路，互感器二次回路的输出电压经过电子线路放大后再激励剩余电流脱扣器，称为电子式剩余电流保护器，其动作功能与线路电压有关。

上述两类剩余电流保护器的结构和工作原理如图2-54和图2-55所示。

图2-54　电磁式剩余电流保护器的结构
和保护原理示意图

图2-55　电子式剩余电流保护器的结构和保护原理示意图
YR—漏电脱扣器　AV—电子管放大器　TAN—零序电流互感器
R—电阻　SB—试验按钮　M—电动机或其他负荷

剩余电流保护器根据其功能可分为以下四种。

1）剩余电流断路器。剩余电流断路器是检测剩余电流，将剩余电流值与基准值相比较，当剩余电流值超过基准值时，使主电路触头断开的机械开关电器。剩余电流断路器带有过载和短路保护，有的剩余电流断路器还可带有过电压保护。

2）剩余电流继电器。剩余电流继电器是检测剩余电流，将剩余电流值与基准值相比较，当剩余电流值超过基准值时，发出一个机械开闭信号使机械开关电器脱扣或声光报警装置发出报警的电器。剩余电流继电器常和交流接触器或低压断路器组成剩余电流保护器，作为农村低压电网的总保护开关或分支保护开关使用。

3）移动式剩余电流保护器。移动式剩余电流保护器是由插头、剩余电流保护装置和插座或接线装置组成的电器。它包括剩余电流保护插头、移动式剩余电流保护插座、剩余电流保护插头插座转换器等，用来对移动电器设备提供漏电保护。

4）固定安装的剩余电流保护插座。由固定式插座和剩余电流保护装置组成的电器，也可对移动电器设备提供漏电保护。

2.8　避雷器

2.8.1　概述

避雷器（文字符号为 FA）是用于保护电力系统中电气设备的绝缘免受沿线路传来的雷电过电压的损害或避免由操作引起的内部过电压损害的保护设备，是电力系统中重要的保护设备之一。

避雷器必须与被保护设备并联连接，而且必须安装在被保护设备的电源侧，如图 2-56 所示。当线路上出现危险的过电压时，避雷器的火花间隙会被击穿，或者由高阻变为低阻，通过避雷器的接地线使过电压对大地放电，以保护线路上的设备免受过电压的危害。

目前，国内使用的避雷器有阀式避雷器（包括普通阀式避雷器 FS、FZ 型和磁吹阀式避雷器）、金属氧化物避雷器、排气式避雷器（管型避雷器）和保护间隙。

金属氧化物避雷器又称氧化锌避雷器，是一种新型避雷器，是传统碳化硅阀式避雷器的更新换代产品，在电站及变电所中已得到广泛应用。

排气式避雷器主要用于室外架空线路上，保护间隙一般用于室外不重要的架空线路上，在工厂变配电所中使用较少。本节将重点介绍阀式避雷器和金属氧化物避雷器。

2.8.2　阀式避雷器

阀式避雷器又称阀型避雷器，由火花间隙和阀片电阻组成，装在密封的瓷套管内。火花间隙用铜片冲制而成，每对为一个间隙，中间用厚度约为 $0.5 \sim 1\text{mm}$ 的云母片（垫圈式）隔开，如图 2-57a 所示。火花间隙的作用是：在正常工作电压下，火花间隙不会被击穿，从而隔断工频电流；在雷电过电压出现时，火花间隙被击穿放电，电压加在阀片电阻上。阀片电阻通常由碳化硅颗粒制成，如图 2-57b 所示。这种阀片电阻具有非线性特性，在正常工作电压下，阀片电阻值较高，起到绝缘作用；当出现过电压时，电阻值变得很小，如图 2-57c 所示。因此，当火花间隙被击穿后，阀片能使雷电流向大地泄放。当雷电过电压消失后，阀片的电阻值又变得很大，使火花间隙电弧熄灭，绝缘恢复，切断工频续流，从而恢复和保证线路的正常运行。

图 2-56　避雷器的连接　　　　　　图 2-57　阀式避雷器的组成及阀片电阻特性

阀式避雷器的火花间隙和阀片电阻的数量与工作电压的高低成比例。图 2-58a 和图 2-58b 分别是 FS4-10 型高压阀式避雷器和 FS-0.38 型低压阀式避雷器的结构。高压阀式避雷器串联多个单元的火花间隙，目的是可以实现长弧切短灭弧法，以提高熄灭电弧的能力。阀片电阻的限流作用是加速电弧熄灭的主要因素。

a) FS4—10型　　　　　　　　b) FS-0.38型

图 2-58　高、低压普通阀式避雷器的结构

1—上接线端子　2—火花间隙　3—云母垫圈　4—瓷套管　5—阀片　6—下接线端子

雷电流流过阀片时会形成电压降（称为残压），加在被保护电气设备上。残压不能过高，否则会使设备绝缘击穿。

阀式避雷器的全型号表示和含义如下：

FS 型阀式避雷器的火花间隙旁无并联电阻，适用于 10kV 及以下中小型变配电所中电气设备的过电压保护。FZ 型阀式避雷器的火花间隙旁并联有分流电阻，其主要作用是使火花间隙上的电压分布比较均匀，从而改善阀式避雷器的保护性能。FZ 型阀式避雷器一般用于发电厂和大型变配电站的过电压保护。FC 型磁吹阀式避雷器的内部附加有一个磁吹装置，利用磁力吹弧来加速火花间隙中电弧的熄灭，从而进一步提高了避雷器的保护性能，降低残压，一般专用于保护重要且绝缘比较差的旋转电机等设备。

2.8.3 金属氧化物避雷器

金属氧化物避雷器是目前最先进的过电压保护设备，是以氧化锌电阻片为主要元件的一种新型避雷器。它又分无间隙和有间隙两种。其工作原理和外形与采用碳化硅阀片的阀式避雷器基本相似。

无间隙金属氧化物避雷器无火花间隙，其氧化锌电阻片具有十分优良的非线性特性，在线路电压正常时具有极高的电阻，从而呈绝缘状态（仅有几百微安的电流通过）；而在雷电过电压作用下，其电阻又变得很小，能很好地释放雷电流，从而无须采用串联的火花间隙，结构更先进合理，而且其保护特性仅由雷电流在阀片上产生的电压降来决定，有效地限制了雷电过电压和操作过电压的影响。

有间隙金属氧化物避雷器的外形结构也与碳化硅阀式避雷器相似，有串联或并联的火花间隙，只是阀片采用了氧化锌。由于氧化锌阀片电阻优越的非线性特性，使其有取代碳化硅阀式避雷器的趋势。

氧化锌避雷器主要有普通型（基本型）氧化锌避雷器、有机外套型氧化锌避雷器、整体式合成绝缘氧化锌避雷器、压敏电阻氧化锌避雷器等类型。图 2-59a ~ c 分别为基本型（Y5W - 10/27 型）、有机外套型（HY5WS（2）型）、整体式合成绝缘氧化锌避雷器（ZHY5W 型）的外形。

有机外套型氧化锌避雷器分无间隙和有间隙两种。由于这种避雷器具有保护特性好、通流能力强、体积小、质量轻、不易破损、密封性好、耐污能力强等优点，前者广泛应用于变压器、电机、开关、母线等电气设备的防雷保护，后者主要用于 6 ~ 10kV 中性点非直接接地配电系统中的

a) Y5W-10/27型 b) HY5WS(2)型 c) ZHY5W型

图 2-59 氧化锌避雷器的外形结构

变压器、电缆头等交流配电设备的防雷保护。

整体式合成绝缘氧化锌避雷器是整体模压式无间隙避雷器，它使用少量的硅橡胶作为合成绝缘材料，采用整体模压成型技术，具有防爆防污、耐磨抗振能力强、体积小、质量轻等优点，还可以采用悬挂绝缘子的方式，省去了绝缘子，主要用于 3～10kV 电力系统中电气设备的防雷保护。

MYD 系列氧化锌压敏电阻避雷器是一种新型半导体陶瓷产品，其特点是通流容量大、非线性系数高、残压低、剩余电流小、无续流、响应时间快，适用于几伏到几万伏交直流电压电气设备的防雷、操作过电压保护，对各种过电压具有良好的抑制作用。

金属氧化物避雷器的全型号表示和含义如下：

注：其中有机外套型和整体式合成绝缘氧化锌避雷器的型号表示是在基本型"Y"前分别加"H"和"ZH"，后面几个字母的含义与基本型相同。

2.9 成套配电装置

配电装置是按电气主接线的要求，把一、二次电气设备如开关设备、保护电器、监测仪表、母线和必要的辅助设备组装在一起，经设备安装、调试后构成的在供配电系统中进行接受、分配和控制电能的总体装置。

配电装置按安装的地点可分为户内配电装置和户外配电装置。为了节约用地，一般35kV 及以下配电装置宜采用户内式。

配电装置还可分为装配式配电装置和成套配电装置。电气设备在现场组装的配电装置称为装配式配电装置；成套配电装置是制造厂成套供应的设备，在制造厂按照一定的线路接线方案预先把电器组装成柜再运到现场安装。一般企业的中小型变配电所多采用成套配电装置。制造厂可生产各种不同的一次线路方案的成套配电装置供用户选用。本节将主要介绍成套式配电装置。

一般中、小型变配电所中常用的成套配电装置按电压高低可分为高压成套配电装置（主要由高压成套配电装置，也称高压开关柜构成）和低压成套配电装置（主要由低压配电屏和配电箱组成）。低压成套配电装置通常只有户内式一种，高压开关柜则有户内式和户外式两种。另外还有一些成套配电装置，如高、低压无功功率补偿成套装置、高压综合启动柜等也常使用。

2.9.1 高压成套配电装置

高压成套配电装置是按不同用途和使用场合，将所需一、二次设备按一定的线路方案组装而成的一种成套配电设备，用于供配电系统中的馈电、受电及配电的控制、监测和保护，主要安装有高压开关电器、保护设备、监测仪表和母线、绝缘子等。

高压成套配电装置按主要设备的安装方式分为固定式和移开式(手车式)；按开关柜隔室的构成形式分为铠装式、间隔式、箱型、半封闭型等；按其母线系统分为单母线型、单母线带旁路母线型和双母线型；根据一次线路安装的主要元器件和用途，分为断路器柜、负荷开关柜、高压电容器柜、电能计量柜、高压环网柜、熔断器柜、电压互感器柜、隔离开关柜、避雷器柜等。

高压开关柜在结构设计上要求具有"五防"功能，所谓"五防"即防止误操作断路器、防止带负荷拉合隔离开关（防止带负荷推合小车）、防止带电挂接地线（防止带电合接地开关）、防止带接地线（接地开关处于接地位置时）送电、以及防止误入带电间隔。

新系列高压开关柜的全型号表示和含义如下：

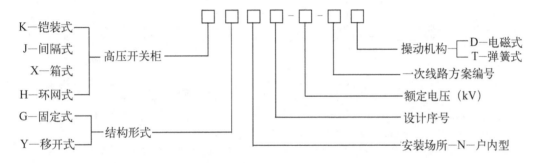

1. 固定式高压开关柜

固定式高压开关柜的柜内所有电器部件包括其主要设备如断路器、互感器和避雷器等都固定安装在不能移动的台架上。固定式高压开关柜具有构造简单、制造成本低、安装方便等优点；当内部主要设备发生故障或需要检修时，必须中断供电，直到故障消失或检修结束后才能恢复供电，因此固定式高压开关柜一般用在企业的中小型变配电所和负荷不是很重要的场所。

近年来，我国设计生产的一系列符合 IEC 标准的新型固定式高压开关柜得到越来越广泛的应用，下面以 HXGN 系列固定式高压环网柜、XGN 系列交流金属封闭箱型固定式高压开关柜和 KGN 系列交流金属铠装固定式高压开关柜为例介绍固定式高压开关柜的结构和特点。

（1）HXGN 系列固定式高压环网柜 高压环网柜是为适应高压环形电网的运行要求设计的一种专用开关柜。高压环网柜主要采用负荷开关和熔断器的组合方式，正常电路通断操作由负荷开关实现，而短路保护由具有高分断能力的熔断器来完成。这种负荷开关加熔断器的组合柜与采用断路器的高压开关柜相比，体积和质量都明显减少，价格也低很多。而一般 6~10kV 的变配电所，负荷的通断操作较频繁，短路故障的发生却是个别的，因此，采用负荷开关—熔断器的环网柜更为经济合理。所以，高压环网柜主要适用于环网供电系统、双电源辐射供电系统或单电源配电系统，可作为变压器、电容器、电缆、架空线等电气设备的控制和保护装置，亦适用于箱式变电站，作为高压电器设备。

图 2-60 为 HXGN1－10 型高压环网柜的外形和内部剖面图。它由三个间隔组成：电缆进线间隔、电缆出线间隔、变压器回路间隔；主要电气设备有高压负荷开关、高压熔断器、高压隔离开关、接地开关、电流和电压互感器、避雷器等；并且具有可靠的防误操作设施，有"五防"功能，在我国城市电网改造和建设中得到了广泛的应用。

a) 外形图   b) 内部剖面图

图 2-60　HXGN1－10 型高压环网柜外形和内部剖面图

1—下门　2—模拟电路　3—显示器　4—观察孔　5—上门　6—铭牌　7—组合开关　8—母线

9—绝缘子　10、14—隔板　11—照明灯　12—端子板　13—旋钮　15—负荷开关　16、24—连杆

17—负荷开关操动机构　18、22—支架　19—电缆（自备）　20—固定电缆支架　21—电流互感器　23—高压熔断器

（2）XGN 系列交流金属封闭箱型固定式高压开关柜　金属封闭开关柜是指开关柜内除进出线外，其余完全被接地金属外壳封闭的成套开关设备。XGN 系列金属封闭箱型固定式高压开关柜是我国自行研制开发的产品，它采用 ZN28 型、ZN28E 型、ZN12 型等多种型号的真空断路器，也可以采用少油断路器。隔离开关采用先进的 GN30－10 型旋转式隔离开关，技术性能高，设计新颖。柜内仪表室、母线室、断路器室、电缆室用钢板分隔封闭，使之结构更加合理、安全，可靠性高，运行操作及检修维护方便。在柜与柜之间加装了母线隔离套管，避免一个柜子故障时波及邻柜。

图 2-61 为 XGN$_2$－10－07D 型金属封闭高压开关柜的外形和内部结构。该产品适用于 3～10kV 单母线、单母线带旁路系统作为接受和分配电能的高压成套设备，为金属封闭箱型结构，柜体骨

a) 外形图   b) 内部结构图

图 2-61　XGN$_2$－10－07D 型金属封闭高压开关柜
外形和内部结构

1—母线室　2—压力释放通道　3—仪表室　4—二次小母线室
5—组合开关室　6—手动操动机构及联锁机构　7—主开关室
8—电磁操动机构　9—接地母线　10—电缆室

架由角钢焊接而成，柜内由钢板分割成断路器室、母线室，具有较高的绝缘水平和防护等级，内部不采用任何形式的相间和相对地隔板及绝缘气体，二次回路不采用二次插头（即无论在何种状态下，保护和控制回路始终贯通），各项技术指标符合 GB/T 3906—2020《3.6 ~ 40.5kV 交流金属封闭开关设备和控制设备》和 IEC 国际标准及"五防"要求。

（3）KGN 系列交流金属铠装固定式高压开关柜。

所谓金属铠装开关柜是指柜内的主要组成部件（如断路器、互感器、母线等）分别装在接地金属隔板隔开的隔室中的金属封闭开关设备。它具有"五防"功能，其性能符合 IEC 标准。

2. 手车式(移开式) 高压开关柜

手车式高压开关柜是将成套式高压配电装置中的某些主要电气设备（如高压断路器、电压互感器和避雷器等）固定在可移动的手车上，另一部分电气设备则装置在固定的台架上。当手车上安装的电器部件发生故障或需检修、更换时，可以随同手车一起移出柜外，再把同类备用手车（与原来的手车同设备、同型号）推入，即可立即恢复供电，相对于固定式开关柜，手车式高压开关柜的停电时间大大缩短。因为可以把手车从柜内移开，又称为移开式高压开关柜。这种开关柜检修方便安全，恢复供电快，供电可靠性高，但价格较高，主要用于大中型变配电所和负荷较重要、供电可靠性要求较高的场所。

手车式高压开关柜的主要新产品有 KYN 系列、JYN 系列等。图 2-62 所示为 JYN2A - 10 型金属封闭移开式高压开关柜的外形和剖面图。

a) 外形图　　　　　　　　　　　　b) 剖面图

图 2-62　JYN2A‐10 型金属封闭移开式高压开关柜

1—手车室门　2—铭牌　3、8—程序锁　4—模拟电路　5—观察孔　6—用途牌　7—厂标牌　9—门锁
10—仪表室门　11—仪表　12—穿墙套管　13—上进线室　14—母线　15—支持瓷瓶　16—吊环　17—小母线
18—继电器安装板　19—仪表室　20—减振器　21—紧急分闸装置　22—二次插件　23—分合指示器
24—油标　25—断路器　26—手车　27—一次锁定联锁结构　28—手车室　29—绝缘套筒　30—支母线
31—互感器室　32—互感器　33—高压指示装置　34—一次触头盒　35—母线室

2.9.2 低压成套配电装置

低压成套配电装置包括低压配电屏（柜）和配电箱，是按一定的线路方案将有关的低压一、二次设备组装在一起的一种成套配电装置，在低压配电系统中作为控制、保护和计量用。

低压配电屏（柜）按其结构形式分为固定式、抽屉式和混合式。

低压配电箱有动力配电箱和照明配电箱等。

新系列低压配电屏（柜）的全型号表示和含义如下：

低压配电箱的型号表示和含义如下：

1. 低压配电屏（柜）

低压配电屏（柜）有固定式、抽屉式及混合式三种类型。其中，固定式低压配电屏的所有电气元器件都为固定安装、固定接线；而抽屉式配电屏中的电气元器件是安装在各个抽屉内，再按一、二次线路方案将有关功能单元的抽屉叠装在封闭的金属柜体内，可按需要推入或抽出；混合式低压配电屏的安装方式为固定和插入混合安装。下面分别就这三种类型进行介绍。

（1）固定式低压配电屏 固定式低压配电屏结构简单，价格低廉，应用广泛。目前使用较多的有PGL、GGL、GGD等系列，适用于发电厂、变电所和工矿企业等电力用户作动力和照明配电用。

图2-63为PGL1、2型低压配电屏的外形。

图2-63 PGL1、2型低压配电屏的外形

1—仪表板 2—操作板 3—检修门 4—中性母线绝缘子
5—母线绝缘框 6—母线防护罩

它有结构合理、互换性好、安装方便、性能可靠等优点，目前使用较广，但它的开启式结构使在正常工作条件下的带电部件（如母线、各种电器、接线端子和导线）从各个方向都可触及，所以，只允许安装在封闭的工作室内，现正在被更新型的 GGL、GGD 和 MSG 等系列低压配电屏所取代。

GGL 系列固定式低压配电屏的技术先进，符合 IEC 标准，内部采用 ME 系列低压断路器和 NT 系列高分断能力熔断器，其封闭式结构排除了在正常工作条件下带电部件被触及的可能性，因此安全性能好，可安装在有人员出入的工作场所。

GGD 系列交流固定式低压配电屏是按照安全、可靠、经济、合理为原则而开发研制的一种产品，与 GGL 系列一样都属封闭式结构，具有分断能力强、热稳定性好、接线方案灵活、组合方便、结构新颖、外壳防护等级高、系列性实用性强等优点，是一种国家推广使用的更新换代产品，适用于发电厂、变电所、厂矿企业和高层建筑等电力用户的低压配电系统，作为动力、照明和配电设备的电能转换和分配控制用。其外形如图 2-64 所示。

（2）抽屉式低压配电屏（柜）抽屉式低压配电屏（柜）具有体积小、结构新颖、通用性好、安装维护方便、安全可靠等优点，因此，被广泛应用于工矿企业和高层建筑的低压配电系统中，作为受电、馈电、照明、电动机控制及功率补偿用。国外的低压配电屏几乎都为抽屉式，尤其是大容量的还做成手车式。近年来，我国通过引进技术生产制造的各类抽屉式配电屏逐渐增多。目前，常用的抽屉式配电屏有 BFC、GCL、GCK 等系列，它们一般用作三相交流系统中的动力中心（PC）和电动机控制中心（MCC）的配电和控制装置。

图 2-65 为 GCK 系列抽屉式低压配电柜的结构。

图 2-64　GGD 系列交流固定式
低压配电屏的外形

图 2-65　GCK 系列抽屉式低压配电柜的结构

GCK 系列是一种用标准模件组合而成的低压成套开关设备，分动力配电中心（PC）柜、电动机控制中心（MCC）柜和功率因数自动补偿柜。柜体采用拼装式结构，开关柜各功能室严格分开，主要隔室有功能单元室、母线室、电缆室等，一个抽屉为一个独立功能单元，各单元的作用相对独立，且每个抽屉单元均装有可靠的机械联锁装置，只有在开关分断的状态下才能被打开。该产品具有分断能力强，热稳定性好，结构先进、合理，系列性、通用性强，防护等级高，安全可靠，维护方便，占地少等优点。

GCK 系列低压配电柜适用于厂矿企业及建筑物的动力配电、电动机控制、照明等配电设备的电能转换分配控制，以及冶金、化工、轻工业生产的集中控制。

此外，目前还有一种引进国外先进技术生产的多米诺（DOMINO）组合式低压动力配电屏，它采用组合式柜架结构，只用很少的柜架组件就可按需要组装成多种尺寸、多种类型的柜体的配电屏。与传统的配电屏相比，多米诺组合式低压动力配电屏的主要特点是：屏内有电缆通道，顶部和底部均有电缆进出口；各回路采用间隔式布置，有故障时可互不影响；配电屏的门上有机械联锁和电气联锁；具有自动排气防爆功能；抽屉有互换性，并有工作、试验、断离和抽出四个不同位置；断流能力大；屏的两端可扩展。该类型产品适用于低压供配电系统中，作为动力供配电、电动机控制和照明配电用。

（3）混合式低压配电屏（柜）　混合式低压配电屏（柜）的安装方式既有固定式的，又有插入式的，有 ZH1、GHL 等系列，兼具固定式和抽屉式的优点。其中，GHK‑1 型配电屏内采用了 NT 系列熔断器、ME 系列断路器等先进的新型电气设备，可取代 PGL 系列低压配电屏、BFC 系列抽屉式配电屏和 XL 系列动力配电箱。

2. 动力和照明配电箱

从低压配电屏引出的低压配电线路一般经动力或照明配电箱接至各用电设备，它们是车间和民用建筑供配电系统中对用电设备的最后一级控制和保护设备。

配电箱的安装方式有靠墙式、悬挂式和嵌入式。靠墙式是靠墙落地安装；悬挂式是挂在墙壁上明装；嵌入式是嵌在墙壁里暗装。

（1）动力配电箱　动力配电箱通常具有配电和控制两种功能，主要用于动力配电和控制，但也可用于照明的配电与控制。常用的动力配电箱有 XL、XLL2、XF‑10、BGL、BGM 等系列，其中，BGL 系列和 BGM 系列多用于高层建筑的动力和照明配电。

（2）照明配电箱　照明配电箱主要用于照明和小型动力线路的控制、过负荷和短路保护。照明配电箱的种类和组合方案较多，其中 XXM 和 XRM 系列适用于工业和民用建筑的照明配电，也可用于小容量动力线路的漏电、过负荷和短路保护。

小　结

本章主要介绍变配电所常用高低压电气设备的结构、工作原理、类型和使用特点。

1）供配电系统的电气设备是指用于发电、输电、变电、配电和用电的所有电气设备。

2）一次电路又称为一次系统，是指供配电系统中用于传输、变换和分配电力电能的主电路，其中的电气设备称为一次设备或一次电器；一次设备按功能可分为变换设备、控制设备、保护设备、补偿设备、成套设备。二次回路是指用来控制、指示、监测和保护一次回路运行的电路，其中的电气设备称为二次设备或二次电器。

3）电弧产生的根本原因是触头周围存在大量可被游离的介质。电弧产生的过程中，有高电场发射、热电发射、碰撞游离和热游离等物理过程。灭弧的条件是去游离率大于游离率，去游离率方式有复合和扩散。开关电器中常用的灭弧方法有七种，即速拉灭弧法、冷却灭弧法、吹弧（纵吹、横吹等）灭弧法、长弧切短灭弧法、粗弧分细灭弧法、狭沟灭弧法、真空灭弧法。

4）电力变压器主要用于公用电网和工业电网中，将某一给定电压值的电能转变为所要求的另一电压值的电能，以利于电能的合理输送、分配和使用。三相油浸式电力变压器有较好的绝缘和散热性能，且价格较低，便于检修，但不宜用于易燃易爆和安全要求较高的场合。干式变压器结构简单，体积小，质量轻，且防火、防尘、防潮，在大型建筑物内的变电所、地下变电所和矿井内变电所被广泛使用。6~10kV 配电变压器的联结组别有 Yyn0 和 Dyn11 两种，在 TN 和 TT 系统中由单相不平衡电流引起的中性线电流不超过二次绕组额定电流的 25% 且任一相电流在满载都不超过额定电流时可选用 Yyn0 联结组别的变压器；在负荷严重不平衡或 3n 次谐波比较突出的场合宜采用 Dyn11 联结的变压器。防雷变压器通常采用 Yzn11 联结组别。变压器的额定容量是指它在规定的环境条件下，室外安装时，在规定的使用年限（一般以 20 年计）内能连续输出的最大视在功率。电力变压器的并列运行条件是：①所有并列变压器的电压比必须相同；②并列变压器的联结组别必须相同；③并列变压器的阻抗电压必须相等或接近相等，容许差值不得超过 ±10%；④并列变压器的容量应尽量相等或相近，其最大容量和最小容量之比不宜超过 3:1。

5）互感器的作用是使二次设备与一次电路隔离和扩大仪表、继电器的使用范围。电流互感器的额定二次电流一般为 5A，电流互感器串联于线路中，有四种接线方式；在使用时要注意：①二次侧不得开路，不允许装设开关或熔断器；②二次侧有一端必须接地；③注意端子的极性。电压互感器的额定二次电压一般为 100V，常用的电压互感器有单相和三相（五心柱式）两类。电压互感器并联在线路中，通常接在母线上，有四种接线方式；电压互感器在使用时要注意：①一、二次侧均不得短路；②二次侧有一端必须接地；③注意端子的极性。

6）熔断器分为高压熔断器和低压熔断器两种。高压熔断器有户内、户外两种类型，户内 RN1 型用于高压电力线路及其设备和电力变压器的短路保护，也能作为过负荷保护；RN2、RN4、RN5 型则用于电压互感器的短路保护；RN6 型主要用于高压电动机的短路保护。户外 RW 系列跌开式熔断器用作环境正常的户外场所的高压线路和设备的短路保护，有一般跌开式熔断器（如 RW4、RW7 型等）、负荷型跌开式熔断器（如 RW10-10F 型）、限流型户外熔断器（如 RW10-35、RW11 型等）及 RW-B 系列的爆炸式跌开式熔断器。限流式熔断器能在短路后不到半个周期即短路电流未达到冲击电流值（i_{sh}）时就能完全熄灭电弧、切断短路电流，RN 系列和限流型户外熔断器都属于此类型。不能在短路电流达到冲击电流（i_{sh}）前熄灭电弧，属于非限流式熔断器，一般跌开式熔断器和负荷型跌开式熔断器为非限流式。低压熔断器主要用于低压线路及设备的过载和短路保护，有插入式（RC 型）、螺旋式（RL 型）、无填料封闭管式（RM 型）、有填料封闭管式（RT 型），以及引进技术生产的有填料管式（gF、aM 系列）和高分断能力（NT系列）熔断器等。按保护性能也可分为有限流特性和无限流特性两种。

7）高压开关设备主要有高压断路器、高压隔离开关、高压负荷开关等。高压断路器的作用是断开或接通负荷，故障时断开短路电流，有油断路器、真空断路器、SF_6断路器三种类型。高压隔离开关的主要功能是隔离高压电源，保证人身和设备检修安全，它不能带负荷操作，常与断路器配合使用并装设在电源侧。高压负荷开关具有简单的灭弧装置，可以通断一定的负荷电流和过负荷电流，由于断流能力有限，常与高压熔断器配合使用。

8）低压开关设备主要有低压断路器、低压熔断器、低压刀开关等。低压断路器是一种能带负荷通断电路，又能在短路、过负荷、欠电压或失电压时自动跳闸的电气开关设备。低压断路器有万能式(框架结构)和塑壳式(装置式)两大类型，按安装方式分有抽屉式和固定式两种；按用途分有配电用、电动机保护用、照明用、漏电保护用四种。断路器的脱扣器有四种：①分励脱扣器；②欠电压或失电压脱扣器；③热脱扣器；④过电流脱扣器。过电流脱扣器又有瞬时、短延时、长延时三种，这三种过电流脱扣器可组合成二段式和三段式保护。低压刀开关的主要作用是隔离电源，按功能可分为刀开关、刀熔开关、负荷开关三种类型。

9）避雷器是保护电力系统中电气设备的绝缘免受沿线路传来的雷电过电压或内部过电压损害的一种保护设备，有保护间隙、管型、阀型、金属氧化物等几种类型，在成套装置中金属氧化锌避雷器使用较为广泛。

10）成套配电装置是制造厂成套供应的设备，在制造厂按照一定的线路接线方案预先把电器组装成柜再运到现场安装。按电压高低可分为高压成套配电装置（也称高压开关柜）和低压成套配电装置（低压配电屏和配电箱）。高压开关柜有固定式和移开式两大类。固定式高压开关柜的柜内所有电器部件包括其主要设备（如断路器、互感器和避雷器等）都固定安装在不能移动的台架上，一般用在企业的中小型变配电所和负荷不是很重要的场所。新型固定式高压开关柜常用的有HXGN系列固定式高压环网柜、XGN系列交流金属封闭箱型固定式高压开关柜和KGN系列交流金属铠装固定式高压开关柜等。手车式高压开关柜是将成套高压配电装置中的某些主要电器设备固定在可移动的手车上，检修方便安全，恢复供电快，供电可靠性高，但价格较高，主要用于大中型变配电所和负荷较重要、供电可靠性要求较高的场所，主要新产品有JYN、KYN系列等。低压配电屏（柜）有固定式、抽屉式和混合式三种。固定式低压配电屏结构简单，价格低廉，目前使用较广的有PGL、GGL、GGD等系列，适用于发电厂、变电所和工矿企业等电力用户，作为动力和照明配电用。抽屉式低压配电屏（柜）体积小、结构新颖、通用性好、安装维护方便、安全可靠，广泛应用于工矿企业和高层建筑的低压配电系统中，作为受电、馈电、照明、电动机控制及功率补偿用，常用的抽屉式配电屏有BFC、GCL、GCK等系列，一般用作三相交流系统中的动力中心（PC）和电动机控制中心（MCC）的配电和控制装置。动力配电箱和照明配电箱是车间和民用建筑的供配电系统中对用电设备的最后一级控制和保护设备，分别用于动力配电、控制和照明、小型动力线路的控制、过负荷和短路保护。

思 考 题

2-1　什么是电气设备？主要包括哪些类型？一次电路中的电气设备有哪几种类型？

2-2　电弧是一种什么现象？其主要特征是什么？它对电气设备的安全运行有哪些影响？

2-3　开关触头间产生电弧的根本原因是什么？发生电弧有哪些游离方式？其中最初的游离方式是什么？维持电弧的游离方式又是什么？

2-4　满足电弧熄灭的条件是什么？熄灭电弧的去游离方式有哪些？开关电器中有哪些常用的灭弧方法？其中最常用、最基本的灭弧方法是哪一种？

2-5　我国 6~10kV 变配电所采用的电力变压器，按绕组绝缘和冷却方式分有哪些类型？各适用于什么场合？按绕组联结组别分，有哪些联结组别？各适用于什么场合？在三相负荷严重不平衡或 $3n$ 次谐波电流比较突出的场合宜采用哪种联结组别？

2-6　电力变压器并列运行必须满足哪些条件？联结组别不同的变压器并列运行时有何危险？

2-7　电流互感器和电压互感器各有哪些功能？电流互感器工作时二次侧开路有什么后果？

2-8　高压电流互感器的两个二次绕组各有何用途？

2-9　电流互感器有哪些常用接线方式？各用在什么场合？

2-10　电压互感器有哪些常用接线方式？各用在什么场合？

2-11　熔断器的主要功能是什么？什么是限流式熔断器？什么是冶金效应？

2-12　一般跌开式熔断器与一般高压熔断器（如 RN1 型）在功能方面有何异同？负荷型跌开式熔断器与一般跌开式熔断器在功能方面又有什么区别？

2-13　高压隔离开关有哪些功能？它为什么不能带负荷操作？它为什么能隔离电源，保证安全检修？

2-14　高压负荷开关有哪些功能？它可装设什么保护装置？在什么情况下可自动跳闸？在采用高压负荷开关的电路中，如何实现短路保护？

2-15　高压断路器有哪些类型和功能？少油断路器中的油和多油断路器中的油各起什么作用？

2-16　高压少油断路器、SF_6 断路器和真空断路器，各自的灭弧介质是什么？灭弧性能如何？这三类断路器各适用于什么场合？

2-17　刀开关有什么功能？"HD13 - 600/31"是什么类型的刀开关？

2-18　低压负荷开关的结构特点是什么？有何功能？

2-19　低压断路器有哪些功能？按结构形式可分为哪两大类型？

2-20　避雷器的功能是什么？阀式避雷器和金属氧化物在结构、性能和应用场合上各如何？

2-21　什么是成套配电装置？它有哪些类型？

第 3 章

供配电系统的负荷计算

负荷计算是正确选择供配电系统中导线、电缆、开关电器、变压器等设备的基础，也是保障供配电系统安全可靠运行必不可少的环节。学会如何计算或估算工厂电力负荷的大小非常重要。本章内容是分析供配电系统和进行供配电设计计算的基础。首先介绍中小型工厂用电设备的分类及有关概念，然后重点介绍常用的计算负荷的确定方法，最后介绍尖峰电流的计算。

3.1 电力负荷和负荷曲线

3.1.1 计算负荷的目的和意义

电力负荷在不同的场合可以有不同的含义，它可以指用电设备或用电单位，也可以指用电设备或用电单位的功率或电流的大小。掌握工厂电力负荷的基本概念，准确地确定工厂的计算负荷是设计供配电系统的基础。

设计供配电系统的原始资料是用户提供的用电设备安装容量，这种原始资料首先要变成设计所需的计算负荷（计算负荷是根据已知用电设备安装容量确定的、预期不变的最大假想负荷），然后根据计算负荷选择、校验供配电系统的电气设备、导线型号，确定变压器的容量，制定改善功率因数的措施，选择及整定保护设备等。因此，计算负荷是供配电设计计算的基本依据。计算负荷的确定是否合理，将直接影响到电气设备和导线电缆的选择是否经济合理。计算负荷估算过高，将增加供配电设备的容量，造成投资和有色金属的浪费；计算负荷估算过低，设计出的供配电系统的线路和电气设备承受不了实际的负荷电流，使电能损耗增大，使用寿命降低，甚至影响到系统正常可靠的运行。

3.1.2 用电设备容量的确定

用电设备的铭牌上都有一个额定功率，但是由于各用电设备的额定工作条件不同，如有的用电设备是长期工作制，有的是短时工作制。因此这些铭牌上规定的额定功率不能直接相加作为全厂的电力负荷，而必须首先换算成同一工作制下的额定功率，然后才能相加。经过换算至统一规定的工作制下的额定功率称为设备容量，用 P_e 表示。

1. 用电设备的工作制

用电设备按照工作制可分为三类：长期（连续）工作制、短时工作制和断续周期工作制（反复短时工作制）。

（1）长期工作制设备　长期工作制设备能长期连续运行，每次连续工作时间超过 8h，而且运行时负荷比较稳定，如通风机、水泵、空压机、电热设备、照明设备、电镀设备、运输机等，都是典型的长期工作制设备。机床电动机的负荷虽然变动较大，但也属于长期工作制设备。

（2）短时工作制设备　短时工作制设备工作时间较短，而间歇时间相对较长，如有些机床上的辅助电动机。

（3）断续周期工作制设备　断续周期工作制设备的工作具有周期性，时而工作、时而停歇、反复运行，如起重机用电动机、电焊设备、电梯等。通常这类设备的工作特点用负荷持续率来表征，即一个工作周期内的工作时间与整个工作周期的百分比值。

2. 设备容量的确定

长期工作制和短时工作制的设备容量就是设备的铭牌额定功率，即

$$P_e = P_N \tag{3-1}$$

断续周期工作制的设备容量是将某负荷持续率下的铭牌额定功率换算到统一的负荷持续率下的功率。常用设备的换算方法如下：

1）电焊设备。要求统一换算到 $\varepsilon = 100\%$ 时的功率，即

$$P_e = \sqrt{\frac{\varepsilon_N}{\varepsilon_{100\%}}} P_N = \sqrt{\varepsilon_N} S_N \cos\varphi_N \tag{3-2}$$

式中，P_N 为电焊机的铭牌额定有功功率；S_N 为铭牌额定视在功率；ε_N 为与铭牌额定容量对应的负荷持续率（计算中用小数）；$\varepsilon_{100\%}$ 为其值是 100% 的负荷持续率（计算中用 1）；$\cos\varphi_N$ 为铭牌规定的功率因数。

2）起重机（吊车电动机）。要求统一换算到 $\varepsilon = 25\%$ 时的额定功率，即

$$P_e = \sqrt{\frac{\varepsilon_N}{\varepsilon_{25\%}}} P_N = 2\sqrt{\varepsilon_N} P_N \tag{3-3}$$

式中，P_N 为起重机的铭牌额定容量；$\varepsilon_{25\%}$ 为其值是 25% 的负荷持续率（计算中用 0.25）。

3）电炉变压器组。电炉变压器组的设备容量是指在额定功率下的有功功率，即

$$P_e = S_N \cos\varphi_N \tag{3-4}$$

式中，S_N 为电炉变压器的额定容量；$\cos\varphi_N$ 为电炉变压器的额定功率因数。

4）照明设备容量计算有下列几种情况：

① 不用镇流器的照明设备（如白炽灯、碘钨灯），其设备容量指灯头的额定功率，即

$$P_e = P_N \tag{3-5}$$

② 用镇流器的照明设备（如荧光灯、高压水银灯、金属卤化物灯），其设备容量要包括镇流器中的功率损失，所以一般略高于灯头的额定功率，即

$$P_e = 1.1 P_N \tag{3-6}$$

③ 照明设备的设备容量还可按建筑物的单位面积容量法估算，即

$$P_e = \omega S / 1000 \tag{3-7}$$

式中，ω 为建筑物单位面积的照明容量（W/m^2）；S 为建筑物的面积（m^2）。

3.1.3　负荷曲线

1. 负荷曲线的绘制

负荷曲线是表征电力负荷随时间变动情况的一种图形，可以直观地反映用户用电的特点和规律。负荷曲线绘制在直角坐标上，纵坐标表示负荷大小（有功功率、无功功率），横坐标表示对应的时间。

负荷曲线按负荷的功率性质不同分为有功负荷曲线和无功负荷曲线；按时间单位的不同分为日负荷曲线和年负荷曲线；按负荷对象不同分为全厂的、车间的或某类设备的负荷曲线；按绘制方式不同分为依点连成的负荷曲线和阶梯形负荷曲线。

（1）日有功负荷曲线　日有功负荷曲线表示负荷在一昼夜间（$0 \sim 24h$）的变化情况，如图 3-1 所示。

a) 折线形　　　　　　　　　　　b) 阶梯形

图 3-1　日有功负荷曲线

日有功负荷曲线可用测量的方法绘制。绘制方法是：通过接在供电线路上的有功功率表，每隔一定的时间间隔（一般为 0.5h）将仪表读数的平均值记录下来；再依次将这些点描绘在坐标上。将这些点连成折线形状的是折线形，如图 3-1a 所示；连成阶梯状的是阶梯形，如图 3-1b 所示。为计算方便，负荷曲线多绘成阶梯形。其时间间隔取得越短，曲线越能反映负荷的实际变化情况。日负荷曲线与横坐标所包围的面积代表全日所消耗的电能量。

（2）年负荷曲线　年负荷曲线反映负荷全年（8760h）的变动情况。年负荷曲线又分为年运行负荷曲线和年持续负荷曲线。年运行负荷曲线可根据全年日负荷曲线间接绘制；年持续负荷曲线的绘制需要借助一年中有代表性的冬季日负荷曲线和夏季日负荷曲线来绘制。通常用年持续负荷曲线来表示年负荷曲线。其中夏季和冬季在全年中占的天数视地理位置和气温情况而定。一般在北方，近似认为冬季 200 天、夏季 165 天；在南方，近似认为冬季 165 天、夏季 200 天。图 3-2 为南方某厂的年负荷曲线，图中 P_1 在年负荷曲线上所占的时间计算为 $T_1 = 200t_1 + 165t_2$。

2. 与负荷曲线有关的参数

分析负荷曲线可以了解负荷变动的规律，对供配电设计人员来说，可从中获得一些对设计、运行有用的资料；对工厂运行来说，可合理、有计划地安排车间、班次或大容量设备的用电时间，降低负荷高峰，填补负荷低谷，这种"削峰填谷"的办法可使负荷曲线比较平

a) 夏季日负荷曲线　　　　b) 冬季日负荷曲线　　　　c) 年持续负荷曲线

图 3-2　年持续负荷曲线的绘制

坦，从而达到节电效果。

从负荷曲线上可求得以下一些参数。

（1）年最大负荷 P_{max}　年最大负荷是指全年中负荷最大的工作班内（为防偶然性，这样的工作班至少要在负荷最大的月份出现 $2 \sim 3$ 次）30min 平均功率的最大值，因此年最大负荷有时也称为 30min 最大负荷 P_{30}。

（2）年最大负荷利用小时 T_{max}　年最大负荷利用小时是指负荷以年最大负荷持续运行一段时间后，消耗的电能恰好等于该电力负荷全年实际消耗的电能，这段时间就是年最大负荷利用小时，如图 3-3 所示，阴影部分即为全年实际消耗的电能。如果以 W_a 表示全年实际消耗的电能，则有

$$T_{max} = W_a / P_{max} \tag{3-8}$$

T_{max} 是反映工厂负荷是否均匀的一个重要参数。该值越大，则负荷越平稳。如果年最大负荷利用小时数为 8760h，说明负荷常年不变（实际不太可能）。T_{max} 与工厂的生产班制也有较大关系，如一班制工厂，T_{max} 约为 1800 ~ 3000h；两班制工厂，T_{max} 约为 3500 ~ 4800h；三班制工厂，T_{max} 约为 5000 ~ 7000h。

（3）平均负荷 P_{av} 和年平均负荷　平均负荷就是指电力负荷在一定时间内消耗的功率的平均值。如在 t 这段时间内消耗的电能为 W_t，则 t 时间段内的平均负荷为

$$P_{av} = W_t / t \tag{3-9}$$

年平均负荷是指电力负荷在一年内消耗的功率的平均值。如用 W_a 表示全年实际消耗的电能，则年平均负荷为

$$P_{av} = W_a / 8760 \tag{3-10}$$

图 3-4 用以说明年平均负荷，阴影部分表示全年实际消耗的电能 W_a，而年平均负荷 P_{av} 的横线与两坐标轴所包围的矩形面积恰好与之相等。

（4）负荷系数 K_L　负荷系数是指平均负荷与最大负荷的比值，即

$$K_L = P_{av} / P_{max} \tag{3-11}$$

负荷系数又称负荷率或负荷填充系数，用来表征负荷曲线不平坦的程度。负荷系数越接近1，负荷越平坦。所以对工厂来说，应尽量提高负荷系数，从而充分发挥供电设备的供电能力，提高供电效率。有时也用 α 表示有功负荷系数，用 β 表示无功负荷系数。一般工厂 $\alpha = 0.7 \sim 0.75$，$\beta = 0.76 \sim 0.82$。

图 3-3 年最大负荷和年最大负荷利用小时

图 3-4 年平均负荷

对于单个用电设备或用电设备组，负荷系数是指设备的输出功率 P 和设备额定容量 P_N 之比值，即

$$K_L = P/P_N \tag{3-12}$$

它表征该设备或设备组的容量是否被充分利用。

3.2 计算负荷的确定

计算负荷是指如果导体中通过一个假想不变负荷时所产生的最高温升，正好与它通过实际变动负荷时产生的最高温升相等，那么该假想不变负荷就称为计算负荷。

由于导体通过电流达到稳定温升的时间大约为（3~4）τ，τ 为发热时间常数。对中小截面（35mm² 以下）的导体，其 τ 约为 10min，故载流导体约经 30min 后可达到稳定温升值。由此可见，计算负荷实际上与负荷曲线上查到的 30min 最大负荷 P_{30}（亦即年最大负荷）基本是相当的。所以，计算负荷也可以认为就是 30min 最大负荷。本书用 30min 最大负荷 P_{30} 来表示有功计算负荷，用 Q_{30}、S_{30} 和 I_{30} 分别表示无功计算负荷、视在计算负荷和计算电流。

3.2.1 单台三相用电设备的负荷计算

对于单台电动机，供电线路在 30min 内出现的最大平均负荷即计算负荷，即

$$P_{30} = P_{NM}/\eta_N \approx P_{NM} \tag{3-13}$$

式中，P_{NM} 为电动机的额定功率；η_N 为电动机在额定负荷下的效率。

对单个白炽灯、单台电热设备、电炉变压器等设备，额定容量就作为其计算负荷，即

$$P_{30} = P_N \tag{3-14}$$

对单台反复短时工作制的设备，其设备容量直接作为计算负荷。对于电焊类和起重机类设备，则应按式(3-2) 和式(3-3) 进行相应的换算。

3.2.2 三相用电设备组的负荷计算

求用电设备组计算负荷的常用方法有需要系数法和二项式系数法。

1. 需要系数法

在所计算的范围内（如一条干线、一段母线或一台变压器），将用电设备按其设备性质不同分成若干组，对每一组选用合适的需要系数，计算出每组用电设备的计算负荷，然后由

各组计算负荷求总的计算负荷，这种方法称为需要系数法。需要系数法一般用来求多台三相用电设备的计算负荷。

用电设备的额定容量是指输出容量，它与输入容量之比为平均效率 η_e；用电设备不一定满负荷运行，因此引入负荷系数 K_L；用电设备本身以及配电线路有功率损耗，所以引入一个线路平均效率 η_{WL}；用电设备组的所有设备不一定同时运行，故引入一个同时系数 K_Σ。用电设备组的有功负荷计算应为

$$P_{30} = \frac{K_\Sigma K_L}{\eta_e \eta_{WL}} P_e \tag{3-15}$$

式中，P_e 为设备容量。

令 $K_\Sigma K_L / (\eta_e \eta_{WL}) = K_d$，$K_d$ 就称为需要系数。实际上，需要系数还与操作人员的技能及生产等多种因素有关。附录 A 中列出了各种用电设备的需要系数值，供计算参考。

下面结合例题讲解如何按需要系数法确定三相用电设备组的计算负荷。

（1）单组用电设备组的计算负荷确定　公式如下：

$$P_{30} = K_d P_e \tag{3-16}$$

$$Q_{30} = P_{30} \tan\varphi \tag{3-17}$$

$$S_{30} = P_{30} / \cos\varphi \tag{3-18}$$

$$I_{30} = S_{30} / (\sqrt{3} U_N) \tag{3-19}$$

例 3-1　已知某机修车间的金属切削机床组，有电压为 380V 的电动机 30 台，其总的设备容量为 120kW。试求其计算负荷。

解：查附表 A-1 中的"小批生产的金属冷加工机床"项，可得 $K_d = 0.16 \sim 0.2$（取 0.2 计算），$\cos\varphi = 0.5$，$\tan\varphi = 1.73$。

$$P_{30} = K_d P_e = 0.2 \times 120\text{kW} = 24\text{kW}$$

$$Q_{30} = P_{30} \tan\varphi = 24\text{kW} \times 1.73 = 41.52\text{kvar}$$

$$S_{30} = P_{30} / \cos\varphi = 24\text{kW} / 0.5 = 48\text{kVA}$$

$$I_{30} = S_{30} / (\sqrt{3} U_N) = 48\text{kVA} / (\sqrt{3} \times 0.38\text{kV}) \approx 72.93\text{A}$$

（2）多组用电设备组的计算负荷确定　在计算多组用电设备的计算负荷时，应先分别求出各组用电设备的计算负荷，并且要考虑各用电设备组的最大负荷不一定同时出现的因素，计入一个同时系数 K_Σ。

总的有功计算负荷为

$$P_{30} = K_{\Sigma p} \sum_{i=1}^{n} P_{30 \cdot i} \tag{3-20}$$

总的无功计算负荷为

$$Q_{30} = K_{\Sigma q} \sum_{i=1}^{n} Q_{30 \cdot i} \tag{3-21}$$

总的视在计算负荷为

$$S_{30} = \sqrt{P_{30}^2 + Q_{30}^2} \tag{3-22}$$

总的计算电流为

$$I_{30} = S_{30} / (\sqrt{3} U_N) \tag{3-23}$$

式中，i 为用电设备组的组数；K_Σ 为同时系数，见表3-1。

表3-1　同时系数 K_Σ

应用范围		$K_{\Sigma p}$	$K_{\Sigma q}$
车间干线		0.85 ~ 0.95	0.90 ~ 0.97
低压母线	由用电设备组 P_{30} 直接相加	0.80 ~ 0.90	0.85 ~ 0.95
	由车间干线 P_{30} 直接相加	0.90 ~ 0.95	0.93 ~ 0.97

低压母线、车间干线、用电设备组的关系如图3-5所示。一般情况下，同时系数常取偏大的值。

例3-2　一机修车间的380V线路上，接有金属切削机床电动机20台共50kW，其中较大容量电动机有7.5kW 2台，4kW 2台，2.2kW 8台；另接通风机2台共2.4kW；电阻炉1台2kW。试求计算负荷（设同时系数为0.9）。

图3-5　低压母线、车间干线、用电设备组的关系

解：（1）冷加工电动机

查附表A-1，取 $K_{d1} = 0.2$，$\cos\varphi_1 = 0.5$，$\tan\varphi_1 = 1.73$，则

$$P_{30.1} = K_{d1}P_{e\cdot1} = 0.2 \times 50\text{kW} = 10\text{kW}$$
$$Q_{30.1} = P_{30.1}\tan\varphi_1 = 10\text{kW} \times 1.73 = 17.3\text{kvar}$$

（2）通风机

查附表A-1，取 $K_{d2} = 0.8$，$\cos\varphi_2 = 0.8$，$\tan\varphi_2 = 0.75$，则

$$P_{30.2} = K_{d2}P_{e\cdot2} = 0.8 \times 2.4\text{kW} = 1.92\text{kW}$$
$$Q_{30.2} = P_{30.2}\tan\varphi_2 = 1.92\text{kW} \times 0.75 = 1.44\text{kvar}$$

（3）电阻炉

查附表A-1，取 $K_{d3} = 0.7$，$\cos\varphi_3 = 1.0$，$\tan\varphi_3 = 0$，则

$$P_{30.3} = K_{d3}P_{e\cdot3} = 0.7 \times 2\text{kW} = 1.4\text{kW}$$
$$Q_{30.3} = 0$$

因此，总计算负荷为

$$P_{30} = K_{\Sigma p}\sum_{i=1}^{n} P_{30\cdot i} = 0.9 \times (10 + 1.92 + 1.4)\text{kW} \approx 12\text{kW}$$

$$Q_{30} = K_{\Sigma q}\sum_{i=1}^{n} Q_{30\cdot i} = 0.9 \times (17.3 + 1.44 + 0)\text{kvar} \approx 16.9\text{kvar}$$

$$S_{30} = \sqrt{P_{30}^2 + Q_{30}^2} = \sqrt{(12\text{kW})^2 + (16.9\text{kvar})^2} \approx 20.73\text{kVA}$$

$$I_{30} = S_{30}/(\sqrt{3}\,U_N) = 20.73\text{kVA}/(\sqrt{3} \times 0.38\text{kV}) = 31.5\text{A}$$

需要系数值与用电设备的类别和工作状态有关，计算时一定要正确判断，否则会造成错

误。如机修车间的金属切削机床电动机属于小批生产的冷加工机床电动机，而机加工车间的金属切削机床电动机属于大批生产的冷加工机床电动机；压缩机、拉丝机和锻造等应属热加工机床；起重机、行车或电动葫芦等都属吊车。

用需要系数法求计算负荷，其特点是简单方便，计算结果比较符合实际，而且长期以来已积累了各种设备的需要系数，因此，是世界各国普遍采用的求计算负荷的基本方法。但是，把需要系数看作与一组设备中设备的多少，以及设备容量是否相差悬殊等都无关的固定值，考虑不够全面。实际上只有当设备台数较多、总容量足够大、没有特大型用电设备时，需要系数表中的需要系数值才较符合实际。所以，需要系数法普遍应用于求全厂和大型车间变电所的计算负荷，而在确定设备台数较少，且容量差距悬殊的分支干线的计算负荷时，将采用另一种方法——二项式系数法。

2. 二项式系数法

用二项式系数法进行负荷计算时，既考虑了用电设备组的设备总容量，又考虑了几台最大用电设备引起的大于平均负荷的附加负荷。下面根据不同情况分别介绍其计算公式。

（1）单组用电设备组的计算负荷

$$P_{30} = bP_{e\Sigma} + cP_x \tag{3-24}$$

式中，b、c 为二项式系数；$bP_{e\Sigma}$ 为用电设备组的平均功率，其中 $P_{e\Sigma}$ 为该用电设备组的设备总容量；cP_x 为每组用电设备组中 x 台容量较大的设备投入运行时增加的附加负荷，其中 P_x 为 x 台容量最大设备的总容量（b、c、x 的值可查附表 A-1）。

（2）多组用电设备组的计算负荷　同样要考虑各组用电设备的最大负荷不同时出现的因素，因此在确定总计算负荷时，只能在各组用电设备中取一组最大的附加负荷，再加上各组用电设备的平均负荷，即

$$P_{30} = \sum (bP_{e\Sigma})_i + (cP_x)_{\max} \tag{3-25}$$

$$Q_{30} = \sum (bP_{e\Sigma}\tan\varphi)_i + (cP_x)_{\max}\tan\varphi_{\max} \tag{3-26}$$

式中，$(cP_x)_{\max}$ 为附加负荷最大的一组设备的附加负荷；$\tan\varphi_{\max}$ 为最大附加负荷设备组的平均功率因数角的正切值（可查附表 A-1）。

例 3-3　试用二项式系数法确定例 3-2 中的计算负荷。

解：先分别求出各组的平均功率 bP_e 和附加负荷 cP_x。

（1）金属切削机床电动机组

查附表 A-1，取 $b = 0.14$，$c = 0.4$，$x = 5$，$\cos\varphi = 0.5$，$\tan\varphi = 1.73$，则

$$(bP_{e\Sigma})_1 = 0.14 \times 50\text{kW} = 7\text{kW}$$

$$(cP_x)_1 = 0.4 \times (7.5\text{kW} \times 2 + 4\text{kW} \times 2 + 2.2\text{kW} \times 1) = 10.08\text{kW}$$

（2）通风机组

查附表 A-1，取 $b = 0.65$，$c = 0.25$，$x = 2$，$\cos\varphi = 0.8$，$\tan\varphi = 0.75$，则

$$(bP_{e\Sigma})_2 = 0.65 \times 2.4\text{kW} = 1.56\text{kW}$$

$$(cP_x)_2 = 0.25 \times 2.4\text{kW} = 0.6\text{kW}$$

（3）电阻炉

查附表 A-1，取 $b = 0.7$，$c = 0$，$x = 1$，$\cos\varphi = 1$，$\tan\varphi = 0$，则

$$(bP_{e\Sigma})_3 = 0.7 \times 2\text{kW} = 1.4\text{kW}$$

$$(cP_x)_3 = 0$$

显然，三组用电设备中，第一组的附加负荷 $(cP_x)_1$ 最大，因此总计算负荷为

$$P_{30} = \sum (bP_{e\Sigma})_i + (cP_x)_1 = (7 + 1.56 + 1.4)\ \text{kW} + 10.08\text{kW} = 20.04\text{kW}$$

$$Q_{30} = \sum (bP_{e\Sigma}\tan\varphi)_i + (cP_x)_1\tan\varphi_1$$

$$= (7\text{kW} \times 1.73 + 1.56\text{kW} \times 0.75 + 0) + 10.08\text{kW} \times 1.73$$

$$\approx 30.72\text{kvar}$$

$$S_{30} = \sqrt{P_{30}^2 + Q_{30}^2} = \sqrt{(20.04\text{kW})^2 + (30.72\text{kvar})^2} \approx 36.68\text{kVA}$$

$$I_{30} = S_{30}/(\sqrt{3}\,U_N) \approx 36.68\text{kVA}/(\sqrt{3} \times 0.38\text{kV}) \approx 55.73\text{A}$$

从例3-2和例3-3的计算结果可以看出，由于二项式系数法考虑了用电设备中几台功率较大的设备工作时对负荷影响的附加功率，计算结果比按需要系数法的计算结果偏大，所以一般适用于低压配电支干线和配电箱的负荷计算。而需要系数法比较简单，该系数是按照车间及以上的负荷情况来确定，适用于变配电所的负荷计算。

3.2.3　单相用电设备计算负荷的确定

单相用电设备接于三相线路中，应尽可能地均衡分配电能，使三相负荷尽可能平衡。如果均衡分配后，三相线路中剩余的单相设备总容量不超过三相设备总容量的15%，可将单相总容量视为三相负荷平衡进行负荷计算；如果超过15%，则应先将这部分单项设备容量换算为等效三相设备容量，再进行负荷计算。

1. 单相设备接于相电压时

等效三相设备容量 P_e 按最大负荷相所接的单相设备容量 $P_{em\varphi}$ 的3倍计算，即

$$P_e = 3P_{em\varphi} \tag{3-27}$$

等效三相负荷可按上述需要系数法计算。

2. 单相设备接于线电压时

容量为 $P_{e\varphi}$ 的单相设备接于线电压时，其等效三相设备容量 P_e 为

$$P_e = \sqrt{3}\,P_{e\varphi} \tag{3-28}$$

等效三相负荷可按上述需要系数法计算。

3.3 | 变配电所总计算负荷的确定

3.3.1　供配电系统的功率损耗

供配电系统的功率损耗主要包括线路功率损耗和变压器功率损耗两部分。下面分别介绍这两部分功率损耗及计算方法。

1. 线路功率损耗的计算

由于供配电线路存在电阻和电抗，所以线路上会产生有功功率损耗和无功功率损耗。

有功功率损耗 $\qquad\qquad\qquad \Delta P_{WL} = 3I_{30}^2 R_{WL} \tag{3-29}$

无功功率损耗 $\qquad\qquad\qquad \Delta Q_{WL} = 3I_{30}^2 X_{WL} \tag{3-30}$

式中，I_{30} 为线路的计算电流；R_{WL} 为线路每相的电阻，$R_{WL} = R_0 l$，R_0 为线路单位长度的电阻值，l 为线路长度；X_{WL} 为线路每相的电抗，$X_{WL} = X_0 l$，X_0 为线路单位长度的电抗值，可查相关手册或产品样本。

附表 P-1 列出了 LJ 型铝绞线的 X_0 值。但是，查 X_0 不仅要参考导线的截面积，还要参考线间的几何均距。线间几何均距是指三相线路各导线之间距离的几何平均值。其计算公式为

$$\alpha_{av} = \sqrt[3]{\alpha_1 \alpha_2 \alpha_3} \tag{3-31}$$

如果导线为等边三角形排列，则 $\alpha_{av} = \alpha$；如果导线为水平等距离排列，则 $\alpha_{av} = \sqrt[3]{2}\alpha \approx 1.26\alpha$。

2. 变压器功率损耗的计算

变压器功率损耗包括有功功率损耗和无功功率损耗两大部分。

（1）变压器的有功功率损耗　变压器的有功功率损耗由两部分组成：

1）铁心中的有功功率损耗，即铁损 ΔP_{Fe}。铁损在变压器一次绕组的外施电压和频率不变的条件下是固定不变的，与负荷无关。铁损可由变压器空载试验测定。变压器的空载损耗 ΔP_0 可认为就是铁损，因为变压器的空载电流 I_0 很小，在一次绕组中产生的有功损耗可略去不计。

2）有负荷时一、二次绕组中的有功功率损耗，即铜损 ΔP_{Cu}。铜损与负荷电流（或功率）的二次方成正比。铜损可由变压器短路试验测定。变压器的负载损耗 ΔP_K 可认为就是铜损，因为变压器短路时一次阻抗电压 U_K 很小，在铁心中产生的有功功率损耗可略去不计。

因此，变压器的有功功率损耗的计算公式为

$$\Delta P_T \approx \Delta P_0 + \Delta P_K \left(\frac{S_{30}}{S_N}\right)^2 \tag{3-32}$$

式中，ΔP_0 为变压器的空载损耗；ΔP_K 为变压器的负载损耗；S_{30} 为变压器的计算负荷；S_N 为变压器的额定容量。

（2）变压器的无功功率损耗　变压器的无功功率损耗也由两部分组成：

1）用来产生主磁通即产生励磁电流的一部分无功功率，用 ΔQ_0 表示。它只与绕组电压有关，与负荷无关。它与励磁电流（或近似地与空载电流）成正比。

2）消耗在变压器一、二次绕组电抗上的无功功率。额定负荷下的这部分无功损耗用 ΔQ_N 表示。由于变压器绕组的电抗远大于电阻，因此 ΔQ_N 近似地与阻抗电压成正比。

因此，变压器的无功功率损耗的计算公式为

$$\Delta Q_T \approx S_N \left[\frac{I_0\%}{100} + \frac{U_K\%}{100}\left(\frac{S_{30}}{S_N}\right)^2\right] \tag{3-33}$$

式中，$I_0\%$ 为变压器空载电流占额定电流的百分值；$U_K\%$ 为变压器阻抗电压占额定电压的百分值。

在负荷计算中，SL7、S7、S9 型低损耗电力变压器的功率损耗可按下列简化公式近似计算：

有功损耗　　　　　　　　　　$\Delta P_T = 0.015 S_{30}$ $\tag{3-34}$

无功损耗　　　　　　　　　　$\Delta Q_T = 0.06 S_{30}$ $\tag{3-35}$

3.3.2 车间或全厂计算负荷的确定

1. 按逐级计算法确定工厂计算负荷

如图 3-6 所示，工厂的计算负荷（以有功负荷为例）$P_{30.1}$，应该是高压母线上所有高压配电线计算负荷之和，再乘上一个同时系数；高压配电线的计算负荷 $P_{30.2}$，应该是该线路所供车间变电所低压侧的计算负荷 $P_{30.3}$，加上变压器的功率损耗 ΔP_T 和高压配电线的功率损耗 ΔP_{WL1}；…；如此逐级计算。但对一般工厂供电系统来说，由于线路一般不是很长，因此在确定计算负荷时 ΔP_{WL} 往往略去不计。

计算工厂及变电所低压侧总的计算负荷 P_{30}、Q_{30}、S_{30} 和 I_{30} 时，其中 $K_{\Sigma p} = 0.8 \sim 0.95$，$K_{\Sigma q} = 0.85 \sim 0.97$。

2. 按需要系数法确定工厂计算负荷

将全厂用电设备的总容量 P_e（不含备用设备容量）乘上一个需要系数 K_d，即可得到全厂的有功计算负荷，即

$$P_{30} = K_d P_e \tag{3-36}$$

附表 A-2 列出了部分工厂的需要系数值，供参考。

全厂的无功计算负荷、视在计算负荷和计算电流按式(3-20)~式(3-23) 计算。

图 3-6 供电系统中各部分的计算负荷（只标出有功部分）和功率损耗

3.3.3 工厂的无功功率补偿

1. 工厂的功率因数

（1）瞬时功率因数 瞬时功率因数可由功率因数表（相位表）直接测量，亦可由功率表、电流表和电压表的读数求出（间接测量），即

$$\cos\varphi = P/(\sqrt{3}IU) \tag{3-37}$$

式中，P 为功率表测出的三相功率读数（kW）；I 为电流表测出的线电流读数（A）；U 为电压表测出的线电压读数（kV）。

瞬时功率因数用来了解和分析工厂或设备在生产过程中无功功率的变化情况，以便采取适当的补偿措施。

（2）平均功率因数 平均功率因数亦称加权平均功率因数，其计算公式为

$$\cos\varphi = W_p / \sqrt{W_p^2 + W_q^2} = 1/\sqrt{1 + (W_q/W_p)^2} \tag{3-38}$$

式中，W_p 为某一时间内消耗的有功电能，由有功电能表读出；W_q 为某一时间内消耗的无功电能，由无功电能表读出。

我国电力部门每月向工业用户收取电费，规定电费要按月平均功率因数的高低来调整。

（3）最大负荷时的功率因数 最大负荷时的功率因数指在年最大负荷（即计算负荷）时的功率因数，计算公式为

$$\cos\varphi = P_{30}/S_{30} \tag{3-39}$$

我国电力工业部于 1996 年制定的《供电营业规则》规定："无功电力应就地平衡。用

户应在提高用电自然功率因数的基础上，按有关标准设计和安装无功补偿设备，并做到随其负荷和电压变动及时投入或切除，防止无功电力倒送。除电网有特殊要求的用户外，用户在当地供电企业规定的电网高峰负荷时的功率因数，应达到下列规定：100kVA 及以上高压供电的用户功率因数为 0.90 以上。其他电力用户和大、中型电力排灌站、趸购转售电企业，功率因数为 0.85 以上。农业用电，功率因数为 0.80 及以上。"这里所指的功率因数，即为最大负荷时的功率因数。

2. 无功功率补偿

电力系统在运行过程中，无论是公用还是民用，都存在大量感性负载，如工厂中的感应电动机、电焊机等，致使电网无功功率增加，对电网的安全经济运行及电气设备的正常工作产生一系列危害，使负载功率因数降低，供配电设备使用效能得不到充分发挥，设备的附加功耗增加。

如果在充分发挥设备潜力、改善设备运行性能、提高其自然功率因数的情况下，尚达不到规定的功率因数要求时，则需考虑人工无功功率补偿。

从图 3-7 可以看出功率因数提高与无功功率和视在功率变化的关系。假设功率因数由 $\cos\varphi_1$ 提高到 $\cos\varphi_2$，这时在有功功率 P_{30} 不变的条件下，无功功率将由 $Q_{30.1}$ 减小到 $Q_{30.2}$，视在功率将由 $S_{30.1}$ 减小到 $S_{30.2}$，从而负荷电流 I_{30} 也得以减小，这将使系统的电能损耗和电压损耗相应降低，既节约了电能，又提高了电压质量，而且可选较小容量的供电设备和导线电缆，因此提高功率因数对电力系统大有好处。

由图 3-7 可知，要使功率因数由 $\cos\varphi_1$ 提高到 $\cos\varphi_2$，所需的无功补偿装置容量为

$$Q_{\mathrm{C}} = Q_{30.1} - Q_{30.2} = P_{30}(\tan\varphi_1 - \tan\varphi_2)$$
$$= \Delta q_{\mathrm{C}} P_{30} \qquad (3\text{-}40)$$

式中，Δq_{C} 为无功补偿率，表示要使 1kW 的有功功率由 $\cos\varphi_1$ 提高到 $\cos\varphi_2$ 所需要的无功补偿容量 kvar 值。附表 B-1 列出了并联电容器的无功补偿率，可利用补偿前后的功率因数直接查出。

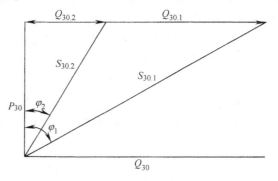

图 3-7　无功功率补偿原理图

在确定了总的补偿容量后，可根据所选并联电容器的单个容量 q_{C} 来确定所需的补偿电容器个数，即

$$n = Q_{\mathrm{C}}/q_{\mathrm{C}} \qquad (3\text{-}41)$$

部分电容器的主要技术数据可参见附表 B-2。

由式(3-41)计算出的电容器个数 n，对于单相电容器，应取 3 的倍数，以便三相均衡分配。

3. 无功补偿后的总计算负荷确定

供配电系统在装设了无功补偿装置后，在确定补偿装置装设地点的总计算负荷时，应先扣除无功补偿的容量，即补偿后的总的无功计算负荷为

$$Q'_{30} = Q_{30} - Q_{\mathrm{C}} \qquad (3\text{-}42)$$

补偿后的总的视在计算负荷为

$$S'_{30} = \sqrt{P_{30}^2 + (Q_{30} - Q_{\mathrm{C}})^2} \qquad (3\text{-}43)$$

由式（3-43）可以看出，在变电所低压侧装设了无功补偿装置以后，由于低压侧总的视在计算负荷减小，从而可使变电所主变压器的容量选得小一些。这不仅降低了变电所的初投资，而且可减少用户的电费开支。

对于低压配电网的无功补偿，通常采用负荷侧集中补偿方式，即在低压系统（如变压器的低压侧）利用自动功率因数调整装置，随着负荷的变化，自动地投入或切除电容器的部分或全部容量。

例 3-4 某厂拟建一降压变电所，装设一台主变压器。已知变电所低压侧有功计算负荷为 650kW，无功计算负荷为 800kvar。为了使工厂（变电所高压侧）的功率因数不低于 0.9，如在低压侧装设并联电容器进行补偿时，需装设多少补偿容量？补偿前后工厂变电所所选主变压器的容量有何变化？

解：（1）补偿前的变压器容量和功率因数 变电所低压侧的视在计算负荷为

$$S_{30(2)} = \sqrt{650^2 + 800^2}\,\text{kVA} \approx 1031\text{kVA}$$

因此，未考虑无功补偿时，主变压器的容量应选择为 1250kVA（见附录 C）。

变电所低压侧的功率因数为

$$\cos\varphi_{(2)} = P_{30(2)}/S_{30(2)} = 650/1031 \approx 0.63$$

（2）无功补偿容量 按相关规定，补偿后变电所高压侧的功率因数不应低于 0.9，即 $\cos\varphi_{(1)} \geq 0.9$。在变压器低压侧进行补偿时，因为考虑到变压器的无功功率损耗远大于有功功率损耗，所以低压侧补偿后的低压侧功率因数应略高于 0.9。这里取补偿后低压侧功率因数 $\cos\varphi'_{(2)} = 0.92$。

因此，低压侧需要装设的并联电容器容量为

$$Q_\text{C} = 650 \times (\text{tanarccos}\,0.63 - \text{tanarccos}\,0.92)\,\text{kvar}$$
$$\approx 525\text{kvar}$$

取 $Q_\text{C} = 530\text{kvar}$。

（3）补偿后重新选择变压器容量 变电所低压侧的视在计算负荷为

$$S'_{30(2)} = \sqrt{650^2 + (800-530)^2}\,\text{kVA} \approx 704\text{kVA}$$

因此，无功功率补偿后的主变压器容量可选为 800kVA（参见附录 C）。

（4）补偿后的工厂功率因数 补偿后变压器的功率损耗为

$$\Delta P_\text{T} \approx 0.015 S'_{30(2)} = 0.015 \times 704\text{kVA} \approx 10.6\text{kW}$$
$$\Delta Q_\text{T} \approx 0.06 S'_{30(2)} = 0.06 \times 704\text{kVA} \approx 42.2\text{kvar}$$

变电所高压侧的计算负荷为

$$P'_{30(1)} = 650\text{kW} + 10.6\text{kW} \approx 661\text{kW}$$
$$Q'_{30(1)} = (800-530)\,\text{kvar} + 42.2\text{kvar} \approx 312\text{kvar}$$
$$S'_{30(1)} = \sqrt{661^2 + 312^2}\,\text{kVA} \approx 731\text{kVA}$$

补偿后工厂的功率因数为

$$\cos\varphi' = 661/731 \approx 0.904 > 0.9$$

满足相关规定的要求。

（5）无功补偿前后的比较

$$S'_\text{NT} - S_\text{NT} = 1250\text{kVA} - 800\text{kVA} = 450\text{kVA}$$

由此可见，补偿后主变压器的容量减少了 450kVA，不仅减少了投资，而且减少了电费支出，提高了功率因数。

3.4 尖峰电流的计算

3.4.1 概述

尖峰电流是指持续时间 $1 \sim 2s$ 的短时最大负荷电流。

尖峰电流主要用来选择熔断器和低压断路器，整定继电保护装置及检验电动机自起动条件等。

3.4.2 单台用电设备尖峰电流的计算

单台用电设备的尖峰电流就是其起动电流，因此计算公式为

$$I_{pk} = I_{st} = K_{st}I_N \tag{3-44}$$

式中，I_N 为用电设备的额定电流；I_{st} 为用电设备的起动电流；K_{st} 为用电设备的起动电流倍数，笼型电动机为 $5 \sim 7$，绕线转子电动机为 $2 \sim 3$，直流电动机为 1.7，电焊变压器为 3 或稍大。

3.4.3 多台用电设备尖峰电流的计算

引至多台用电设备的线路上的尖峰电流计算公式为

$$I_{pk} = K_{\Sigma} \sum_{i=1}^{n-1} I_{Ni} + I_{stmax} \tag{3-45}$$

$$I_{pk} = I_{30} + (I_{st} - I_N)_{max} \tag{3-46}$$

式中，I_{stmax} 为用电设备中起动电流与额定电流之差为最大的那台设备的起动电流；$(I_{st} - I_N)_{max}$ 为用电设备中起动电流与额定电流之差为最大的那台设备的起动电流与额定电流之差；$\sum_{i=1}^{n-1} I_{Ni}$ 为将起动电流与额定电流之差为最大的那台设备除外的其他 $n-1$ 台用电设备的额定电流之和；K_{Σ} 为上述 $n-1$ 台用电设备的同时系数，按台数多少选取，一般为 $0.7 \sim 1$；I_{30} 为全部投入运行时线路的计算电流。

例 3-5　有一 380V 三相线路，供电给表 3-2 中 4 台电动机。试计算该线路的尖峰电流。

表 3-2　例 3-5 的负荷资料

参　数	电　动　机			
	M1	M2	M3	M4
额定电流 I_N/A	5.8	5	35.8	27.6
起动电流 I_{st}/A	40.6	35	197	193.2

解：由表 3-2 可知，电动机 M4 的 $I_{st} - I_N = 193.2A - 27.6A = 165.6A$ 为最大。取 $K_{\Sigma} = 0.9$，该线路的尖峰电流为

$$I_{pk} = 0.9 \times (5.8 + 5 + 35.8)A + 193.2A \approx 235A$$

小 结

本章介绍了负荷曲线的基本概念、类别及有关物理量，以及用电设备设备容量的确定方法；重点介绍了负荷计算的方法；讨论了工厂功率损耗和电能损耗；详细介绍了全厂负荷计算的步骤，并重点讨论功率因数对供配电系统的影响及如何进行无功补偿。

1) 负荷曲线是表征电力负荷随时间变动情况的一种图形。按照时间单位的不同，可分为日负荷曲线和年负荷曲线。日负荷曲线以时间先后绘制，而年持续负荷曲线以负荷的大小为序绘制，要求掌握两者的区别。

2) 与负荷曲线有关的物理量有年最大负荷、年最大负荷利用小时、计算负荷、平均负荷和负荷系数等。年最大负荷利用小时用以反映工厂的负荷是否均匀；年平均负荷是指电力负荷在一年内消耗的功率的平均值；要求能分清这些物理量各自的物理含义。

3) 确定负荷计算的方法有多种，本章介绍了估算法、需要系数法、二项式系数法和单相负荷的计算。需要系数法适用于求多组三相用电设备的计算负荷；二项式系数法适用于确定设备台数较少而容量差距悬殊的分支干线的计算负荷；每个工厂都不可避免地有单相负荷，故单相负荷的计算也很重要。要求能用这些计算方法进行负荷计算。

4) 当电流流过工厂供配电线路和变压器时，势必会引起功率和电能损耗。故在进行全厂负荷计算时，应计入这部分损耗。本章介绍了线路和变压器的功率损耗和电能损耗的计算方法。

5) 进行全厂负荷计算时，通常采用需要系数法逐级进行计算，重点掌握逐级法。

6) 功率因数太低对电力系统有不良影响，所以要提高功率因数。提高功率因数的方法是首先提高自然功率因数然后进行人工补偿，其中人工补偿最常用的是并联电容器补偿。要求能熟练计算补偿容量，掌握电容器的装设。

7) 尖峰电流是指单台或多台用电设备持续 $1\sim2\mathrm{s}$ 的短时最大负荷电流。计算尖峰电流的目的是选择熔断器和低压断路器，整定继电保护装置、计算电压波动及检验电动机自起动条件等。

思 考 题

3-1 电力负荷的含义是什么？动力负荷的负荷指的是什么？轻负荷、重负荷的负荷又指的是什么？

3-2 什么是负荷持续率？它表征哪类设备的工作特性？

3-3 什么是年最大负荷利用小时？什么是年最大负荷和年平均负荷？什么是负荷系数？

3-4 什么是计算负荷？为什么计算负荷通常采用半小时最大负荷？正确确定计算负荷有何意义？

3-5 确定计算负荷的需要系数法和二项式系数法各有什么特点？各适用哪些场合？

3-6 在确定多组用电设备总的视在计算负荷和计算电流时，可否将各组的视在计算负荷和计算电流分别直接相加？为什么？应如何正确计算？

3-7 线路的电阻和电抗各如何计算？什么是线间几何均距？如何计算？

3-8 什么是平均功率因数和最大负荷时功率因数？各如何计算？各有何用途？

3-9 进行无功功率补偿、提高功率因数有什么意义？如何确定无功补偿容量？

3-10 什么是尖峰电流？尖峰电流的计算有什么用处？

习　题

3-1　有一机修车间，拥有冷加工机床 52 台，共 200kW；行车 1 台，共 5.1kW（$\varepsilon = 15\%$）；通风机 4 台，共 5kW；点焊机 3 台，共 10.5kW（$\varepsilon = 65\%$）。车间采用 220V/380V 三相四线制（TN—C 系统）供电。试确定车间的计算负荷 P_{30}、Q_{30}、S_{30} 和 I_{30}。

3-2　有一 380V 的三相线路，供电给 35 台小批生产的冷加工机床电动机，总容量为 85kW，其中较大容量的电动机有 7.5kW 1 台、4kW 3 台、3kW 12 台。试分别用需要系数法和二项式系数法确定其计算负荷 P_{30}、Q_{30}、S_{30} 和 I_{30}。

3-3　某厂变电所装有一台 SL7 - 630/6 型电力变压器，其二次侧（380V）的有功计算负荷为 420kW，无功计算负荷为 350kvar。试求此变电所一次侧的计算负荷及其功率因数。如果功率因数未达到 0.90，问此变电所低压母线上应装设多大并联电容器容量才能达到要求？

3-4　某车间设有小批量生产冷加工机床电动机 40 台，总容量 152kW，其中较大容量的电动机有 10kW 1 台、7kW 2 台、4.5kW 5 台、2.8kW 10 台；卫生用通风机 6 台共 6kW。试分别用需要系数法和二项式系数法求车间的计算负荷。

3-5　某厂机械加工车间，拥有金属切削机床容量共 920kW，通风机容量共 56kW，起重机容量共 76kW（$\varepsilon = 15\%$），线路额定电压 380V，求车间的 P_{30}、Q_{30}、S_{30} 和 I_{30}。若该厂另一车间全年用电量为：有功电能 500 万 kWh，无功电能 320 万 kWh（三班制生产）。试计算该厂总降压变电站高压侧的有功计算负荷、无功计算负荷、视在功率、计算电流及平均功率因数 $\cos\varphi_{av}$（同时系数取 0.75，有功负荷系数取 0.75，无功负荷系数取 0.8）。若平均功率因数要求提高到 0.95（采用固定补偿），补偿容量为多少？此时变压器容量为多少？

3-6　某工厂 35kV 变电所 10kV 侧计算负荷为：1 号车间 720kW + j510kvar；2 号车间 580kW + j400kvar；3 号车间 630kW + j490kvar；4 号车间 475kW + j335kvar。试求：

1）全厂计算负荷，平均功率因数。

2）功率因数是否满足供用电规程？若不满足，应补偿到多少？

3）补偿后全厂的计算负荷及平均功率因数。

3-7　某车间有一条 380V 线路供电给表 3-3 所列 5 台交流电动机。试计算该线路的计算电流和尖峰电流。（计算电流在此可近似计算为：$I_{30} = K_{\Sigma}\Sigma I_N$，其中 K_{Σ} 建议取 0.9）。

表 3-3　习题 3-7 的负荷资料

参　数	电　动　机				
	M1	M2	M3	M4	M5
额定电流 I_N/A	10.2	32.4	30	6.1	20
起动电流 I_{st}/A	66.3	227	165	34	140

第 章

4

短路电流及计算

本章介绍电力系统短路故障的基本知识，着重阐述在无限大容量系统中采用欧姆法、标幺制法和短路功率法进行短路计算的方法。这些内容是后续内容（如电气设备及继电保护装置的选择和校验）的重要基础。

4.1 概述

电力系统运行有三种状态：正常运行状态、非正常运行状态和短路故障。在电气设计和运行中，不仅要考虑系统的正常运行状态，而且要考虑系统的非正常运行状态，最严重的非正常运行状态就是短路故障。

短路就是指不同电位导电部分之间的不正常短接。如电力系统中，相与相间、相与中性线间或中性点直接接地系统中相与地之间的短接都是短路。

4.1.1 短路的原因及后果

1. 短路的原因

造成短路的原因通常有以下方面：

1）主要原因是电气设备载流部分的绝缘损坏。产生绝缘损坏的原因有过负荷、绝缘自然老化或被过电压（内部过电压和雷电）击穿，以及设计、安装和运行不当或设备本身不合格等。

2）误操作及误接。由于工作人员不遵守安全操作规程造成的误操作或误接，可能导致短路。

3）飞禽跨接裸导体。鸟类或爬行动物如蛇等跨接裸导体，都可能导致短路。

4）其他原因。如输电线断线、倒杆、碰线，或人为盗窃、破坏等原因都可能导致短路。

2. 短路后果

电力系统发生短路，导致网络总阻抗减少，短路电流可能超过正常工作电流的十几倍甚至几十倍，数值可达几万安到几十万安。而且，系统网络电压会降低，从而对电力系统产生极大的危害，主要表现在以下方面：

1）短路时，短路电流产生很大的热量、很高的温度，从而使故障元件和其他元件损坏。

2）短路时，短路电流可产生很大的电动力，使导体弯曲变形，甚至使设备本身或其支架受到损坏。

3）短路时，电压骤降，严重影响电气设备正常运行。电压降到额定值的80%时，电磁开关可能断开；降到额定值的30%~40%时，持续1s以上，电动机可能停转。

4）短路可造成停电，越靠近电源，停电范围越大。

5）严重短路还会影响电力系统运行的稳定性，造成系统瘫痪。如2003年8月14日，在美国和加拿大发生的大面积停电事故，造成了极大的影响和严重的破坏。

6）单相短路时，电流将产生较强的不平衡交变磁场，对附近通信线路、电子设备产生干扰，影响正常工作，甚至发生误动作。

另外，短路造成的后果，与短路故障的地点、种类及持续时间等因素都有关。

为了保证电气设备安全可靠运行，除了必须尽力消除可能引起短路的一切因素之外，同时还需要计算短路电流，以保证当发生可能的短路时，不致损坏设备。而且，一旦发生短路，应尽快切除故障部分，使系统在最短时间内恢复正常。

4.1.2 短路的种类

在三相供电系统中，可能发生的短路形式有：

三相系统中短路的基本类型有三相短路、两相短路、单相短路和两相接地短路，如图4-1所示。

三相短路用文字符号 $k^{(3)}$ 表示；两相短路用文字符号 $k^{(2)}$ 表示；单相短路用文字符号 $k^{(1)}$ 表示；两相接地短路，用文字符号 $k^{(1.1)}$ 表示，是指中性点不接地系统中两个不同相均发生单相接地而形成的两相短路。[注：一般为了区别不同类型的短路电流，在短路电流符号的右上角分别加注（1）、（2）和（3）来表示单相、两相和三相短路电流，两相接地短路电流用（1.1）表示。在本书中，三相短路电流的各量不加注（3）]

上述的短路类型中，三相短路属对称短路，其他形式的短路，均属不对称短路。

电力系统中，发生单相短路的可能性最大，而发生三相短路的可能性最小。但一般三相短路的短路电流最大，造成的危害也最严重。为了使电力系统中的电气设备在最严重的短路状态下也能可靠工作，作为选择、检验电气设备用的短路计算值，以三相短路计算值为主，只有在校验继电器保护装置灵敏度时才需要用到两相短路电流或单相短路电流。

a) 三相短路

b) 两相短路

c) 单相短路

d) 单相接中性点短路

e) 两相接地短路

f) 两相短路接地

图4-1　短路的类型

4.2 无限大容量电力系统及其三相短路分析

4.2.1　无限大容量电力系统

无限大容量电力系统是指容量相对于用户供电系统容量大得多的电力系统,当用户供电系统发生短路时,电力系统变电所馈电母线上的电压基本不变,可将该电力系统视为无限大容量电力系统。但是,实际电力系统的容量和阻抗都有一定数值,因此,当用户供电系统发生短路时,电力系统变电所馈电母线上的电压相应地有所变动。但一般的供电系统,由于它是在小容量线路上发生短路,电力系统变电所馈电母线上的电压基本不变,因此,电力系统可视为无限大容量电力系统。

研究无限大容量电力系统中三相短路电流的变化规律可以只需分析一相的情况,这是因为三相短路电流是对称的。

4.2.2　无限大容量电力系统发生三相短路时的物理过程

1. 发生三相短路时的物理过程

图4-2a是一个无限大容量电力系统发生三相短路时的电路,其单相等效电路如图4-2b所示。图中 R_{WL}、R_L、X_{WL}、X_L 为短路前的总电阻和总电抗,R_Σ、X_Σ 为短路发生后的总电

阻和总电抗。

1）按 KVL 写出短路瞬间的回路电压方程为

$$U = U_m \sin(\omega t + \varphi) = R_\Sigma i_k + X_\Sigma \frac{di_k}{dt} \qquad (4\text{-}1)$$

2）整理成非齐次一阶线性微分方程 $\frac{dy}{dx} + P(x)y = Q(x)$ 的形式为

$$\frac{di_k}{dt} + \frac{R_\Sigma}{X_\Sigma} i_k = \frac{U_m}{X_\Sigma} \sin(\omega t + \varphi) \qquad (4\text{-}2)$$

3）方程式中的自变量为 t，未知数为 i_k，由高等数学可知，该微分方程的全解由特解和通解两部分组成；或者说，此方程的全解由周期分量和非周期分量两部分组成，周期分量就是特解，非周期分量就是通解。即

a) 三相电路

b) 单相等效电路

图 4-2 三相短路时的单相等效电路

$$i_k = i_特 + i_通 = i_p + i_{np} = I_{k \cdot m} \sin(\omega t - \varphi_k) + (I_{k \cdot m} \sin\varphi_k - I_m \sin\varphi) e^{-\frac{t}{\tau}} \qquad (4\text{-}3)$$

式中，i_p 为短路电流周期分量；i_{np} 为短路电流非周期分量。当 $t \to \infty$ 时，$i_{np} \to 0$。这时

$$i_k = i_{k(\infty)} = i_p \qquad (4\text{-}4)$$

$$i_k = i_{k(\infty)} = \sqrt{2} I_\infty \sin(\omega t - \varphi) \qquad (4\text{-}5)$$

2. 发生三相短路前后电流、电压的变动曲线

图 4-3 为无限大容量电力系统发生三相短路前后电流、电压的变动曲线。

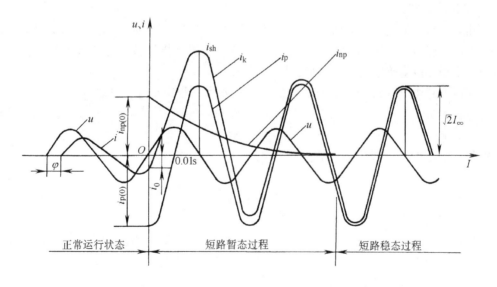

图 4-3 发生三相短路前后电流、电压的变动曲线

（1）正常运行状态　系统在正常运行状态时，电压、电流按正弦规律变化，因电路一般是电感性负载，电流在相位上滞后电压一定角度。

（2）短路暂态过程　短路电流在到达稳定值之前，要经过一个暂态过程，即短路电流周期分量和非周期分量都存在的时间。从物理上说，短路电流周期分量是因短路后，电路阻

抗突然小很多倍、电流突然大很多倍造成的；短路电流非周期分量则是因电路中有感抗，短路电流不能突变而产生的。当线路空载和电压过零时发生短路，则将出现最大的短路电流。图 4-3 即为最严重情况时短路全电流的波形曲线。

（3）短路稳态过程 一般经过一个周期约 0.2s 后非周期分量消亡，短路进入稳态过程。

4.2.3 有关的物理量

1. 短路电流周期分量

短路电流周期分量相当于方程式的特解。最严重的是电压过零时，由于短路电路的电抗远大于电阻，所以周期分量 i_p 差不多滞后电压 90°，因此，短路瞬间 i_p 增大到幅值，其值为

$$i_{p(0)} = -I_{k \cdot m} = -\sqrt{2} I'' \tag{4-6}$$

式中，I'' 为短路次暂态电流的有效值，它是短路后第一个周期的短路电流周期分量 i_p 的有效值。

2. 短路电流非周期分量

短路电流非周期分量相当于方程式的通解，非周期分量的初始绝对值为

$$i_{np(0)} = I_{k \cdot m} = \sqrt{2} I'' \tag{4-7}$$

3. 短路全电流

短路全电流为周期分量与非周期分量之和，或者说是通解与特解之和，即

$$i_k = i_p + i_{np} \tag{4-8}$$

4. 短路冲击电流

短路电流瞬时值达到最大值（一般短路后经过半个周期，约 0.01s）时的瞬时电流称为短路冲击电流瞬时值，用 i_{sh} 表示。短路冲击电流有效值是指短路全电流最大有效值，是短路后第一个周期的短路电流的有效值，用 I_{sh} 表示。

在高压电路中（一般指大于 1000V 的电压）发生三相短路时，可取

$$i_{sh} = 2.55 I'' \tag{4-9}$$

$$I_{sh} = 1.51 I'' \tag{4-10}$$

在低压电路中（一般指小于 1000V 的电压）发生三相短路时，可取

$$i_{sh} = 1.84 I'' \tag{4-11}$$

$$I_{sh} = 1.09 I'' \tag{4-12}$$

5. 短路稳态电流

短路电流非周期分量一般经过 10 个周期后衰减完毕，短路电流达到稳定状态。这时的短路电流称为稳态电流，用 I_∞ 表示。在无限大容量电力系统中，短路电流周期分量有效值 I_k 在短路全过程中是恒定的。因此有

$$I'' = I_\infty = I_k \tag{4-13}$$

6. 三相短路容量

三相短路容量是用来校验断路器的断流容量和判断母线短路容量是否超过规定值的重要参数，也是选择限流电抗器的依据。其定义式为

$$S_k^{(3)} = \sqrt{3} U_c I_k^{(3)} \tag{4-14}$$

式中，$S_k^{(3)}$ 为三相短路容量（MVA）；U_c 为短路点所在线路的短路计算电压（kV），为 1.05 倍的 U_N；$I_k^{(3)}$ 为三相短路电流（kA）。

4.3 短路电流的计算

一般常用的短路电流的计算方法有欧姆法、标幺制法和短路功率法。欧姆法是最基本的短路电流计算方法，适用于两个及两个以下电压等级的供电系统；标幺制法适用于多个电压等级的供电系统；短路功率法适用于在已知系统短路容量情况下，按无限容量系统法计算短路电流。

短路电流计算中，有关物理量一般采用以下单位：电流 kA，电压 kV，短路容量 MVA，设备容量 kW 或 kVA，阻抗 Ω 等。

4.3.1 采用欧姆法计算短路电流

欧姆法，又称为有名单位值法，即短路计算中的阻抗都采用有名单位"Ω"进行计算。

1. 短路计算公式

无限大容量系统发生三相短路时，三相短路电流周期分量有效值为

$$I_k^{(3)} = \frac{U_c}{\sqrt{3}\,|Z_\Sigma|} = \frac{U_c}{\sqrt{3}\,\sqrt{R_\Sigma^2 + X_\Sigma^2}} \tag{4-15}$$

式中，U_c 为短路点的短路计算电压，比线路额定电压高 5%，按我国电压标准，U_c 有 0.4kV、0.69kV、3.15kV、6.3kV、10.5kV、37kV、…；Z_Σ、R_Σ、X_Σ 分别为短路电路的总阻抗、总电阻和总电抗。

对于高压供电系统，因回路中各元件的电抗占主要成分，电阻可忽略不计。在低压电路的短路计算中，只有当短路电路的电阻 $R_\Sigma > X_\Sigma/3$ 时，才需考虑电阻的影响。

若不计电阻，三相短路周期分量有效值为

$$I_k^{(3)} = \frac{U_c}{\sqrt{3}\,X_\Sigma} \tag{4-16}$$

三相短路容量为

$$S_k^{(3)} = \sqrt{3}\,U_c I_k^{(3)} \tag{4-17}$$

2. 电力系统各元件阻抗的计算

（1）电力系统的阻抗　电力系统的电阻相对于电抗来说很小，可忽略不计。其电抗可由变电站高压馈电线出口断路器的断流容量 S_{oc} 来估算。这一断流容量可看作是系统的极限断流容量 S_k，因此，电力系统的电抗为

$$X_s = \frac{U_c^2}{S_{oc}} \tag{4-18}$$

式中，U_c 为高压馈电线的短路计算电压。但为了便于计算短路电路总阻抗，免去阻抗换算的计算量，U_c 可直接采用短路点的短路计算电压；S_{oc} 为系统出口断路器的断流容量。

（2）电力变压器的阻抗　电力变压器的电阻 R_T 与电抗 X_T 的近似计算公式为

$$R_{\mathrm{T}} \approx \Delta P_{\mathrm{k}}\left(\frac{U_{\mathrm{c}}}{S_{\mathrm{N}}}\right)^2 \qquad (4\text{-}19)$$

$$X_{\mathrm{T}} \approx \frac{U_{\mathrm{k}}\% U_{\mathrm{c}}^2}{100 S_{\mathrm{N}}} \qquad (4\text{-}20)$$

式中，U_{c} 为短路点的短路计算电压；ΔP_{k} 为变压器的短路损耗；$U_{\mathrm{k}}\%$ 为变压器的阻抗电压百分数；S_{N} 为变压器的额定容量。

（3）电力线路的阻抗　电力线路的电阻 R_{WL} 与电抗 X_{WL} 可由线路长度 l 和已知截面的导线或电缆的单位长度电阻 R_0 和 X_0 求得，即

$$R_{\mathrm{WL}} = R_0 l \qquad (4\text{-}21)$$

$$X_{\mathrm{WL}} = X_0 l \qquad (4\text{-}22)$$

如果线路的结构数据不具体，无法查找时，可按表 4-1 取电抗平均值。这是因为同一电压的同类线路的电抗值变动幅值不大。

表 4-1　电力线路每相的单位长度电抗平均值　　　　　（单位：Ω/km）

线路结构	线路电压		
	220V/380V	6~10kV	35kV 及以上
架空线路	0.32	0.35	0.40
电缆线路	0.066	0.08	0.12

注意：在短路电路中若有变压器存在，在计算短路电路的阻抗时，应将不同电压下的各元件阻抗统一换算到短路点的短路计算电压，才能画出等效电路，阻抗换算的条件是元件的功率损耗不变。阻抗换算公式为

$$R' = R\left(\frac{U_{\mathrm{c}}'}{U_{\mathrm{c}}}\right)^2 \qquad (4\text{-}23)$$

$$X' = X\left(\frac{U_{\mathrm{c}}'}{U_{\mathrm{c}}}\right)^2 \qquad (4\text{-}24)$$

式中，R、X、U_{c} 分别为换算前元件的电阻、电抗和元件所在处的短路计算电压；R'、X'、U_{c}' 分别为换算后元件的电阻、电抗和元件所在处的短路计算电压。

短路计算中所考虑的几个元件的阻抗，只有电力线路的阻抗需要换算。而电力系统和电力变压器的阻抗，由于它们的计算公式中均含有 U_{c}^2，因此计算阻抗时，将计算公式中的 U_{c} 直接代以短路点的计算电压，就相当于阻抗已经换算到短路点一侧了。

3. 采用欧姆法进行短路计算的步骤

1）画出计算电路图，并标明各元件的额定参数（采用电抗的形式），确定短路计算点，对各元件进行编号（采用分数符号：元件编号/阻抗）。

2）画出相应的等效电路图。

3）计算电路中各主要元件的阻抗。

4）将等效电路化简，求系统总阻抗。

5）计算短路电流及短路容量。

6）将计算结果列成表格形式表示。

短路计算的关键点是短路计算点的选择是否合理。短路计算的目的主要是用来选择和校验电器和导体。为了使电器和导体选择得安全可靠，因此，作为选择校验用的短路计算点应选择为使电器和导体可能通过最大短路电流的地点。一般来讲，用来选择校验高压侧设备的短路计算，应选高压母线为短路计算点；用来选择校验低压侧设备的短路计算，应选低压母线为短路计算点。

例 4-1　某供电系统如图 4-4 所示，已知电力系统出口断路器为 SN10－10 Ⅱ 型，变压器联结组别为 Yyn0，试求工厂变电所高压 10kV 母线上 k_1 点短路和低压 380V 母线上 k_2 点短路时的短路电流和短路容量。

图 4-4　例 4-1 供电系统图

解：1. 求 k_1 点短路时的短路电流和短路容量（$U_{c1} = 10.5kV$）

（1）计算短路电路中各元件的电抗和总电抗

1）电力系统的电抗。由附录 D 查得 SN10－10 Ⅱ 型断路器的断流容量 $S_{oc} = 500MVA$，因此有

$$X_1 = \frac{U_{c1}^2}{S_{oc}} = \frac{10.5^2}{500}\Omega \approx 0.22\Omega$$

2）架空线路的电抗。由表 4-1 查得 $X_0 = 0.35\Omega/km$，因此

$$X_2 = X_0 l = 0.35 \times 8\Omega = 2.8\Omega$$

3）k_1 点短路的等效电路如图 4-5a 所示，计算其总电抗为

$$X_{\Sigma k1} = X_1 + X_2 = (0.22 + 2.8)\Omega = 3.02\Omega$$

（2）计算三相短路电流和短路容量

1）三相短路电流周期分量有效值为

$$I_{k1}^{(3)} = \frac{U_{c1}}{\sqrt{3}X_{\Sigma k1}} = \frac{10.5}{\sqrt{3} \times 3.02}kA \approx 2kA$$

2）三相短路次暂态电流和稳态电流为

$$I''^{(3)} = I_{\infty}^{(3)} = I_{k1}^{(3)} = 2kA$$

3）三相短路冲击电流及第一个周期短路全电流有效值为

$$i_{sh}^{(3)} = 2.55I''^{(3)} = 2.55 \times 2kA = 5.1kA$$

$$I_{sh}^{(3)} = 1.51I''^{(3)} = 1.51 \times 2kA = 3.02kA$$

a）k_1 点短路的等效电路

b）k_2 点短路的等效电路

图 4-5　例 4-1 等效电路

4）三相短路容量为

$$S_{k1}^{(3)} = \sqrt{3}\, U_{c1} I_{k1}^{(3)} = \sqrt{3} \times 10.5 \times 2 \, \text{MVA} \approx 36.4 \, \text{MVA}$$

2. 求 k_2 点短路时的短路电流和短路容量（$U_{c2} = 0.4 \text{kV}$）

（1）计算短路电路中各元件的电抗和总电抗

1）电力系统的电抗为

$$X_1' = \frac{U_{c2}^2}{S_{c2}} = \frac{0.4^2}{500}\Omega = 3.2 \times 10^{-4}\Omega$$

2）架空线路的电抗为

$$X_2' = X_0 I \left(\frac{U_{c2}}{U_{c1}}\right)^2 = 0.35 \times 8 \times \left(\frac{0.4}{10.5}\right)^2 \Omega \approx 4.06 \times 10^{-3}\Omega$$

3）电力变压器的电抗为

$$X_3 = X_4 \approx \frac{U_k\% \, U_{c2}^2}{100 S_N} = \frac{4.5 \times (0.4)^2}{100 \times 800}\Omega = 9 \times 10^{-6}\Omega$$

4）k_2 点短路的等效电路如图 4-5b 所示，计算其总电抗为

$$X_{\Sigma k2} = X_1' + X_2' + X_3' // X_4'$$

$$= \left(3.2 \times 10^{-4} + 4.06 \times 10^{-3} + \frac{9 \times 10^{-3}}{2}\right)\Omega$$

$$= 8.88 \times 10^{-3}\Omega$$

（2）计算三相短路电流和短路容量

1）三相短路电流周期分量有效值为

$$I_{k2}^{(3)} = \frac{U_{c2}}{\sqrt{3}\, X_{\Sigma k2}} = \frac{0.4}{\sqrt{3} \times 8.88 \times 10^{-3}}\text{kA} \approx 26\text{kA}$$

2）三相短路次暂态电流和稳态电流为

$$I''^{(3)} = I_\infty^{(3)} = I_{k2}^{(3)} = 26\text{kA}$$

3）三相短路冲击电流及第一个周期短路全电流有效值为

$$i_{sh}^{(3)} = 1.84 I''^{(3)} = 1.84 \times 26\text{kA} = 47.84\text{kA}$$

$$I_{sh}^{(3)} = 1.09 I''^{(3)} = 1.09 \times 26\text{kA} = 28.34\text{kA}$$

4）三相短路容量为

$$S_{k2}^{(3)} = \sqrt{3}\, U_{c2} I_{k2}^{(3)} = \sqrt{3} \times 0.4 \times 26\text{MVA} \approx 18.01\text{MVA}$$

在实际工程中，通常列出短路计算表，见表 4-2。

表 4-2 例 4-1 短路计算表

短路计算点	三相短路电流/kA					三相短路容量 $S_k^{(3)}$/MVA
	$I_k^{(3)}$	$I''^{(3)}$	$I_\infty^{(3)}$	$i_{sh}^{(3)}$	$I_{sh}^{(3)}$	
k_1	2	2	2	5.1	3.02	36.4
k_2	26	26	26	47.84	28.34	18.01

使用欧姆法进行短路计算时，各元件的阻抗值会因短路计算点的改变而变化，使得计算复杂化。标幺制法可以避免这方面的不足。

4.3.2 采用标幺制法计算短路电流

1. 标幺制法

欧姆法是短路计算最基本的方法,当电压等级变化时,各元件的阻抗值也会因短路计算点电压的改变而变化,因此需要重新计算,比较繁杂。标幺制法可以避免欧姆法的不足。

任意一个有名值的物理量与同单位的基准值之比,称为标幺值。它是个相对值,是个无单位的纯数,可用小数或百分数表示。基准值是可以任意选择的,选择以运算方便、简单为目的。通常标幺值用 A_d^* 表示,参考值用 A_d 表示,实际值用 A 表示,因此

$$A_d^* = A/A_d \tag{4-25}$$

按标幺制法进行短路计算时,一般先选定基准容量 S_d 和基准电压 U_d。

在工程计算中,为计算方便,基准容量一般取 $S_d = 100\text{MVA}$ 或 $S_d = 1000\text{MVA}$;基准电压通常取元件所在处的短路计算电压,即 $U_d = U_c$。

选定了基准容量 S_d 和基准电压 U_d 后,基准电流 I_d 的计算公式为

$$I_d = \frac{S_d}{\sqrt{3}\,U_d} = \frac{S_d}{\sqrt{3}\,U_c} \tag{4-26}$$

基准电抗 X_d 的计算公式为

$$X_d = \frac{U_d}{\sqrt{3}\,I_d} = \frac{U_c^2}{S_d} \tag{4-27}$$

2. 电力系统中各主要元件电抗标幺值的计算方式 $(U_d = U_c)$

1)电力系统的电抗标幺值为

$$X_s^* = \frac{X_s}{X_d} = \frac{U_c^2}{S_{oc}} \bigg/ \frac{U_d^2}{S_d} = \frac{S_d U_c^2}{S_{oc} U_d^2} = \frac{S_d}{S_{oc}} \tag{4-28}$$

式中,X_s 为电力系统的电抗值;S_{oc} 为电力系统的容量。

2)电力变压器的电抗标幺值为

$$X_T^* = \frac{X_T}{X_d} = \frac{U_k\% U_c^2}{100 S_N} \bigg/ \frac{U_d^2}{S_d} = \frac{U_k\% S_d U_c^2}{100 S_N U_d^2} = \frac{U_k\% S_d}{100 S_N} \tag{4-29}$$

式中,$U_k\%$ 为变压器短路电压百分比;X_T 为变压器的电抗;S_N 为电力变压器的额定容量。

3)电力线路的电抗标幺值为

$$X_{WL}^* = \frac{X_{WL}}{X_d} = X_0 l \bigg/ \frac{U_d^2}{S_d} = X_0 l \frac{S_d}{U_c^2} \tag{4-30}$$

式中,X_{WL} 为线路的电抗;X_0 为导线单位长度的电抗;l 为导线长度。

4)无限大容量电力系统三相短路电流周期分量有效值的标幺值为

$$I_k^* = \frac{I_k}{I_d} = \frac{U_c}{\sqrt{3}\,X_\Sigma} \bigg/ \frac{S_d}{\sqrt{3}\,U_d} = \frac{U_c^2}{S_d X_\Sigma} = \frac{1}{X_\Sigma^*} \tag{4-31}$$

由此可得三相短路电流周期分量的有效值为

$$I_k = I_k^* I_d = \frac{I_d}{X_\Sigma^*} \tag{4-32}$$

然后可用上述公式分别求出 I''、I_∞、I_{sh} 和 i_{sh} 等。

三相短路容量的计算公式为

$$S_k = \sqrt{3}\, U_c I_k = \sqrt{3}\, U_c \frac{I_d}{X_\Sigma^*} = \frac{S_d}{X_\Sigma^*} \qquad (4\text{-}33)$$

3. 采用标幺制法进行短路计算的步骤

1）画出计算电路图，并标明各元件的参数（与计算无关的原始数据一概除去）。

2）画出相应的等效电路图（采用电抗的形式），并注明短路计算点，对各元件进行编号（采用分数符号：元件编号/标幺电抗）。

3）选取基准容量，一般取 $S_d = 100\text{MVA}$，$U_d = U_c$。

4）计算各元件的电抗标幺值 X^*，并标于等效电路图上。

5）从电源到短路点，化简等效电路，依次求出各短路点的总电抗标幺值 X_Σ^*。

6）根据题目要求，计算各短路点所需的短路参数，如 I_k、I_∞、S_k、i_{sh}、I_{sh}、I'' 等。

7）将计算结果列成表格形式表示。

例4-2　某供电系统如图4-6所示，已知电力系统出口断路器的断开容量为500MVA，试求变电所高压10kV母线上 k-1 点短路和低压0.38kV母线上 k-2 点短路的三相短路电流和短路容量。

图4-6　例4-2的短路计算电路

解：（1）画出相应的等效电路　相应的等效电路如图4-7所示。

图4-7　例4-2的短路等效电路

（2）选取基准容量　一般取 $S_d = 100\text{MVA}$，由 $U_d = U_c$ 得：$U_{c1} = 10.5\text{kV}$，$U_{c2} = 0.4\text{kV}$，得

$$I_{d1} = \frac{S_d}{\sqrt{3}\, U_{c1}} = \frac{100\text{MVA}}{\sqrt{3} \times 10.5\text{kV}} \approx 5.50\text{kA}$$

$$I_{d2} = \frac{S_d}{\sqrt{3}\, U_{c2}} = \frac{100\text{MVA}}{\sqrt{3} \times 0.4\text{kV}} \approx 144\text{kA}$$

（3）计算各元件的电抗标幺值

1）电力系统的电抗标幺值为

$$X_s^* = \frac{S_d}{S_{oc}} = \frac{100\text{MVA}}{500\text{MVA}} = 0.2$$

2）电力线路的电抗标幺值为

$$X_{\mathrm{WL}}^* = X_0 l \frac{S_\mathrm{d}}{U_\mathrm{c}^2} = 0.35\Omega/\mathrm{km} \times 5\mathrm{km} \times \frac{100\mathrm{MVA}}{(10.5\mathrm{kV})^2} \approx 1.59$$

3）电力变压器的电抗标幺值为

$$X_\mathrm{T}^* = \frac{U_\mathrm{k}\% S_\mathrm{d}}{100 S_\mathrm{N}} = \frac{4.5 \times 100\mathrm{kVA} \times 1000}{100 \times 1000\mathrm{kVA}} = 4.5$$

（4）求 k-1 点的总电抗标幺值、短路电流和短路容量

1）总电抗标幺值为

$$X_{\Sigma(\mathrm{k}-1)}^* = X_1^* + X_2^* = 0.2 + 1.59 = 1.79$$

2）三相短路电流周期分量有效值为

$$I_{\mathrm{k}-1}^{(3)} = \frac{I_\mathrm{d1}}{X_{\Sigma(\mathrm{k}-1)}^*} = \frac{5.5\mathrm{kA}}{1.79} \approx 3.07\mathrm{kA}$$

3）各三相短路电流为

$$I''^{(3)} = I_\infty^{(3)} = I_{\mathrm{k}-1}^{(3)} = 3.07\mathrm{kA}$$

$$I_{\mathrm{sh}}^{(3)} = 1.51 \times 3.07\mathrm{kA} \approx 4.64\mathrm{kA}$$

$$i_{\mathrm{sh}}^{(3)} = 2.55 \times 3.07\mathrm{kA} \approx 7.83\mathrm{kA}$$

4）三相短路容量

$$S_{\mathrm{k}-1}^{(3)} = \frac{S_\mathrm{d}}{X_{\Sigma(\mathrm{k}-1)}^*} = \frac{100\mathrm{MVA}}{1.79} \approx 55.87\mathrm{MVA}$$

（5）求 k-2 点的总电抗标幺值、短路电流和短路容量

1）总电抗标幺值为

$$X_{\Sigma(\mathrm{k}-2)}^* = X_1^* + X_2^* + X_3^* // X_4^* = 0.2 + 1.59 + \frac{4.5}{2} = 4.04$$

2）三相短路电流周期分量有效值为

$$I_{\mathrm{k}-2}^{(3)} = \frac{I_\mathrm{d2}}{X_{\Sigma(\mathrm{k}-2)}^*} = \frac{144\mathrm{kA}}{4.04} \approx 35.64\mathrm{kA}$$

3）各三相短路电流为

$$I''^{(3)} = I_\infty^{(3)} = I_{\mathrm{k}-1}^{(3)} = 35.64\mathrm{kA}$$

$$I_{\mathrm{sh}}^{(3)} = 1.09 \times 35.64\mathrm{kA} \approx 38.85\mathrm{kA}$$

$$i_{\mathrm{sh}}^{(3)} = 1.84 \times 35.64\mathrm{kA} \approx 65.58\mathrm{kA}$$

4）三相短路容量为

$$S_{\mathrm{k}-2}^{(3)} = \frac{S_\mathrm{d}}{X_{\Sigma(\mathrm{k}-2)}^*} = \frac{100\mathrm{MVA}}{4.04} \approx 24.75\mathrm{MVA}$$

（6）将计算结果列成表格形式，见表 4-3。

表 4-3 例 4-2 的短路计算表

短路计算点	三相短路电流/kA					三相短路容量
	$I_\mathrm{k}^{(3)}$	$I''^{(3)}$	$I_\infty^{(3)}$	$I_{\mathrm{sh}}^{(3)}$	$i_{\mathrm{sh}}^{(3)}$	$S_\mathrm{k}^{(3)}$/MVA
k-1	3.07	3.07	3.07	4.64	7.83	55.87
k-2	35.64	35.64	35.64	38.85	65.58	24.75

4.3.3　采用短路功率法计算短路电流

1. 短路功率法

短路功率法即短路容量法，因在短路计算中以元件的短路功率 M_k 来代替元件阻抗而得名。短路功率 M_k 的计算公式为

$$M_k = \sqrt{3}\,U_c I_k = \frac{U_c^2}{Z} = U_c^2 Y \tag{4-34}$$

其中

$$Y = \frac{1}{Z} \tag{4-35}$$

式中，M_k 为元件的短路功率（MVA）；U_c 为元件所在线路的短路点计算电压（kV）；Z 为元件一相的阻抗（Ω）；Y 为元件的导纳。

2. 供电系统中各主要元件的短路功率计算

1）电力系统的短路功率为

$$M_k = S_{oc} \tag{4-36}$$

式中，M_k 为电力系统的短路功率；S_{oc} 为电力系统出口断路器的断流容量。

2）电力变压器的短路功率为

$$M_k = \frac{U_c^2}{Z} = \frac{S_N}{U_k\%} \times 100 = \frac{100 S_N}{U_k\%} \tag{4-37}$$

式中，M_k 为电力变压器的短路功率；$U_k\%$ 为变压器阻抗电压百分比；S_N 为电力变压器的额定容量。

3）电力线路的短路功率为

$$M_k = \frac{U_c^2}{Z} = \frac{U_c^2}{X_L} = \frac{U_c^2}{x_0 l} \tag{4-38}$$

式中，M_k 为电力线路的短路功率；U_c 为线路所在处的短路点计算电压；x_0、l 分别为线路的单位长度电抗及线路长度。

3. 短路电路的化简

以元件的短路功率表示的短路电路的化简，与以元件的导纳值表示的电路化简相似。几个元件串联时，按阻抗并联的公式求 $M_{k\Sigma}$；几个元件并联时，按阻抗串联的公式求 $M_{k\Sigma}$。

1）元件并联时总的等效短路功率为（// 表示并联）

$$M_{k\Sigma} = M_{k1} // M_{k2} // M_{k3} // \cdots // M_{kn} = M_{k1} + M_{k2} + M_{k3} + \cdots + M_{kn} \tag{4-39}$$

2）元件串联时总的等效短路功率为（+ 表示串联）

$$M_{k\Sigma} = M_{k1} + M_{k2} + M_{k3} + \cdots + M_{kn} = \frac{1}{\dfrac{1}{M_{k1}} + \dfrac{1}{M_{k2}} + \dfrac{1}{M_{k3}} + \cdots + \dfrac{1}{M_{kn}}} \tag{4-40}$$

3）如图4-8所示，由两个电源支路 M_{k1} 及 M_{k2} 经元件 M_{k3} 到短路点时，求各个电源支路的等效短路功率 M'_{k1} 及 M'_{k2}，及分配系数 C'_1 和 C'_2 的计算公式为

$$M_{k1} = C'_1 M_{k\Sigma} \tag{4-41}$$

$$M_{k2} = C'_2 M_{k\Sigma} \tag{4-42}$$

$$M_{k\Sigma} = (M_{k1} // M_{k2}) + M_{k3} = M'_{k1} // M'_{k2} \tag{4-43}$$

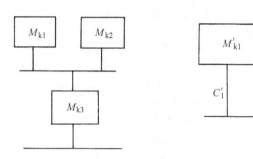

图 4-8　电源等效支路的化简

$$C'_1 = \frac{M_{k1}}{M_{k1} + M_{k2}} \quad (4\text{-}44)$$

$$C'_2 = \frac{M_{k2}}{M_{k1} + M_{k2}} \quad (4\text{-}45)$$

短路功率法特别适用于在已知系统短路容量的情况下，按无限容量系统法计算短路电流。如遇系统短路容量为无限大，则只需将等效短路电路图中代表系统的框图去掉即可。如假设无限大容量系统到 1 号元件短路点，则其等效短路功率即为 M_{k1}。证明如下：

$$M_{k\Sigma} = M_{k1} + M_{kxi} = \frac{1}{\dfrac{1}{M_{kxi}} + \dfrac{1}{M_{k1}}} = \frac{1}{\dfrac{1}{\infty} + \dfrac{1}{M_{k1}}} = M_{k1} \quad (4\text{-}46)$$

4. 采用短路功率法计算短路电流的步骤

1）画出计算电路图，并标明各元件的参数（与计算无关的原始数据一概除去）。

2）画出相应的等效电路图（采用方框的形式），并注明短路计算点。

3）对各元件进行编号，并分别计算各元件的短路功率 M_k，将结果填写于方框中。

4）依次按短路点化简等效电路，求出电源至短路点的总短路功率 $M_{k\Sigma}$。

5）求出各计算点的短路容量 $S_k = M_{k\Sigma}$，短路电流 $I_k = \dfrac{S_k}{\sqrt{3}\,U_c}$。

6）根据题目要求，计算各短路点所需的短路参数值，如 I_k、I_∞、S_k、i_{sh}、I_{sh}、I'' 等。

7）将计算结果列成表格形式表示。

例 4-3　试用短路功率法重做例 4-2。

解：（1）画出相应的等效电路图

相应的等效电路如图 4-9 所示。

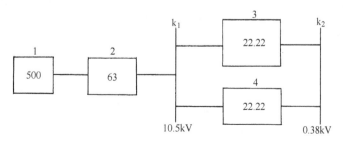

图 4-9　短路等效电路图（短路功率法）

（2）计算各元件的短路功率 M_k

查表 4-1 可得 $x_0 = 0.35$，则 $\qquad M_{k1} = S_{oc} = 500\text{MVA}$

$$M_{k2} = \frac{U_c^2}{Z} = \frac{U_c^2}{x_0 l} = \frac{10.5^2}{0.35 \times 5}\text{MVA} = 63\text{MVA}$$

$$M_k = \frac{U_c^2}{Z} = \frac{S_N}{U_k\%} \times 100 = \frac{100 S_N}{U_k\%} = \frac{100 \times 1000}{4.5}\text{kVA} \approx 22222\text{kVA} \approx 22.2\text{MVA}$$

（3）求 k_1 点的总短路功率（化简等效电路时应先并联后串联）及短路电流值

$$M_{k\Sigma 1} = M_{k1} + M_{k2} = \frac{63 \times 500}{63 + 500}\text{MVA} \approx 55.95\text{MVA}$$

$$S_{k1} = M_{k\Sigma 1} = 55.95\text{MVA}$$

$$I_{k1} = I_{\infty 1} = \frac{S_{k1}}{\sqrt{3}\,U_c} = \frac{55.95}{\sqrt{3} \times 10.5}\text{kA} \approx 3.076\text{kA}$$

$$I_{sh1} = 1.51 \times 3.076\text{kA} \approx 4.64\text{kA}$$

$$i_{sh1} = 2.55 \times 3.076\text{kA} \approx 7.84\text{kA}$$

（4）求 k_2 点的总短路功率及短路电流值

$$M_{k\Sigma 2} = M_{k1} + M_{k2} + M_{k3} /\!/ M_{k4} = \frac{55.95 \times 44.44}{55.95 + 44.44}\text{MVA} \approx 24.77\text{MVA}$$

$$S_{k2} = M_{k\Sigma 2} = 24.77\text{MVA}$$

$$I_{k2} = I_{\infty 2} = \frac{S_{k2}}{\sqrt{3}\,U_c} = \frac{24.77}{\sqrt{3} \times 0.4}\text{kA} \approx 35.75\text{kA}$$

$$I_{sh2} = 1.09 \times 35.75\text{kA} \approx 38.97\text{kA}$$

$$i_{sh2} = 1.84 \times 35.75\text{kA} \approx 65.78\text{kA}$$

（5）将计算结果列表（略）

4.3.4 两相短路电流计算

如图 4-10 所示，在无限大容量电力系统中发生两相短路时，可得

$$I_k^{(2)} = \frac{U_c}{2 Z_\Sigma} \qquad (4\text{-}47)$$

式中，U_c 为短路点计算电压。由于适中时，Z_Σ 主要为电抗，因此，式(4-47) 也可写成

图 4-10　无限大容量电力系统发生两相短路

$$I_k^{(2)} = \frac{U_c}{2 X_\Sigma} \qquad (4\text{-}48)$$

三相短路电流计算公式为

$$I_k^{(3)} = \frac{U_c}{\sqrt{3}\,Z_\Sigma} \qquad (4\text{-}49)$$

所以

$$\frac{I_k^{(2)}}{I_k^{(3)}} = \frac{\sqrt{3}}{2} \approx 0.866 \qquad (4\text{-}50)$$

或
$$I_k^{(2)} = \frac{\sqrt{3}}{2}I_k^{(3)} \approx 0.866I_k^{(3)} \tag{4-51}$$

式(4-51) 说明，无限大容量电力系统中，同一地点的两相短路电流为三相短路电流的 0.866 倍，因此在求出三相短路电流后，可利用式(4-51) 直接求得两相短路电流。

注意：三相短路电流一般不仅比两相短路电流大，而且也比单相短路电流大；但两相短路电流可能比单相短路电流大，也可能比单相短路电流小，这要看具体短路情况而定。在计算校验继电保护时，把两相短路电流或单相短路电流中的最小短路电流来进行校验。为了方便，常使用两相短路电流。

4.4 短路电流效应

4.4.1 短路电流的电动效应

1. 载流导体的力效应

由电磁学可知，在空气中，两平行导体间的电动力 F（N/m^2）的大小相等，电流同向时两力相吸，电流反向时两力相斥。其计算公式为

$$F = 2.0i_1i_2\frac{l}{a} \times 10^{-7} \tag{4-52}$$

式中，a 为两平行导体间的距离；l 为导体两相邻支点间的距离，即档距；i_1、i_2 分别为两导体通过的电流。

2. 短路时的最大电动力

在变配电所中，大多数情况时三相载流导体布置于同一平面内，此时，中间相导体所受力最大。计算载流导体电动力的目的是检验发生短路时，变配电所中的电气设备在承受最大电动力 F_{max} 的冲击时，能保持机械强度上的稳定性。因此，计算最大电动力应按在最不利条件下发生短路，并通过短路冲击电流时的条件进行校验。

如果三相线路中发生两相短路，则两相短路冲击电流 $i_{sh}^{(2)}$ 通过两相导体时产生的电动力最大，即

$$F^{(2)} = 2.0i_{sh}^{(2)2}\frac{l}{a} \times 10^{-7} \tag{4-53}$$

如果三相线路中发生三相短路，则三相短路冲击电流 $i_{sh}^{(3)}$ 通过中间相导体时产生的电动力最大，即

$$F^{(3)} = \sqrt{3}i_{sh}^{(3)2}\frac{l}{a} \times 10^{-7} \tag{4-54}$$

因此，三相短路与两相短路产生的最大电动力之比为：$F^{(3)}/F^{(2)} = 2/\sqrt{3} \approx 1.15$。由此可知，最严重的情况为：三相线路中发生三相短路时，中间相导体所受的电动力最大。所以，如果以最不利的条件来进行校验并证明能满足电动力的要求，那么，在其他任何情况下自然能满足要求。

4.4.2 短路电流的热效应

1. 短路时导体的发热过程

图 4-11 所示为导体在通过负荷电流 I_L 前、通过负荷电流 I_L 时、通过短路电流时及短

电流被切除后导体无电流通过时各个阶段的发热情况。

当 $t = t_0$ 时，电路带负荷，导体通过负荷电流，因导体本身有电阻，要产生热量。该热量一方面使导体温度升高，另一方面向周围介质散热。温度越高散热越快，当导体产生的热量与向周围介质扩散的热量一致时，导体就达到一定的温度而不再升高，即达到热平衡（图4-11中，其温度由周围环境 θ_0 逐渐上升到 θ_1），称为额定负荷发热或长期发热。

当 $t = t_1$ 时，线路发生短路，由于短路电流作用时间很短（一般不超过 2~3s），还来不及向周围介质扩散热量，可以近似认为是一个绝热过程。也就是说，I_k 产生的热量没有向周围介质散热，全部被导体吸收并用来提高温度（图4-11中，当 $t = t_2$ 时，导体达到最高温度 θ_k）。

经过一定的短路时间，在 $t = t_2$ 时短路电流被切除，温度按曲线向下降至 θ_0。

2. 载流导体的发热计算

（1）等效发热的计算　要确定导体短路后实际达到的温度是比较困难的。这是因为短路电流实际的过渡过程是比较复杂的。为计算方便，引入短路发热的假想时间 t_{ima}。假想时间的概念是：由稳态短路电流 I_∞ 在假想时间 t_{ima} 内所产生的热量等于实际短路电流 i_k 在实际短路时间 t_k 内所产生的热量，如图4-12所示。t_{ima} 的近似计算公式为

图4-11　短路前后导体的温度变化曲线

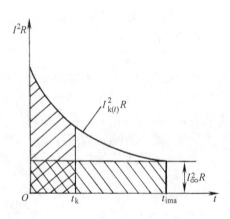

图4-12　短路发热假想时间含义示意图

$$t_{ima} = t_k + 0.05\left(\frac{I''}{I_\infty}\right)^2 \tag{4-55}$$

在无限大容量系统中，$I'' = I_\infty$；而 $t_k = t_{op} + t_{oc}$。其中，t_{op} 为短路保护装置实际最长的动作时间；t_{oc} 为断路器的断开时间。

因此　　　　　　　　　　　　$$t_{ima} = t_k + 0.05 \tag{4-56}$$

当 $t_k > 1s$ 时，可认为　　　　　$$t_{ima} = t_k \tag{4-57}$$

因此，导体在实际短路时间 t_k 内通过实际短路电流 i_k 或 $I_{k(t)}$ 所产生的热量 Q_k，就等于短路稳态电流 I_∞ 在短路发热假想时间 t_{ima} 内产生的热量，即

$$Q_k = \int_0^{t_k} I_{k(t)}^2 R \mathrm{d}t = I_\infty^2 R t_{ima} \tag{4-58}$$

（2）曲线法　由于载流导体发热的准确计算非常繁杂、费时，一般采用工程计算。所

谓工程计算是指在计算时要求不是十分严格、准确，但是产生的误差是在工程所能允许的范围内，其计算相对简单、方便、实用。一般情况下，工程计算多用于工程实际，而准确计算多用于数学公式的推导。在工程实际中，通常是利用图 4-13 所示的曲线来确定 θ_k。该曲线的横坐标为导体加热系数 K（$10^4 A^2 mm^{-4}$），纵坐标为导体温度 θ（℃）。

利用图 4-13 曲线由 θ_L 查 θ_k 的方法如下：

1）如图 4-14 所示，先从纵坐标上找到导体在正常负荷时的温度 θ_L 值（工程上常用导体最高允许温度作为 θ_L 值）。

图 4-13　确定导体温度 θ_k 的曲线

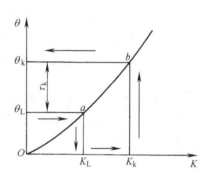

图 4-14　利用曲线由 θ_L 查 θ_k 的步骤说明

2）由 θ_L 点作平行于 K 轴的线与曲线交于 a 点。

3）由 a 点作垂直于 K 轴的线交 K 轴于 K_L。

4）K_L 的计算公式为

$$K_k = K_L + \left(\frac{I_k}{A}\right)^2 t_{ima} \tag{4-59}$$

式中，A 为导体截面积；I_k 为三相短路稳态电流；t_{ima} 为短路发热假想时间；K_k 和 K_L 分别为短路时和负荷时的导体加热系数。

5）从横坐标上找到 K_k 值。

6）由 K_k 点作垂直于 K 轴的线与曲线交于 b 点。

7）由 b 点作垂直于 θ 轴的线交 θ 轴于 θ_k。

由上所得的 θ_k 值，查附录 Q，如果电气设备和导体在短路时的发热温度 θ_k 不超过短路最高允许温度，则其热稳定性满足要求，反之则应重选导体的材料或截面。

（3）最小截面法　短路过程中导体的发热 = 导体的体积 × 密度 × 比热容 ×（最高温度 – 最低温度）

上式的右边：导体的体积正比于该导体的面积的二次方，体积与密度乘积等于导体的质量，而导体的密度、最高允许温度 θ_k 和额定温度 θ_L 等对某一种具体的材料而言是定值，可用参数（$K_k - K_L$）表示，即

$$\int_0^{t_k} I^2_{k(t)} dt = I^2_\infty t_{ima} = A^2(K_k - K_L) \tag{4-60}$$

由式（4-60）可得发生短路时保证导体热稳定度的最小截面为

$$A_{\min} = \frac{I_\infty}{\sqrt{K_k - K_L}} \sqrt{t_{ima}} = \frac{I_\infty}{C} \sqrt{t_{ima}} \tag{4-61}$$

式中，C 为导体的热稳定度系数（$As^{\frac{1}{2}}/mm^2$），可查附录 Q 得到；I_∞ 为三相短路稳态电流（kA）。

也就是说，如果所选导体的截面 $A \geqslant A_{\min}$，则其满足短路热稳定度要求。

小　结

本章首先介绍了电力系统短路故障的基本知识，短路的原因、后果及短路的各种形式；引入了无限大容量电力系统的概念，无限大容量电力系统是理论上的概念，但在实际中，可以把电力系统等效成无限大电力系统。在此基础上，计算三相短路电流和两相短路电流，着重介绍了在无限大容量系统中采用欧姆法、标幺制法和短路功率法进行短路计算。最后，介绍了短路电流的动稳定性、热稳定性及其校验。短路计算是工厂供电最重要的内容之一。

1）短路是不同电位导电部分之间的不正常短接；造成短路的原因通常有电气设备载流部分的绝缘损坏，误操作和误接，以及飞禽跨接裸导体等。短路的后果为：产生很大的热量和很大的电动力；短路时，电压骤降，造成停电事故，影响电力系统运行的稳定性，造成系统瘫痪。

2）三相系统中的短路基本类型有三相短路、两相短路、单相短路和两相接地短路。其中，三相短路属对称短路，其他形式的短路均属不对称短路。发生单相短路的可能性最大，发生三相短路的可能性最小；但一般三相短路的短路电流最大，造成的危害也最严重，因此，选择、检验电气设备用的短路计算值，以三相短路计算值为主。

3）无限大容量电力系统是指容量相对于用户供电系统容量大得多的电力系统，当用户供电系统发生短路时，电力系统变电所馈电母线上的电压基本不变，可将该电力系统视为无限大容量电力系统。在无限大容量电力系统发生短路时的有关物理量有：短路电流周期分量 i_p，短路电流非周期分量 i_{np}，短路全电流 $i_k = i_p + i_{np}$，短路冲击电流瞬时值 i_{sh}，短路冲击电流有效值 I_{sh} 和短路稳态电流 $I_\infty = I'' = I_k$。

4）欧姆法是短路计算的最基本方法，相对而言也是最为复杂的一种方法。各元件的值会因短路计算点的电压等级的改变而变化。

5）采用标幺制法计算短路电流：任意一个有名值的物理量与同单位的基准值之比，称为标幺值。用 A_d^* 表示标幺值，参考值用 A_d 表示，实际值用 A 表示。在工程计算中，基准容量一般取 $S_d = 100MVA$ 或 $S_d = 1000MVA$，基准电压取元件所在处的短路计算电压，即 $U_d = U_c$，基准电流 $I_d = \dfrac{S_d}{\sqrt{3}\,U_d} = \dfrac{S_d}{\sqrt{3}\,U_c}$，基准电抗 $X_d = \dfrac{U_d}{\sqrt{3}\,I_d} = \dfrac{U_c^2}{S_d}$。标幺制法的计算步骤：① 画出计算电路图；② 画出相应的等效电路图；③ 选取基准容量；④ 计算各元件的电抗标幺值 X^*，包括电力系统的电抗标幺值 X_s^*、电力变压器的电抗标幺值 X_T^* 和电力线路的电抗标幺值 X_{WL}^*；⑤ 依次求出各短路点的总电抗标幺值 X_Σ^*；⑥ 计算各短路点所需的短路参数值。

6）短路功率法，即短路容量法，在短路计算中以元件的短路功率 M_k 来代替元件阻抗，即短路功率 $M_k = \sqrt{3}\,U_c I_k = \dfrac{U_c^2}{Z} = U_c^2 Y$，$Y$ 为元件的导纳。短路功率法计算短路电流的步骤：①画出计算电路图；②画出相应的等效电路图，并注明短路计算点；③分别计算各元件的短路功率 M_k；④依次按短路点化简等效电路，求出电源至短路点的总短路功率 $M_{k\Sigma}$，短路电路的化简和以元件的导纳值表示的电路化简相似，几个元件串联时，按阻抗并联的公式求 $M_{k\Sigma}$，几个元件并联时，按阻抗串联的公式求 $M_{k\Sigma}$；⑤求出各计算点的短路容量 $S_k = M_{k\Sigma}$，短路电流 $I_k = \dfrac{S_k}{\sqrt{3}\,U_c}$；⑥计算各短路点所需的短路参数值。

短路功率法特别适用于在已知系统短路容量的情况下，按无限容量系统法计算短路电流。如遇系统短路容量为无限大，则只需将等值短路电路图中代表系统的框图去掉即可。

7）电力系统发生短路事故时会引起很大的电动力并产生大量的热量，对线路和电气设备造成极大的危害，其中以三相短路电流造成的危害最严重，因此通常需要校验三相短路电流的动稳定度和热稳定度。

思　考　题

4-1　什么是短路？短路故障产生的原因是什么？短路对电力系统有哪些危害？

4-2　短路有哪些形式？哪种形式短路发生的可能性最大？哪种形式的短路危害最严重？

4-3　什么是无限大电力系统？它有什么特点？在无限大电力系统中发生短路时，短路电流将如何变化？能否突然增大？为什么？

4-4　短路电流周期分量和非周期分量各是如何产生的？

4-5　什么是短路冲击电流 i_{sh} 和 I_{sh}？什么是短路次暂态电流 I'' 和短路稳态电流 I_∞？

4-6　什么是短路计算电压？它与线路额定电压有什么关系？

4-7　在无限大电力系统中，三相短路电流、两相短路电流、单相短路电流各有什么关系？

4-8　什么是短路计算的标幺制法？什么是短路计算的短路功率法？各有什么特点？

4-9　什么是短路发热的假想时间？如何计算？

4-10　为什么要对电气设备和导体进行热稳定度校验？

4-11　短路计算的目的是什么？

4-12　采用标幺制法计算短路电流的一般步骤是什么？

4-13　采用短路功率法计算短路电流的一般步骤是什么？

习　题

4-1　有一地区变电所通过一条长 4km 的 10kV 电缆线路供电给某厂一个装有 2 台并列运行的 SL7—800 型变压器的变电所，地区变电所出口断路器断流容量为 300MVA。试用欧姆法、标幺制法求该厂变电所 10kV 高压侧和 380V 低压侧的短路电流 i_{sh}、I_{sh}、I''、I_∞、I_k、S_k 等，并列出短路计算表。

4-2　用短路功率法重做习题 4-1。

第 **5** 章

电力线路及变配电所的结构和电气主接线

5.1 电力线路的接线方式

电力线路是电力系统的重要组成部分，担负着输送和分配电能的重要任务，所以在整个供配电系统中起着重要的作用。

在选择电力线路的接线方式时，不仅要考虑供配电系统的安全可靠、操作方便、灵活，运行经济并有利于发展，还要考虑电源的数量、位置，供配电对象的负荷性质和大小，以及建筑布局等各方面因素。

电力线路按电压高低分，有 1kV 以上的高压线路和 1kV 及以下的低压线路。也有将1kV 以上到 10kV 或 35kV 的电力线路称为中压线路，220kV 或 330kV 及以上的电力线路称为超高压线路。本书中将 1kV 以上的线路统称为高压线路。

电力线路按结构形式分，有架空线路、电缆线路及室内（车间）线路等。

本节按高压线路和低压线路两种类型来讨论它们的接线方案和特点。

5.1.1 高压电力线路的接线方式

高压供配电线路常用的接线方式有放射式、树干式和环形三种。

1. 高压放射式接线

高压放射式接线是指电能在高压母线汇集后向各高压配电线路输送，每个高压配电回路直接向一个用户供电，沿线不分接其他负荷。

图 5-1a 所示为高压单回路放射式接线。这种接线方式的优点是接线清晰，操作维护方便，各供电线路互不影响，供电可靠性较高，便于装设自动装置，保护装置也较简单。但高压开关设备用得较多，投资高，而且某一线路发生故障或需检修时，该线路供电的全部负荷都要停电。因此，单回路放射式接线只能用于二、三级负荷或容量较大及较重要的专用设备。

对二级负荷供电时，为提高供电的可靠性，可根据具体情况增加公共备用线路。图 5-1b 所示为采用公共备用干线的放射式接线。该接线方式的供电可靠性得到了提高，但开关设备

a) 单回路放射式接线

b) 有公共备用干线的放射式接线

c) 双回路放射式接线

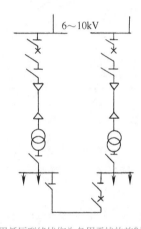
d) 用低压联络线作为备用干线的放射式接线

图 5-1 高压放射式接线

的数量和导线材料的消耗量也有所增加，一般用于供电给二级负荷。如果备用干线采用独立电源供电且分支较少，则可用于一级负荷。

图 5-1c 为双回路放射式接线。该接线方式采用两路电源进线，然后经分段母线用双回路对用户进行交叉供电。其供电可靠性高，可供电给一、二级的重要负荷，但投资相对较高。

图 5-1d 所示为采用低压联络线路作为备用干线的放射式接线。该方式比较经济、灵活，除了可提高供电可靠性以外，还可实现变压器的经济运行。

2. 高压树干式接线

高压树干式接线是指由变配电所高压母线上引出的每路高压配电干线上均沿线连接了数个负荷点的接线方式，如图 5-2 所示。

图 5-2a 为单回路树干式接线。该接线方式较单回路放射式，变配电所的出线大大减少，高压开关柜数量也相应减少，同时可节约有色金属的消耗量。但因多个用户采用一条公用干线供电，各用户之间互相影响，当某条干线发生故障或需检修时，将引起干线上的全部用户停电，所以供电可靠性差，且不容易实现自动化控制。一般用于对三级负荷配电，而且干

a) 单回路树干式接线

b) 单侧供电的双回路树干式接线

c) 两端供电的单回路树干式接线

d) 两端供电的双回路树干式接线

图 5-2　高压树干式接线

线上连接的变压器不得超过 5 台，总容量不应大于 2300kVA。这种接线在城镇街道应用较多。

　　为提高供电可靠性，可采用如图 5-2b 所示的单侧供电的双回路树干式接线方式。该接线方式可供电给二、三级负荷，但投资也相应有所增加。

　　图 5-2c 为两端供电的单回路树干式接线。若一侧干线发生故障，可采用另一侧干线供电，因此供电可靠性也较高，与单侧供电的双回路树干式相当。正常运行时，由一侧供电或在线路的负荷分界处断开，发生故障时要手动切换，但寻查故障时也需中断供电。所以，只可用于对二、三级负荷供电。

　　图 5-2d 是两端供电的双回路树干式接线。其供电可靠性比单侧供电的双回路树干式有所提高，主要用于对二级负荷供电；当供电电源足够可靠时，亦可用于一级负荷。而且其投资不比单侧供电的双回路树干式增加很多，关键是要有双电源供电的条件。

　　3. 高压环形接线

　　高压环形接线实际上是两端供电的树干式接线，如图 5-3 所示，两路树干式接线连接起来就构成了环形接线。这种接线运行灵活，供电可靠性高。线路检修时可切换电源；故障时可切除故障线段，缩短停电时间。可供二、三级负荷，在现代化城市电网中应用较广泛。

　　由于闭环运行时继电保护整定较复杂，同时也为避免环形线路上发生故障时影响整个电网，因

图 5-3　高压环形接线

此，为了限制系统短路容量，简化继电保护，大多数环形线路采用开环运行方式，即环形线路中有一处开关是断开的。通常采用以负荷开关为主开关的高压环网柜作为配电设备。

实际供配电系统的高压接线实际上往往是几种接线方式的组合。究竟采用什么接线方式，应根据具体情况，考虑对供电可靠性的要求，经技术经济综合比较后才能确定。一般来说，对大中型工厂，高压配电系统宜优先考虑采用放射式接线，因为放射式接线的供电可靠性较高，便于运行管理。但放射式的投资较大，对于供电可靠性要求不高的辅助生产区和生活住宅区，可考虑采用树干式或环形配电。

5.1.2 低压电力线路的接线方式

低压配电线路基本接线方式也分为放射式、树干式和环形三种。

1. 低压放射式接线

低压放射式接线如图 5-4 所示，由变配电所低压母线将电能分配出去经各个配电干线（配电屏）再供电给配电箱或低压用电设备。

低压放射式接线方式的各低压配电出线互不影响，供电可靠性较高。但所用配电设备及导线材料较多，且运行不够灵活。该接线多用于用电设备容量大、负荷集中或性质重要的负荷，以及需要集中联锁起动、停车的用电设备和有爆炸危险的场所。对于特别重要的负荷，可采用由不同母线段或不同电源供电的双回路放射式接线。

2. 低压树干式接线

低压树干式接线引出配电干线较少，采用的开关设备较

图 5-4 低压放射式接线

少，金属消耗量也少，但干线发生故障时，停电的范围大，因此，与放射式相比，供电的可靠性较低。

a) 低压母线放射式配电的
树干式接线

b) 低压"变压器—干线组"
的树干式接线

图 5-5 低压树干式接线

图 5-5a 所示为低压树干式接线。这种接线多采用成套的封闭式母线槽，运行灵活方便，也比较安全，适用于用电容量较小而分布均匀的场所，如机械加工车间、工具车间和机修车

间的中小型机床设备以及照明配电。

图 5-5b 为变压器—干线组接线。该接线方式省去了变电所低压侧的整套低压配电装置，简化了变电所的结构，大大减少了投资。为了提高母干线的供电可靠性，该接线方式一般接出的分支回路数不宜超过 10 条，而且不适用于需频繁起动、容量较大的冲击性负荷和对电压质量要求高的设备。

图 5-6 为变形的树干式接线，称为链式接线。该接线适用于用电设备彼此距离近、容量都较小的情况。链式连接的用电设备台数不能超过 5 台、配电箱不能超过 3 台，且总容量不宜超过 10kW。

a) 连接配电箱　　　　　　　　　　b) 连接电动机

图 5-6　低压链式接线

3. 低压环形接线

在一些车间变电所的低压侧，可以通过低压联络线相互连接起来构成环形接线，如图 5-7 所示。这种接线方式供电可靠性较高，任一段线路发生故障或需要检修时，一般可不中断供电，或只是短时停电，经切换操作后即可恢复供电；而且可使电能损耗和电压损耗减少。但环形接线的保护装置及其整定配合比较复杂，如果整定配合不当，容易发生误动作，反而扩大故障停电范围，所以低压环形线路通常多采用开环方式运行。

图 5-7　低压环形接线

实际工厂低压配电系统的接线，往往是上述几种接线的综合。

一般在正常环境的车间或建筑内，当大部分用电设备容量不大而且无特殊要求时，宜采用树干式配电。一方面是因为树干式比放射式经济，另一方面是因为我国大多数技术人员对树干式接线的运行和管理较有经验。

总之，电力线路的接线应力求简单、有效。运行经验证明，供配电系统的接线不宜太过复杂，且层次不宜过多，否则不但会造成投资的浪费，而且还会增大故障出现的概率，延长停电时间。GB 50052—2009《供配电系统设计规范》中规定："供配电系统应简单可靠，同一电压供电系统的配电级数不宜多于两级。"此外，高低压配电线路应尽量深入负荷中心，以减少线路的电能损耗和有色金属的消耗量，并提高电压质量。

5.2 电力线路的结构与敷设

5.2.1 架空线路的结构与敷设

架空线路在供电区域之外的电源引入线路及部分供电区域内（如一般工厂）得到广泛应用，因为相对电缆线路而言，架空线路的成本低，投资少，安装容易，维护和检修比较方便，容易发现和排除故障；但它易受环境（如气温、大气质量和雨雪大风、雷电等）影响，一旦发生断线或倒杆事故，将可能引发次生灾害；而且，架空线路要占用一定的地面和空间，有碍观瞻、交通和整体美化，因此，其使用受到一定的限制。目前，现代化的城市和工厂有减少架空线路、采用电缆线路的趋势。

1. 架空线路的结构

架空线路由导线、电杆、绝缘子和线路金具等主要元件组成，如图 5-8 所示。为了防止雷击的侵害，有的架空线路上还架设避雷线（架空地线）。为了加强电杆的稳固性，有的电杆还安装拉线或扳桩。

（1）架空线路的导线 导线是架空线路的主体，担负着输送电能的任务。它架设在电杆上，须承受自重和各种外力作用，并受到环境中各种有害物质的侵蚀。因此，导线必须考虑导电性能、截面、绝缘、防腐性、机械强度等要求；此外，还要求质量轻、投资小、施工方便、使用寿命长。

架空导线按电压分，有低压导线和高压导线两类。常用低压架空导线电压为 220V/380V，高压架空导线大多为 10kV 及以上。

a) 无避雷线　　　　b) 有避雷线

图 5-8　架空线路的结构

1—低压导线　2—针式绝缘子　3、5—横担
4—低压电杆　6—高压悬式绝缘子　7—线夹
8—高压导线　9—高压电杆　10—避雷线

按导线材料分，架空导线有铜、铝和钢三种。铜线的导电性能好，机械强度高，耐腐蚀，但价格高。我国铜资源缺乏，应尽量节约。铝导线的导电性能、机械强度和耐腐蚀性虽比铜导线差，但它质轻价廉。钢的机械强度很高，且价廉，但导电性差，功率损耗大，并且易生锈，所以，钢线一般只用作避雷线，而且必须镀锌、其最小使用截面不得小于 $25mm^2$。

按导线结构分,架空导线有裸导线和绝缘导线。高压架空导线一般采用裸导线,低压架空导线大多采用绝缘导线。裸导线又有单股线和多股绞线两种。架空导线一般采用多股绞线,有铜绞线(TJ)、铝绞线(LJ)和钢芯铝绞线(LGJ)。架空线路的导线一般采用铝绞线,但对机械强度要求较高和35kV及以上的架空线路宜采用钢芯铝绞线(外层为铝线,作为载流部分;内层线芯为钢线,以增强机械强度)。在有盐雾或化学腐蚀气体存在的地区,宜采用防腐钢芯铝绞线(LGJF)或铜绞线。对工厂、城市10kV及以下的架空线路,如安全距离不能满足要求,或者靠近高层建筑、繁华街道及人口密集区,并有空气严重污染和建筑施工场所,按GB 50061—2010《66kV及以下架空电力线路设计规范》规定,可采用架空绝缘导线。

(2) 电杆、横担和拉线 电杆是支持导线及其附属的横担、绝缘子等的支柱,是架空线路最基本的元件之一。它应有足够的机械强度,尽可能经久耐用、价廉,且便于搬运和安装。电杆按材料分,有水泥杆、木杆和金属杆。目前以水泥杆应用最为普遍,它使用年限长,机械强度高,维护简单,成本低,但质量大,搬运安装不便。金属杆分钢管杆、型钢杆和铁塔,它机械强度大,维修量小,使用年限长,但维修费用高、价格高,因此,主要用于110kV以上的高压架空线路;35kV及以上线路和10kV线路的终端杆一般用铁塔。木杆虽便于加工和运输,但寿命短,又浪费木材,现已基本淘汰。

按电杆在架空线路中的地位和功能分,电杆有直线杆(中间杆)、分段杆(耐张杆)、分支杆、转角杆、终端杆、跨越杆等型式。图5-9为各类型电杆在低压架空线路上的应用。

横担安装在电杆的上部,用于安装绝缘子以固定导线。常用的有铁横担、木横担和瓷横担。从保护环境和经久耐用看,现在普遍采用的是铁横担和瓷横担,一般不用木横担。瓷横担具有良好的电气绝缘性能,兼有横担和绝缘子的双重功能,可节约木材和钢材,而且一旦发生断线故障,它能进行相应的转动,以避免事故的扩大;瓷横担结构简单,安装方便,能加快施工进度,又便于维护,因此,在10kV及以下的高压架空线路中仍有应用。但瓷横担脆而易碎,在运输和安装中要注意。图5-10为高压电杆上安装的瓷横担。

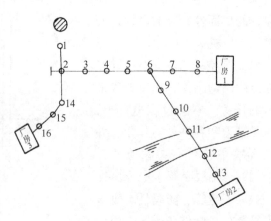

图5-9 架空线路的杆型及应用

1、8、13、16—终端杆 2、6—分支杆 14—转角杆

3、4、5、7、9、10、15—直线杆(中间杆)

11、12—跨越杆

拉线用于平衡电杆所受到的不平衡作用力,并可抵抗风压防止电杆倾倒,如图5-11所示。在受力不平衡的转角杆、分段杆、终端杆上需装设拉线。拉线必须具有足够的机械强度并要保证拉紧。为了保证拉线的绝缘性能,其上把、腰把和底把用钢绞线制作,且均须安装拉线绝缘子进行电气绝缘。

图 5-10　10kV 电杆上的瓷横担

1—高压导线　2—瓷横担　3—电杆

图 5-11　拉线的结构

1—电杆　2—抱箍　3—上把　4—拉线
5—腰把　6—花篮螺钉　7—底把　8—地盘

（3）绝缘子和金具　绝缘子用于固定导线并使导线和电杆绝缘。因此绝缘子应有足够的电气绝缘强度和机械强度。线路绝缘子有高压和低压两类。

图 5-12 为高压线路绝缘子的外形结构。针式绝缘子按针脚长短分为长脚绝缘子和短脚绝缘子。长脚绝缘子用在木横担上，短脚绝缘子用在铁横担上。蝴蝶式绝缘子用在耐张杆、转角杆和终端杆上。拉线绝缘子用在拉线上，使拉线上下两段互相绝缘。

a) 针式绝缘子　　　　b) 蝴蝶式绝缘子　　　　　c) 拉线绝缘子

图 5-12　常用的绝缘子

金具是用于安装和固定导线、横担、绝缘子、拉线等的金属附件。

常用的金具如图 5-13 所示。圆形抱箍把拉线固定在电杆上；花篮螺钉可调节拉线的松紧度；用横担垫铁和横担抱箍把横担固定在电杆上；支撑扁铁从下面支撑横担，防止横担歪斜，而支撑扁铁需用带凸抱箍进行固定；穿心螺栓用来把木横担固定在木电杆上。

2. 架空线路的敷设

（1）敷设要求　敷设架空线路必须严格遵守有关技术规程和操作规程，自始至终重视

a) 圆形抱箍　　　　　　　　　　e) 横担垫铁

b) 带凸抱箍

c) 支撑扁铁　　　　　　　　　　f) 横担抱箍

d) 穿心螺栓　　　　　　　　　　g) 花篮螺钉

图 5-13　常用的金具

安全教育，采取安全保障措施，防止发生事故，并严格保证工程质量，竣工后必须严格按规定的手续和项目进行检查验收，才能投入使用。

（2）路径和杆位的选择　选择架空线路的路径和杆位应符合下列要求：

1）应综合考虑运行、施工、交通条件和路径长度等因素。路径要短，转角要少，要运输方便，施工容易，利于巡视和维修。

2）宜沿道路平行架设，避免通过行人、车辆、起重机械等频繁活动的地区及露天堆放场所而导致的交通与行人困难。

3）宜尽可能减少与其他设施的交叉或跨越建筑物，并与建筑物保持一定的距离。

4）避免低洼积水、多尘、有腐蚀性化学气体的场所及有爆炸物和可燃液（气）体的生产厂房、仓库、贮罐等场所。

5）应与工厂及城镇规划、环境美化、网络改造等协调配合，并适当考虑今后的发展。

（3）导线的排列　三相四线制低压架空线路的导线一般采用水平排列，如图 5-14a 所示。其中，因中性线的截面较小，机械强度较差，一般架设在中间靠近电杆的位置。如线路沿建筑物架设，应靠近建筑物。中性线的位置不应高于同一回路的相线，同一地区内中性线的排列应统一。

三相三线制架空线可采用三角形排列，如图 5-14b、c 所示，也有水平排列，如图 5-14f 所示。

多回路导线同杆架设时，可混合排列或垂直排列，如图 5-14d、e 所示。但对同一级负荷供电的双电源线路不得同杆架设。而且不同电压的线路同杆架设时，电压较高的导线在上方，电压较低的导线在下方。动力线与照明线同杆架设时，动力线在上，照明线在下。仅有

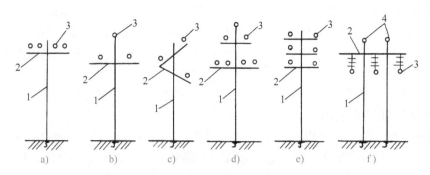

图 5-14　导线在电杆上的排列方式

1—电杆　2—横担　3—导线　4—避雷线

低压线路时，广播通信线在最下方。

架空线路的排列相序应符合下列规定：

1）高压线路：面向负荷从左至右为 L1、L2、L3。

2）低压线路：面向负荷从左至右为 L1、N、L2、L3。

（4）架空线路的档距、弧垂和其他距离　架空线路的档距（跨距）是指同一线路上相邻两根电杆之间的水平距离，如图 5-15 所示。

图 5-15　架空线路的档距和弧垂

架空线路导线的弧垂，又称弛垂，是指架空线路一个档距内导线最低点与两端电杆上导线固定点间的垂直距离，如图 5-15 所示。导线的弧垂不宜过小，也不宜过大。因为弧垂过小会使导线所受的内应力增大，遇大风时易吹断，而天冷时又容易收缩绷断；如果弧垂过大，则不但浪费导线材料，而且导线摆动时容易导致相间短路。

此外，架空线路的线间距离、导线对地面和水面的距离、架空线和各种设施接近、交叉的距离以及上述的档距、弧垂等，在 GB 50061—2010《66kV 及以下架空电力线路设计规范》等技术规程中都有规定，设计和安装时须严格遵守。

3. 架空绝缘导线

架空绝缘导线在国际上已有 30 多年的历史，而且很多国家都有各自的标准，我国近几年来在这方面也有所发展。

架空绝缘导线和架空裸导线相比，耐压水平高，尤其是当发生断线故障时，仅在两个断头上有电，减小了危害范围和危害程度；而且，采用绝缘导线可缩小线间距离，降低线路上的电压降。同时，绝缘导线受环境影响小，因此使用寿命比裸导线要长；其载流量比同截面的裸导线的载流量大，而且截面越大，载流量也越大。

绝缘导线可以吊在钢索上成束架设，也可以采用传统的裸导线方式架设，甚至可以将绝缘导线紧密接触进行平行架设。

我国现已能生产10kV及以下的架空绝缘导线，并在供电部门得到使用，且效果良好。10kV绝缘导线主要采用交联聚乙烯绝缘导线，有铜芯交联聚乙烯绝缘导线和铝芯交联聚乙烯绝缘导线两种型号。我国生产的低压塑料绝缘导线JV型（铜芯聚氯乙烯绝缘导线）、JLV型（铝芯聚氯乙烯绝缘导线）、JY型（铜芯聚乙烯绝缘导线）、JLY型（铝芯聚乙烯绝缘导线）以及JLYJ型（铜芯交联聚乙烯绝缘导线）等。

5.2.2 电缆线路的结构与敷设

电缆线路和架空线路一样，主要用于传输和分配电能。不过和架空线路相比，电缆线路的成本高，投资大，查找故障困难，工艺复杂，施工困难；但它受外界因素（雷电、风害等）的影响小，供电可靠性高，不占路面，不碍观瞻，且发生事故不易影响人身安全，因此在建筑或人口稠密的地方，特别是有腐蚀性气体和易燃、易爆的场所，不方便架设架空线路时，宜采用电缆线路。在现代化工厂和城市中，电缆线路已得到日益广泛的应用。

1. 电缆的类型和结构

（1）电缆的类型　电缆的种类很多，根据电压、用途、绝缘材料、线芯数和结构等特点分为以下类型：

1）按电压可分为高压电缆和低压电缆。

2）按线芯数可分为单芯、双芯、三芯、四芯和五芯等。单芯电缆一般用于工作电流较大的电路、水下敷设的电路和直流电路；双芯电缆用于低压 TN—C、TT、IT 系统的单相电路；三芯电缆用于高压三相电路、低压 IT 系统的三相电路和 TN—C 系统的两相三线电路、TN—S 系统的单相电路；四芯电缆用于低压 TN—C 系统和 TT 系统的三相四线电路；五芯电缆用于低压 TN—S 系统的电路。

3）按线芯材料可分为铜芯和铝芯两类。其中，控制电缆应采用铜芯，需耐高温、耐火、有易燃、易爆危险和剧烈振动的场合等也须选择铜芯电缆。其他情况下，一般可选用铝芯电缆。

4）按绝缘材料可分为油浸纸绝缘电缆、塑料绝缘电缆和橡胶绝缘电缆等，还有正在发展的低温电缆和超导电缆。油浸纸绝缘电缆耐压强度高，耐热性能好，使用寿命长，且易于安装和维护。但因为其内部的浸渍油会流动，因此不宜用在高度差较大的场所。我国生产的塑料绝缘电缆有聚氯乙烯绝缘护套电缆和交联聚乙烯绝缘聚氯乙烯护套电缆。塑料绝缘电缆结构简单，成本低，制造加工方便，稳定性高，质量轻，敷设安装方便，且不受敷设高度差的限制，抗腐蚀性好，特别是交联聚乙烯绝缘电缆，它的电气性能更好，耐热性好，载流量大，适宜高落差甚至垂直敷设，因此，其应用日益广泛。但塑料受热易老化变形。橡胶绝缘电缆弹性好，性能稳定，防水防潮，一般用作低压电缆。

（2）电缆的基本结构　电缆是一种特殊结构的导线，它由线芯、绝缘层和保护层三部分组成，还包括电缆头。电缆的剖面图如图5-16所示。

线芯导体要有好的导电性，以减少输电时线路上电能的损失。

绝缘层的作用是将线芯导体和保护层相隔离，因此，必须具有良好的绝缘性能和耐热性能。油浸纸绝缘电缆以油浸纸作为绝缘层，塑料电缆以聚氯乙烯或交联聚乙烯作为绝缘层。保护层又可分为内护层和外护层两部分。内护层直接用来保护绝缘层，常用的材料有铅、铝和塑料等。外护层用以防止内护层受到机械损伤和腐蚀，通常为钢丝或钢带构成的钢铠，外覆沥青、麻被或塑料护套。

图 5-16　电缆的剖面图

1—铅皮　2—缠带绝缘　3—线芯绝缘

4—填充物　5—线芯导体

油浸纸绝缘电缆和交联聚乙烯绝缘电缆的结构如图5-17和图5-18所示。

电缆头指的是两条电缆的中间接头和电缆终端的封端头。电缆头是电缆线路的薄弱环节，是大部分电缆线路故障的发生处。因此，电缆头的安装和密封非常重要，在施工和运行中要由专业人员进行操作。

图 5-17　油浸纸绝缘电缆

1—缆芯（铜芯或铝芯）　2—油浸纸绝缘层

3—麻筋（填料）　4—油浸纸（统包绝缘）　5—铅包

6—涂沥青的纸带（内护层）　7—浸沥青的麻被（内护层）

8—钢铠（外护层）　9—麻被（外护层）

图 5-18　交联聚乙烯绝缘电缆

1—缆芯（铜芯或铝芯）　2—交联聚乙烯绝缘层

3—聚氯乙烯护套（内护层）　4—钢铠或铝铠（外护层）

5—聚氯乙烯外套（外护层）

（3）电缆的型号　每一个电缆的型号表示这种电缆的结构，同时也表明这种电缆的使用场合、绝缘种类和某些特征。电缆型号的表示如下：

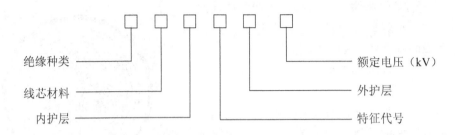

绝缘种类 —— 额定电压（kV）

线芯材料 —— 外护层

内护层 —— 特征代号

电力电缆型号中各字母和数字的含义见表5-1。

表 5-1 电力电缆型号中各字母和数字的含义

项目	型号	含义	项目	型号	含义
类别	Z	油浸纸绝缘	外护套	20	裸钢带铠装
	V	聚氯乙烯绝缘		(21)	钢带铠装纤维外被
	YJ	交联聚乙烯绝缘		22	钢带铠装聚氯乙烯套
	X	橡皮绝缘		23	钢带铠装聚乙烯套
导体	L	铝芯		30	裸细钢丝铠装
	T	铜芯（一般不注）		(31)	细圆钢丝铠装纤维外被
内护套	Q	铅包		32	细圆钢丝铠装聚氯乙烯套
	L	铝包		33	细圆钢丝铠装聚乙烯套
	V	聚氯乙烯护套		(40)	裸粗圆钢丝铠装
特征	P	滴干式		41	粗圆钢丝铠装纤维外被
	D	不滴流式		(42)	粗圆钢丝铠装聚氯乙烯套
	F	分相铅包式		(43)	粗圆钢丝铠装聚乙烯套
外护套	02	聚氯乙烯套		441	双粗圆钢丝铠装纤维外被
	03	聚乙烯套			

2. 电缆的敷设

（1）电缆的敷设方法　电缆敷设的基本方法有直接埋地敷设（图5-19）、采用电缆隧道敷设（图5-20）、电缆排管敷设（图5-21）、利用电缆沟敷设（图5-22）和电缆桥架敷设（图5-23）等。

最常用、最经济的方法是将电缆直接埋地，如图5-19所示。但当电缆数量较多（不超过12根）或容易受到外界损伤时，为了避免损坏和减少对地下其他管道的影响，可利用电缆沟平行敷设许多电缆，如图5-22所示。该方法多应用于高层建筑和工厂的电源引入线。当电缆数量超过18根时，宜采用电缆隧道敷设，如图5-20所示。

地坪

≥700

保护板

100

沙或软土

100kV以下电力电缆

>100 ≥50

100

单位：mm

图 5-19　电缆直接埋地敷设

图 5-20 电缆隧道敷设

1—电缆 2—支架 3—维护走廊 4—照明灯具

图 5-21 电缆排管敷设

1—水泥排管 2—电缆孔（穿电缆用）

3—电缆沟

a) 户内电缆沟   b) 户外电缆沟   c) 厂区电缆沟

图 5-22 电缆在电缆沟内敷设

1—盖板 2—电力电缆 3—电缆支架 4—预埋铁件

图 5-23 电缆桥架的敷设

1—支架 2—盖板 3—支臂 4—线槽 5—水平分支线槽 6—垂直分支线槽

对于工厂配电所、车间、大型商厦和科研单位等场所，因其电缆数量较多或较集中，且设备分散或经常变动，一般采用电缆桥架的方式敷设电缆线路，电缆桥架的结构如图 5-23 所示。电缆桥架使电缆的敷设更标准、更通用，且结构简单、安装灵活，可任意走向，并具有绝缘和防腐蚀功能，适用于各种类型的工作环境，使配电线路的敷设成本大大降低。

（2）电缆的敷设要求　电缆敷设要严格遵守技术规程和设计要求；竣工后，要按规定的手续和要求检查和验收，以保证电缆线路的质量。具体的规定和要求可查阅 GB 50217—2018《电力工程电缆设计规范》。

（3）电缆敷设路径的选择　电缆敷设路径的选择应符合以下要求：

1）避免电缆遭受机械性外力、过热和腐蚀等的危害。

2）在满足安全的条件下尽可能缩短电缆敷设长度。

3）便于运行维护。

4）避免将要挖掘施工的场所。

5.2.3　车间线路的结构与敷设

车间线路包括室内配电线路和室外配电线路。室内（厂房内）配电线路大多采用绝缘导线，但配电干线则多采用裸导线（母线），少数采用电缆。室外配电线路指沿车间外墙或屋檐敷设的低压配电线路，也包括车间之间用绝缘导线敷设的短距离的低压架空线路，都采用绝缘导线。

1. 车间线路的导线种类和结构

（1）绝缘导线　按芯线材料分，绝缘导线有铜芯和铝芯两种。重要线路如办公楼、实验室、图书馆和住宅等的导线，以及高温、剧烈振动和有腐蚀性气体的场所，应采用铜芯绝缘导线。

绝缘导线按绝缘材料分，有橡皮绝缘导线和塑料绝缘导线两种。塑料绝缘导线的绝缘性能好，耐油和酸碱腐蚀，且价格较低，又可节约大量橡胶和棉纱，因此，在室内明敷和穿管敷设中应优先选用塑料绝缘导线；但塑料在低温下易变硬发脆，高温时又易软化老化，因此，室外敷设应优先选用橡皮绝缘导线。

常用的绝缘导线型号有 BX（铜芯橡皮绝缘导线）、BLX（铝芯橡皮绝缘导线）、BV（铜芯塑料绝缘导线）、BLV（铝芯塑料绝缘导线）。

（2）裸导线　车间内的配电裸导线大多采用硬母线的结构，其截面形状有圆形、管形和矩形等，其材质有铜、铝和钢。常用的有矩形的硬铝母线（LMY）和硬铜母线（TMY）。

为了识别裸导线（裸母线）的相序，现在的方法是在导线上刷不同颜色的油漆来代表其相序。如三相交流系统中的 L1、L2、L3 线分别用黄、绿、红色表示；PEN 线和 N 线用淡蓝色表示；PE 线用黄绿双色表示。在直流系统中，正极用褐色，负极用蓝色。

2. 车间线路的敷设

车间线路的敷设包括绝缘导线的敷设和裸导线的敷设。

（1）绝缘导线的敷设　绝缘导线的敷设应注意以下几点：

1）绝缘导线的敷设方式分明敷和暗敷两种。在明敷情况下，导线每隔一定距离固定在夹持件上，或者穿过硬塑料管、钢管、线槽等保护体内，再直接固定在建筑物的墙壁上、顶棚的表面或支架上。这种敷设方式广泛用于潮湿的房间、地下室和过道内。

暗敷是导线直接或者穿在保护它的管子、线槽内，敷设在墙壁、顶棚、地坪、楼板等的内部或水泥板孔内。

按照绝缘导线在敷设时是否需要穿管或线槽又分为以下几种方式：塑料护套绝缘导线的

直敷布线（建筑物顶棚内不得采用）；绝缘导线穿金属管（钢管）、电线管的明敷和暗敷（不宜用在有严重腐蚀的场所）；绝缘导线穿塑料管的明敷和暗敷（不宜用在易受机械损伤的场所）、穿金属线槽的明敷（适用于无严重腐蚀的室内）和地面内暗装金属线槽布线（适用于大空间且隔断变化多、用电设备移动多或同时敷设有多种功能线路的室内，一般暗敷在水泥地面、楼板或楼板垫层内）。

2）绝缘导线的敷设要求，应符合有关规程的规定，其中以下几点要特别提出：

① 线槽布线和穿管布线的导线，在中间不许直接接头，接头必须经专门的接线盒。

② 穿金属管和穿金属线槽的交流线路，应将同一回路的所有相线和中性线（如有中性线时）穿于同一管、槽内；如果只穿部分导线，则将由于线路电流不平衡而产生交变磁场作用于金属管、槽，导致涡流损耗的产生，对钢管还将产生磁滞损耗，使管、槽发热，导致其中的绝缘导线过热甚至可能烧毁。

③ 导线管槽与热水管、蒸汽管同侧敷设时，应敷设在水管、蒸汽管的下方；有困难时，可敷设在其上方，但相互间的距离应适当增大，或采取隔热措施。

（2）裸导线的敷设 在现代化的生产车间内，裸导线大多采用封闭式母线（又称母线槽）布线。封闭式母线安全、灵活、美观、容量大，但耗用金属材料多、投资大。图5-24所示为封闭式母线在机械加工车间内的应用。

图5-24 封闭式母线在机械加工车间内的应用

1—馈电母线槽 2—配电装置 3—插接式母线槽 4—机床 5—照明母线槽 6—灯具

封闭式母线适用于干燥和无腐蚀性气体的场所。

封闭式母线水平敷设时，至地面的距离不应小于2.2m。垂直敷设时，距地面1.8m以下部分应采取防止机械损伤的措施。但敷设在电气专用房间内如配电室、电机室时除外。

封闭式母线槽常采用插接式母线槽。其特点为容量大、绝缘性能好、通用性强、拆装方便、安全可靠、使用寿命长等，并且可通过增加母线槽的数量来延伸线路。图5-25为插接式母线槽在高层建筑内的敷设方式。图5-26为其在车间内的敷设方式。

图5-25　插接式母线槽在高层建筑内的敷设方式

1—变压器　2—进线箱　3—配电箱　4—接线节　5—垂直L形弯头　6—水平L形弯头　7—变容节
8—地面支架　9—出线口　10—楼层　11—分线箱　12—垂直Z形弯头　13—水平Z形弯头

图5-26　插接式母线槽在车间内的敷设方式

1—配电盘　2—接线节　3—垂直L形弯头　4—吊装支架　5—水平T形弯头　6—水平十字弯头
7—垂直Z形接头　8—变容节　9—分线箱　10—出线口　11—端封　12—水平L形弯头

（3）竖井内布线　该方式适用于多层和高层建筑物内垂直配电干线的敷设，可采用金属管、金属线槽、电缆、电缆桥架、封闭式母线等敷设方式。

5.3 变配电所的主接线方案

5.3.1 概述

变配电所是供配电系统的枢纽，占有非常重要的地位。其中，变电所根据变压等级和规模大小的不同，又分为总降压变电站（将 35kV 及以上的电压降为 10（6）kV 电压）和车间变电所（将 10（6）kV 的电压降为 220V/380V 电压）。配电所根据配电电压的不同分为高压配电所和低压配电所。

1. 主接线图的作用和类型

变配电所的主接线是供配电系统中为实现电能输送和分配的一种电气接线，对应的接线图称为主接线图，或主电路图，又称一次电路图、一次接线图。虽然电力系统是三相系统，但通常电气主接线图采用单线来表示三相系统，使之更简单、清楚和直观。

主接线图根据其作用的不同有两种形式：系统式主接线图和装置式主接线图。

其中，按照电能输送和分配的顺序、用规定的电气符号和文字说明来表示和安排其主要电气设备相互连接关系的主接线图为系统式主接线图。这种图能全面系统地反映主接线中电力电能的传输过程，即相对电气连接关系，但不能反映电路中各电气设备和成套设备之间的相互排列位置即实际位置；它一般在运行和教学中使用，如变配电所运行值班用的模拟电路盘上就用它模拟演示供配电系统的运行状况，或用来分析、计算和选择电气设备等。

装置式主接线图是按照高、低压成套配电装置之间的相互连接和排列位置绘制的主接线图。在装置式主接线图中，各成套配电装置的内部设备和接线及各成套配电装置之间的相互连接和排列位置一目了然，因此，这种图多用作施工图，便于配电装置的采购和安装施工。

图 5-27 和图 5-28 分别为某户外成套变电所的系统式主接线图和装置式主接线图。

2. 对电气主接线的基本要求

主接线方案的确定应综合

图 5-27　某户外成套变电所的系统式主接线图

T—主变压器　QL—负荷开关　FU—熔断器

QK—低压刀开关　QF—断路器　QFS—刀熔开关

图 5-28 某户外成套变电所的装置式主接线图

考虑安全性、可靠性、灵活性和经济性等方面的要求。

（1）安全 主接线的设计应符合国家标准有关技术规范的要求，充分保证人身和设备的安全。如高、低压断路器的电源侧和可能反馈电能的另一侧须装设隔离开关；变配电所的高压母线和架空线路的末端须装设避雷器。

（2）可靠 主接线应根据负荷的等级，满足不同等级负荷对供电可靠性的不同要求。如对一级负荷，应考虑两个电源供电；二级负荷，应采用双回路供电。

（3）灵活 主接线能适应各种不同的运行方式，并能灵活地进行不同运行方式间的转换，使之能做到便于操作、检修，又能适应负荷的发展，有扩充、改建的可能。

（4）经济 在满足以上要求的前提下，应力求主接线的设计简单、投资少、运行管理费用低，并能节约电能和有色金属消耗量。如尽可能采用技术先进、经济实用的节能产品；尽量采用开关设备少的主接线方案；在优先提高自然功率因数的基础上，采用人工补偿无功功率的措施，使无功功率达到规定的要求。

主接线图中常用电气设备和导线的文字符号和图形符号见表 5-2。

表 5-2 常用电气设备和导线的文字符号和图形符号

电气设备名称	文字符号	图形符号	电气设备名称	文字符号	图形符号
刀开关	QK		母线（汇流排）	W 或 WB	
熔断器式刀开关	QFS		导线、线路	W 或 WL	
断路器	QF		电缆及其终端头		

（续）

电气设备名称	文字符号	图形符号	电气设备名称	文字符号	图形符号
隔离开关	QS		交流发电机	G	
负荷隔离开关	QS（F）		交流电动机	M	
熔断器	FU		单相变压器	T	
熔断器式隔离开关（跌开式熔断器）	FD		电压互感器	TV	
熔断器式负荷开关（负荷型跌开式熔断器）	FDL		三绕组变压器	T	
避雷器	F（A）		三绕组电压互感器	TV	
三相变压器	T		电抗器	L	
电流互感器（具有一个二次绕组）	TA		电容器	C	
电流互感器（具有两个铁心和两个二次绕组）	TA		三相导线		

5.3.2　变配电所常用主接线类型和特点

变配电所常用主接线按其基本形式可分为四种类型：线路—变压器组单元接线、单母线接线、双母线接线和桥式接线。下面分别就其接线形式和特点进行介绍。

1. 线路—变压器组单元接线

在变配电所中，当只有一路电源进线和一台变压器时，可采用线路—变压器组单元接线，如图5-29所示。

根据变压器高压侧情况的不同，也可以装设图5-29中右侧三种不同的开关电器组合。当电源侧继电保护装置能保护变压器且灵敏度满足要求时，变压器高压侧可只装设隔离开关；当变压器高压侧短路容量不超过高压熔断器的断流容量，而又允许采用高压熔断器保护变压器时，变压器高压侧可装设跌开式熔断器或熔断器式负荷开关。一般情况下，在变压器高压侧装设隔离开关和断路器。

当高压侧装设负荷开关时，变压器容量不得大于1250kVA，高压侧装设隔离开关或跌开式熔断器时，变压器容量一般不得大于630kVA。

图5-29 线路—变压器组单元接线

线路—变压器单元接线的优点是接线简单，所用电气设备少，配电装置简单，节约了建设投资；缺点是该线路中任一设备发生故障或检修时，变电所全部停电，供电可靠性不高。它适用于小容量三级负荷、小型工厂或非生产性用户。

2. 单母线接线

母线（文字符号为W或WB）又称汇流排，是用来汇集、分配电能的硬导线。设置母线可方便地把多路电源进线和出线通过电气开关连接在一起，提高供电的可靠性和灵活性。

单母线接线又可分为单母线不分段接线、单母线分段接线和单母线带旁路接线三种类型。

（1）单母线不分段接线 当只有一路电源进线时，常用单母线不分段接线方式，如图5-30a所示。其每路进线和出线中都配有一组开关电器。断路器用于通断正常的负荷电流，并能切断短路电流。隔离开关有两种作用：靠近母线侧的称母线隔离开关，用于隔离母线电源和检修断路器；靠近线路侧的称线路侧隔离开关，用于防止在检修断路器时从用户侧反向送电和防止雷电过电压沿线路侵入，保证维修人员安全。

a) 单母线不分段   b) 单母线分段(分段开关为隔离开关)   c) 单母线分段(分段开关为断路器)

图5-30 单母线接线

单母线不分段接线的优点是接线简单清晰，使用设备少，投资低，比较经济，发生误操作的可能性较小；缺点是可靠性和灵活性差，当母线或母线侧隔离开关发生故障或进行检修时，必须断开所有回路及供电电源，从而造成全部用户供电中断。

单母线不分段接线适用于对供电可靠性和连续性要求不高的中、小型三级负荷用户，或有备用电源的二级负荷用户。

（2）单母线分段接线　当有双电源供电时，常采用高压侧单母线分段接线，如图 5-30b、c 所示。

分段开关可采用隔离开关或断路器；母线可分段运行，也可不分段运行。

当采用隔离开关分段时（见图 5-30b），如需对母线或母线隔离开关检修，可将分段隔离开关断开后分段进行检修。当母线发生故障时，经短时间倒闸操作将故障段切除，非故障段仍可继续运行，只有故障段所接用户停电。该接线方式的供电可靠性和灵活性较高，可给二、三级负荷供电。

若用断路器分段（见图 5-30c），除仍可分段检修母线或母线隔离开关外，还可在母线或母线隔离开关发生故障时，母线分段断路器和进线断路器能同时自动断开，以保证非故障部分连续供电。这种接线方式的供电可靠性高，运行方式灵活。除母线故障或检修外，可对用户连续供电，但接线复杂，使用设备多，投资大。它适用于有两路电源进线、装设了备用电源自动投入装置、分段断路器可自动投入及出线回路数较多的变配电所，可供电给一、二级负荷。

（3）单母线带旁路接线　单母线带旁路接线方式如图 5-31 所示，增加了一条母线和一组联络用开关电器，增加了多个线路侧隔离开关。

单母线带旁路接线适用于配电线路较多、负载性质较重要的主变电所或高压配电所。该接线运行方式灵活，检修设备时可以利用旁路母线供电，可减少停电次数，提高了供电的可靠性。

3. 双母线接线

双母线接线方式如图 5-32 所示。其中的两段母线可互为备用，运行可靠性和灵活性都得到很大提高，但开关设备的数量大大增加，从而其投资较大。因此双母线接线在中、小型变配电所中很少采用，主要用于负荷大且重要的枢纽变电站等场所。

图 5-31　单母线带旁路接线

图 5-32　双母线接线方式

4. 桥式接线

所谓桥式接线是指在两路电源进线之间跨接一个断路器，犹如一座桥，有内桥式接线和外桥式接线两种。断路器跨接在进线断路器的内侧，靠近变压器，称为内桥式接线，如图 5-33a 所示；若断路器跨接在进线断路器的外侧，靠近电源侧，称为外桥式接线，如图 5-33b 所示。

桥式接线的特点：

1）接线简单。高压侧无母线，没有多余设备。

2）经济。由于不需设母线，4 个回路只用了 3 台断路器，省去了 1～2 台断路器，节约了投资。

a) 内桥式接线   b) 外桥式接线

图 5-33   桥式接线

3）可靠性高。无论哪条回路故障或检修，均可通过倒闸操作迅速切除该回路，不致使二次侧母线长时间停电。

4）安全。每台断路器两侧均装有隔离开关，可形成明显的断开点，以保证设备安全检修。

5）灵活。操作灵活，能适应多种运行方式。

例如，将 QF_2 和二次侧的分段断路器（图中未画）闭合，可使两台变压器并列运行。将 QF_2 和二次侧的分段断路器都断开，则两台变压器就独立工作，并互为备用。因此，桥式接线既能适应单电源双回路供电方式，又能适应双电源的两端供电方式。

桥式接线的供电可靠性高，运行灵活性好，适用于一、二级负荷。其中内桥式接线多用于电源线路较长、发生故障和检修的可能性较大，但变电所的变压器不需要经常切换的 35kV 及以上总降压变电所；外桥式接线适用于电源线路较短、变电所的变压器需经常进行切换操作以适应昼夜负荷变化大，且需经济运行的总降压变电所；当一次电源线路采用环形接线时也易于采用桥式接线。

5.3.3　高压配电所的主接线方案

高压配电所的任务是从电力系统接受高压电能，并向各车间变电所及高压用电设备进行配电。下面以一个典型的 10kV 高压配电所的主接线为例来分析其主接线的组成和特点。

1. 电源进线

如图 5-34 所示，该配电所有两路 10kV 的电源进线，最常见的进线方案为：一路是架空进线（WL_1），作为主工作电源，另一路采用电缆进线（WL_2），来自邻近单位的高压联络线，作备用电源用。架空线采用铝绞线（型号 LJ－95 表示截面积 95mm² 的铝绞线），经穿墙套管进入高压配电室，也可经一段短电缆进入高压配电室；电缆线采用 YJV22－10－3×120 型三芯交联聚乙烯绝缘电力电缆，截面积为 120mm²，额定电压为 10kV。

1 号柜和 13 号柜为电能计量专用柜，根据电力工业部 2018 年颁布的《供电营业规则》规定："对 10kV 及以下电压供电的用户，应配置专用的电能计量柜（箱）；对 35kV 及以上

图 5-34　工厂 10kV 配电所主接线示意图

电压供电的用户，应有专用的电流互感器二次线圈和专用的电压互感器二次连接线，并不得与保护、测量回路共用。"通常，电能计量柜内的电流互感器和电压互感器二次侧的准确度等级不低于 0.2 或 0.5 级。为了方便地控制电源进线，也可在电能计量柜前加一个控制柜。

2 号柜和 12 号柜为所（配电所）用电柜（也可以接在电源进线上），主要供电给配电所内部二次系统的操作电源，常用作户内变压器。

3 号柜和 11 号柜为进线开关柜，除馈电控制用，还可以作为母线过电流保护和电流、功率及电能测量用。进线断路器两侧均设隔离开关，主要是考虑断路器在检修时会两端受电，打开两侧隔离开关可保证断路器检修时的安全。如果断路器只有一端受电，则只需在受电侧设置隔离开关即可。

2. 母线

室外母线一般用软导线如铝绞线或钢芯铝绞线，室内采用硬母线，置于开关柜顶部。另外开关柜内和室内开关柜至穿墙套管之间也用汇流排（母线），汇流排一般采用硬铝排、硬铜排。高压变配电所的母线常采用单（段）母线制，当进线电源为两路时，则采用单母线分段制。分段开关一般装在分段柜或联络柜中（如7号柜）。图5-34中的高压配电所采用一路电源工作、一路电源备用的运行方式，所以其母线分段开关通常是闭合的；当两路电源进线同时作为工作电源时，分段开关一般是断开的。

在每段母线上都要设置电压互感器和避雷器，它们装在一个高压柜内（4号、10号柜），并共用一组高压隔离开关，主要用于电压测量、监视和过电压保护。

3. 高压配电出线

按照负荷大小，每段母线分配的负荷一般大致均衡。

出线柜又称馈电柜，图5-34采用的高压开关柜（5号、6号、8号、9号柜）的主要电气设备是隔离开关、断路器、电流互感器的组合。由于出线开关柜只有一端受电，故只采用一个隔离开关即可，且安装在母线侧，用来保证高压断路器和出线的安全检修。高压电流互感器均有两个二次绕组，一个二次绕组接测量仪表，用于电流、功率的测量，另一个二次绕组用作继电保护。当出线采用电缆时，一般经开关柜下面的电缆沟出线，如采用架空出线，则经汇流排（母线）翻到开关柜后上部，再经穿墙套管出线。

高压电容器柜（图中未画出）对高压并联补偿电容器组进行控制和保护，高压并联电容器组用于对整个高压配电所的无功功率进行补偿。

5.3.4 10（6）kV/0.4kV 变电所（车间变电所）的主接线方案

车间变电所和小型工厂变电所是将6～10kV的配电电压降为220V/380V的低压用电，再直接供电给用电设备的一种终端变电所。按其电源接线情况的不同，可分为两类：有总降压变电所或高压配电所的非独立式变电所和无总降压变电所或高压配电所的独立式变电所。下面就这两类的主接线特点分别进行分析。

1. 非独立式车间变电所的主接线方案

当工厂内有总降压变电所（35kV）或高压配电所（6～10kV）时，车间变电所高压侧的主接线通常很简单，因为高压侧的开关电器、保护装置和测量仪表一般都装在高压配电线路的首端，即安装在总降压变电所或高压配电所的高压配电室内，而车间变电所的进线处大多可不装设高压开关（见图5-34中的三个变电所），或只简单地装设高压隔离开关、熔断器（室外则装设跌开式熔断器）、避雷器等。图5-35和图5-36所示分别为电缆进线和架空进线的非独立式车间变电所单台变压器的主接线图。从主接线图中可以看到，采用电缆进线时高压侧不装设避雷器；而采用架空进线时，无论是户内式还是户外式变电所，都须装设避雷器以防止雷电波沿架空线侵入变电所，且避雷器的接地线应与变压器的低压绕组中性点及外壳相连后接地。当车间变压器高压侧采用跌开式熔断器或只装设隔离开关时，变压器容量不宜超过630kVA，其他接线方案的变压器容量可达1250kVA。此类变电所一般不设高压配电室，只有变压器室（户外为变压器台）和低压配电室。当变压器低压侧不需带负荷操作时，低压主开关可采用低压刀开关。

2. 独立式变电所的主接线方案

独立式变电所的主接线方案通常根据两种情况来进行分类：只装设一台变压器的变电所和装设两台变压器的变电所。

图 5-35 电缆进线的非独立式
车间变电所高压侧主接线

图 5-36 架空进线的非独立式
车间变电所高压侧主接线

（1）装设一台变压器的 6~10kV 独立式变电所主接线 当变电所只有一台变压器时，高压侧可不设母线，这种接线就是线路—变压器组单元接线方式。根据高压侧采用的控制开关不同，有下面几种主接线形式。

1）高压侧采用隔离开关—熔断器或跌开式熔断器的变电所主接线方案，如图 5-37 所示。该接线结构简单，投资小，但供电可靠性不高，且不宜频繁操作，一般只用于 500kVA 及以下容量变电所，对不重要的三级负荷供电。这种接线的低压侧应采用低压断路器，以便带负荷进行停、送电操作。

2）高压侧采用负荷开关—熔断器的变电所主接线方案，如图 5-38 所示。由于负荷开关能带负荷操作，使变电所的停、送电操作比图 5-37 的方案更简便、灵活，但仍用熔断器进行短路保护，其供电可靠性依然不高，一般也用于不重要的三级负荷的小型变电所。该接线的低压侧的主开关既可用低压断路器，也可采用低压刀开关。

图 5-37 高压侧采用隔离开关—熔断器
或跌开式熔断器的变电所主接线图

图 5-38 高压侧采用负荷开关—熔断器
的变电所主接线图

133

3）高压侧采用隔离开关—断路器的变电所主接线方案，如图5-39所示。该方案由于采用了断路器，其停、送电操作十分方便、灵活，而且高压断路器都配有继电保护装置，因此短路保护和过负荷保护性能好，恢复供电的时间短，供电可靠性较前两种接线方案高，但由于只有一路电源进线，一个回路，一般也只能用于三级负荷，但供电容量较大。当不需带负荷操作时，变压器的低压侧可采用刀开关作为主开关。

图5-40为有两路电源进线的主接线，其供电可靠性较图5-39大大提高，可供电给二级负荷，如果低压侧还有来自其他变配电所的公共备用线，或有备用电源，还可供电给少量的一级负荷。

（2）装设两台变压器的6～10kV独立式变电所　装设两台变压器的6～10kV独立式变电所主接线方案有如下三种：

1）两路进线、高压侧无母线、低压侧单母线分段、两台变压器的变电所主接线，如图5-41所示。该接线方案的高压断路器的两侧均装设高压隔离开关，低压侧断路器的母线侧必须装设刀开关以保证安全检修。低压母线的分段开关如无自动切换要求，可采用刀开关。这种接线的供电可靠性高，操作灵活方便，适用于有两路电源、负荷为一、二级的重要变电所。

图 5-39　高压侧采用隔离开关—
断路器的变电所主接线图

图5-40　双电源进线、一台变压器
的变电所主接线图

图 5-41　两路进线、高压侧无母线、低压侧单母线
分段、两台变压器的变电所主接线图

2）一路进线、高压侧单母线、低压侧单母线分段、两台变压器的变电所主接线，如图 5-42 所示。该接线采用高压侧两端受电、双干线供电的树干式接线。这种接线适用于有两个电源、两台或两台以上变压器或需多路高压出线的变电所。其供电可靠性也较高，但当电源进线或高压母线发生故障或需停电检修时，整个变电所都要停电，因此，只能供电给二、三级负荷，如有高压或低压联络线时，可供电给一、二级负荷用。

3）高低压侧均采用单母线分段的两台变压器的变电所主接线，如图 5-43 所示、高压侧采用双回路电源进线单母线分段，再加之低压母线的分段，使其供电可靠性相当高，且操作灵活、方便，可供电给一、二级负荷，有两个电源的重要变电所。

图 5-42　一路进线、高压侧单母线、低压侧单母线分段、两台变压器的变电所主接线图

图 5-43　高低压侧均采用单母线分段的两台变压器的变电所主接线图

供配电系统的变电所除上述介绍的 10（6）/0.4kV 变电所（车间变电所）外，还有电压为 35kV 及以上的总降压变电所，其接线方式常采用桥式接线和双母线接线，也有的采用线路—变压器组单元接线，需要根据总降压变电所的负荷性质和负荷大小来确定。此处不再赘述。

5.3.5　变配电所主要电气设备的配置

1. 变压器的配置

根据防火和安全要求，楼层内的变压器不容许装设油浸式电力变压器，应选用干式变压器；对电压要求高的场所，应选用有载调压变压器。

2. 高压母线的受电开关配置

1）专用电源线路的开关，由干线分支供电的、自动装置有要求的、出线回路数较多的线路的开关宜采用高压断路器。

2）变压器容量在630kVA及以下，供电给二、三级负荷的小型变电所的开关一般可用高压隔离开关，也可选用高压负荷开关。

3. 高、低压母线的分段开关配置

自动装置有要求的、回路数较多的、有自动切换要求的情况，应装设高、低压断路器。除此之外，供二、三级负荷的中、小型变配电所的母线分段开关一般采用高压隔离开关或低压刀开关。

4. 高压配电出线的开关配置

在下列情况下，一般应选用高压断路器作为主开关：配电给一级负荷；配电给下一级母线；树干式配电线路的总开关；配电给容量450kvar及以上的并联电容器组；配电给高压用电设备；自动装置或远动有要求的；联络线回路；配电给容量630kVA及以上的变压器等。

除上述条件外，一般可采用带熔断器的高压负荷开关。

5. 变压器二次侧开关的配置

一般情况下，可采用隔离开关或刀开关；但当出线回路数较多、有并列运行要求、需要自动切换电源、需带负荷操作（一次侧的断路器或负荷开关不在本变电所内）、配电方式为变压器—干线式时，宜采用断路器。

5.4 变配电所的结构与布置

无论是工矿企业或高层建筑，变配电所的选址、设计、布置及结构将直接影响工程造价、运行管理的安全、可靠及维护的方便等。本节将重点讲述这几方面的内容。

5.4.1 变配电所的类型和所址的选择

1. 变配电所的设计要求

1）供电可靠，技术先进，保障人身安全，经济合理，维修方便。

2）根据工程特点、规模和发展规划，以近期为主，适当考虑发展，正确处理近期建设和远期发展的关系，进行远近结合。

3）结合负荷性质、用电容量、工程特点、所址环境、地区供电条件和节约电能等因素，并征求建设单位的意见，综合考虑，合理确定设计方案。

4）变配电所采用的设备和元件，应符合国家或行业的产品技术标准，并优先选用技术先进、经济适用和节能的成套设备及定型产品。

5）地震基本强度为7度及以上的地区，变配电所的设计和电气设备的安装应采取必要的抗震措施。

2. 变配电所的类型

变配电所的类型应根据用电负荷情况和周围环境情况等综合确定。工厂变配电所与高层建筑变配电所的型式及所址虽有所区别，但根据安装位置、方式、结构的不同，它们大致有以下几种类型：

（1）工厂总降压变电所　工厂总降压变电所用于电源电压为 35kV 及以上的大中型工厂。它是从电力系统接受 35kV 或以上电压的电能后，由主变压器把电压降为 10kV（当有 6kV 高压设备时，一般再经 10/6.3kV 变压器降压（也可直接采用 35/6.3kV 变压器，但需经技术经济比较确定），经 10kV 母线分别配电到各车间变电所。这种变电所一般都是独立式的。

（2）高压配电所　高压配电所用于高压电能（10kV 或 6kV 及以上）的接受和分配。无总降压变电所的高压配电所一般为独立式的；有总降压变电所的高压配电所有时附设于总降压变电所内。

（3）车间变电所　车间变电所如图 5-44 所示，按其安装位置的不同可分为下列类型：

图 5-44　车间变电所的类型

1—独立式　2—车间内式　3—内附式　4—外附式　5—组合式（箱式）
6—地下式　7—楼上式　8、9—露天式（或半露天式）　10—杆上式
注：图中标的（5）表示亦可采用箱式（组合式）变电站。

1）车间附设变电所。变压器室的一面或两面墙壁与车间的墙壁共用，按变压器室位于车间的墙内还是墙外，又可分为内附式（见图 5-44 中的 3）和外附式（见图 5-44 中的 4）。

车间附设变电所能深入负荷中心，适用于生产面积比较紧凑、生产流程需要经常调整因而设备要做相应变动的生产车间。车间外附式占用车间面积小，安全性较内附式好；内附式虽然占用了车间内部的面积，但有利于靠近负荷中心，且不妨碍车间外环境的观瞻，因而被更多地采用。附设式变电所在工业和民用建筑中较普遍。

2）车间内变电所。变压器室和整个变电所都位于车间内的单独室内，通常位于车间中部，如图 5-44 中的 2 所示。车间内变电所有利于深入负荷中心，缩短低压配电的距离，减少有色金属的消耗量，降低电能损耗和电压损耗，因此该变电所的技术经济指标较好；但它占用车间的生产面积，对生产流程和设备位置需要变动的场合不适合，且对车间的安全性有一定的威胁。它适用于环境条件许可、负荷较大、负荷中心居中部的多跨车间，这种变电所在大型冶金企业中较多。

3）独立变电所。独立变电所设在距车间、住宅区或其他建筑物有一定距离的单独建筑

物内，如图 5-44 中的 1 所示。其运行维护条件好，安全可靠性高，但建筑费用较高，因此适用于负荷小而分散，或需要远离易燃、易爆、有腐蚀性气体及低洼积水的场所，一般需经全面技术经济比较来确定。

4）杆上变电台。杆上变电台又称柱上变电台，如图 5-44 中的 10 所示。其变压器（及其一些附属开关、保护设备）安装在室外的电杆上，最简单经济，通风散热条件又好，但供电可靠性较差，易受环境影响，运行维护的条件较差，只适于环境允许的中小城镇居民区和工厂的生活区，且变压器容量在 315kVA 及以下。

5）露天或半露天变电所。露天变电所是变压器位于室外抬高的地面上的变电所；半露天变电所是指位于露天的变压器有顶板或挑檐的情况，如图 5-44 中的 8、9 所示。对小型工厂车间或其他不重要用户，从简单、经济的角度考虑，露天或半露天变电所投资省、通风散热条件好。在无腐蚀性、爆炸性气体和粉尘、无易燃易爆危险的场所，只要环境条件许可，便可以考虑采用。但因其安全可靠性较差，一定要采取安全防护措施（如周围加围墙、围栏等）。

6）地下变电所。整个变电所位于建筑或其他设施的地下层，如图 5-44 中的 6 所示。其通风散热条件差，湿度高，投资和运行费用高，但这种变电所安全且不碍观瞻，在高层建筑、地下工程和矿井中采用较多，其变压器应采用干式变压器。

7）楼层变电所。变电所设在高层建筑的楼层中，如图 5-44 中的 7 所示。该类型适用于高层建筑和地面面积有限的场所。楼层变电所中采用的电气设备及结构须尽可能轻、安全，并须防火，变压器通常采用干式变压器。

8）箱式（组合式）变电所。箱式变电所又称成套变电所，如图 5-44 中的 5 所示。这是一种由生产厂家按一定接线方案成套制造、并现场安装的变电所，其变压器柜和高、低压开关柜组装在带有金属防护外壳的箱体内。其详细情况将在本节的最后介绍。

3. 变配电所的所址选择

变配电所所址的选择，应根据下列要求综合考虑确定：

1）尽量接近或深入负荷中心，这样可缩短配电线路的长度，对于节约电能、节约有色金属和提高电能质量都有重要意义。其具体位置要由各种因素综合确定。

2）进出线方便，使变配电所尽可能靠近电源进线侧，其目的是为了避免高压电源线路，尤其是架空线路跨越其他建筑或设施。

3）设备运输、吊装方便，特别要考虑电力变压器和高低压开关柜等大型设备的运输方便。

4）不应设在邻近下列场所的地方：①有剧烈振动或高温的场所；②有爆炸或火灾危险的场所正下方和正上方；③多尘、多水雾（如大型冷却塔）或有腐蚀性气体的场所，如无法远离时，要避开污染源的下风口；④厕所、浴室、洗衣房、厨房、泵房的正下方及邻近地区，以及其他经常积水的场所和低洼地区。

5）高压配电所宜于和邻近的车间变电所合建，以降低建筑费用，减少系统的运行维护费用。

6）高层建筑地下变配电所的位置，宜选择在通风、散热条件较好的场所，且不宜设在最底层。当地下仅有一层时，应采取适当抬高变配电所地面等的防水措施，并应避免有洪水或积水从其他渠道淹没变配电所的可能性。

7）应考虑企业的发展，使变配电所有扩建的可能，尤其是独立式变配电所。

4. 采用负荷功率矩法确定负荷中心

变配电所所址应尽可能靠负荷中心，负荷中心的确定可以采用负荷功率矩法。具体如下。

设有 n 个负荷 $P_1(x_1, y_1)$，$P_2(x_2, y_2)$，$P_3(x_3, y_3)$，…，$P_n(x_n, y_n)$，P_i 表示有功，(x_i, y_i) 表示该负荷的坐标。现以三个负荷为例来确定它们的负荷中心，如图5-45所示。

对于任意三个负荷：$P_1(x_1, y_1)$，$P_2(x_2, y_2)$，$P_3(x_3, y_3)$，则总负荷为：$P(x, y) = P_1 + P_2 + P_3$，记为：$\sum\limits_{i=1}^{3} P_i$。

图 5-45 按负荷功率矩法确定负荷中心

仿照力学求重心的力矩方程可得

$$x \sum_{i=1}^{3} P_i = P_1 x_1 + P_2 x_2 + P_3 x_3$$

$$y \sum_{i=1}^{3} P_i = P_1 y_1 + P_2 y_2 + P_3 y_3$$

记为

$$x \sum_{i=1}^{3} P_i = \sum_{i=1}^{3} (P_i x_i)$$

$$y \sum_{i=1}^{3} P_i = \sum_{i=1}^{3} (P_i y_i)$$

因此可求得负荷中心的坐标为

$$x = \frac{\sum\limits_{i=1}^{3} (P_i x_i)}{\sum\limits_{i=1}^{3} P_i} \tag{5-1}$$

$$y = \frac{\sum\limits_{i=1}^{3} (P_i y_i)}{\sum\limits_{i=1}^{3} P_i} \tag{5-2}$$

5.4.2 变配电所的总体布置

1. 变配电所总体布置的一般要求

1）便于运行维护和检修。如有人值班的变配电所应设单独的值班室，且值班室应和高低压配电室相邻，有门直通；变压器室应靠近运输方便的马路侧。

2）保证运行的安全。如值班室内不应有高压设备，且值班室的门应朝外开，而高低压配电室和电容器室的门朝值班室开或朝外开；油量在 100kg 及以上的户内三相变压器应装设在单独的变压器室内，在双层布置的变电所内，变压器室要设在底层；所有带电部分离墙和离地的尺寸及各室的操作维护通道的宽度，须符合有关规程的要求。

3）便于进出线。如高压配电室一般位于高压接线侧；低压配电室应靠近变压器室，且便于低压架空出线；高压电容器室宜靠近高压配电室，低压电容器室宜靠近低压配电室。

4）节约土地和建筑费用。在保证安全运行的前提下，尽量采用节约土地和建筑费用的布置方案。如值班室和低压配电室合并；条件许可下，优先选用露天或半露天变电所；当高压开关柜不多于6台时，可与低压配电屏设置在一间房内；低压电容器数量不多时，可与低压配电装置设在一间房内。

5）留有发展余地。如变压器室应考虑扩建时更换大的变压器的可能性；高低压配电室均须留有一定数量开关柜（屏）的备用位置。

2. 变配电所的总体布置方案

（1）35kV/10kV 总降压变电所的布置方案　图 5-46 为 35kV/10kV 总降压变电所单层布置的典型方案示意图；图 5-47 为双层布置的典型方案示意图。

图 5-46　35kV/10kV 总降压变电所单层布置典型方案示意图

1—35kV 架空进线　2—主变压器（4000kVA）　3—35kV 高压开关柜　4—10kV 高压开关柜

图 5-47　35kV/10kV 总降压变电所双层布置典型方案示意图

1—35kV 架空进线　2—主变压器（6300kVA）　3—35kV 高压开关柜　4—10kV 高压开关柜

（2）10kV 高压配电所和附设车间变电所的布置方案 图 5-48 所示为一个 10kV 高压配电所和附设车间变电所的布置方案示意图。

（3）6～10kV/0.4kV 车间变电所的布置方案 图 5-49a 为一个户内式装有两台变压器的独立式变电所的布置方案；图 5-49b 为户外式装有两台变压器的独立式变电所的布置方案；图 5-49c 为装有两台变压器的附设式变电所的布置方案；图 5-49d 为装有一台变压器的附设式变电所的布置方案；图 5-49e、f 为露天或半露天变电所设有两台和一台变压器的变电所布置方案。

图 5-48 10kV 高压配电所和附设车间变电所的布置方案示意图
1—10kV 电缆进线 2—10kV 高压开关柜 3—10/0.4kV 变压器 4—380V 低压配电屏

a) 户内式，变压器在室内　　　　b) 独立式，变压器在室外

c) 附设式，有两台变压器　　　　d) 附设式，有一台变压器

e) 露天或半露天式，有两台变压器　　f) 露天或半露天式，有一台变压器

图 5-49 6～10kV/0.4kV 的车间变电所的布置方案示意图
1—变压器室或露天或半露天变压器装置 2—高压配电室 3—低压配电室 4—值班室
5—高压电容器室 6—维修间或工具间 7—休息室或生活间

141

5.4.3 变配电所的结构

1. 变压器室和室外变压器台的结构

（1）变压器室的结构 变压器室的结构形式取决于变压器的型式、容量、放置方式、接线方案、进出线的方式和方向等很多因素，并应考虑运行维护的安全以及通风、防火等问题；另外，考虑到今后的发展，变压器室宜有更换大一级容量的可能性。

为保证变压器安全运行及防止变压器失火时故障蔓延，根据 GB 50053—2013《20kV 及以下变电所设计规范》，变压器外廓与变压器室墙壁、门的最小净距见表 5-3，以保证变压器的安全运行和维护方便。

表 5-3 变压器外廓与变压器室墙壁、门的最小净距 （单位：mm）

序 号	项 目	变压器容量/kVA	
		100 ~ 1000	1250 及以上
1	可燃油油浸式变压器外廓与后壁、侧壁净距	600	800
2	可燃油油浸式变压器外廓与门的净距	800	1000
3	干式变压器带有 IP2X 及以上防护等级的金属外壳与后壁、侧壁净距	600	800
4	干式变压器有金属网状遮拦与后壁、侧壁净距	600	800
5	干式变压器带有 IP2X 及以上防护等级的金属外壳与门的净距	800	1000
6	干式变压器有金属网状遮拦与门的净距	800	1000

可燃油油浸式变压器室的耐火等级应为一级，非燃或难燃介质的电力变压器室的耐火等级不应低于二级。

变压器室的门要向外开；室内只设通风窗，不设采光窗；进风窗设在变压器室前门的下方，出风窗设在变压器室的上方，并应有防止雨、雪和蛇、鼠类小动物从门、窗及电缆沟等进入室内的设施；通风窗的面积应根据变压器的容量、进风温度及变压器中心标高至出风窗中心标高的距离等因素确定；通风窗应采用非燃烧材料。变压器室一般采用自然通风，夏季的排风温度不宜高于 45℃，进风和排风的温差不宜大于 15℃。

变压器室的布置方式按变压器推进方式，分为宽面推进式和窄面推进式两种。

变压器室的地坪按通风要求，分为地坪抬高和不抬高两种形式。变压器室的地坪抬高时，通风散热更好，但建筑费用较高。变压器容量在 630kVA 及以下的变压器室地坪，一般不抬高。

设计变压器室的结构布置时，可参考 GB 50053—2013《20kV 及以下变电所设计规范》、GB 50059—2011《35kV ~ 110kV 变电站设计规范》、17D201-4《20kV/0.4kV 及以下油浸变压器室布置及变配电所常用设备构件安装》和 97D267《附设式电力变压器室布置（35kV）》。图 5-50 为 17D201-4 图集中一个油浸式电力变压器室的结构布置图，该变压器室为窄面推进式，室内地坪不抬高，高压侧采用 6 ~ 10kV 负荷开关—熔断器或隔离开关—熔断器，高压电缆由左侧下方进入，低压母线由右侧上方出线。

图 5-50 油浸式电力变压器室的结构布置图

1—主变压器（6～10kV/0.4kV） 2—负荷开关或隔离开关的操作机构 3—负荷开关或隔离开关
4—高压母线支架 5—高压母线 6—接地线 7—中性母线 8—临时接地的接线端子 9—熔断器
10—高压绝缘子 11—电缆保护管 12—高压电缆 13—电缆头 14—低压母线 15—穿墙隔板

对于非油浸式电力变压器室的结构布置，可参考 99D201-2《干式变压器安装》标准图集。图 5-51 为 99D201-2 图集中的一个干式变压器室的结构布置图。该变压器室也为窄面推进式，高压侧采用 6～10kV 负荷开关或隔离开关，高压电缆由左侧下方进入，低压母线由右侧上方出线。

图 5-51 干式变压器室的结构布置图

图5-51 干式变压器室的结构布置图（续）

1—主变压器（6～10kV/0.4kV） 2—负荷开关或隔离开关 3—负荷开关或隔离开关的操作机构
4—高压电缆 5—电缆头 6—电缆芯端接头 7—电缆保护管 8—电缆支架 9—高压母线
10—高压母线夹具 11—高压支柱绝缘子 12—高压母线支架 13—低压母线 14—接地线
15—低压母线夹具 16—电缆线路绝缘子 17—低压母线支架 18—PE接地干线
19—固定钩 20—安装底座 21—固定螺栓 22—低压母线穿墙板
23—临时接地的接线端子 24—预埋钢板 25—木栅栏

（2）室外变压器台的结构 露天或半露天变电所的变压器四周，应设不低于1.7m高的固定围栏（或墙）；变压器外廓与围栏（墙）的净距不应小于0.8m，变压器底部距地面不应小于0.3m，相邻变压器外廓之间的净距不应小于1.5m。当露天或半露天变压器供给一级负荷用电时，相邻的可燃油油浸式变压器的防火净距不应小于5m，若小于5m，应设置防火墙，防火墙应高出储油柜顶部，且墙两端应大于挡油设施两侧各0.5m。

设计室外变电所时，应参考上述的GB 50053—2013和GB 50059—2011以及86D266《落地式变压器台》标准图集。图5-52为86D266图集中的一个露天变电所的变压器台结构图。该变电所为一路架空进线，高压侧设RW10-10F型跌开式熔断器和避雷器，避雷器和变压器低压侧的中性点及变压器外壳一起接地。

2. 高、低压配电室的结构

高、低压配电室的结构形式主要取决于高、低压开关柜（屏）的形式、尺寸和数量，同时要考虑运行、维护的方便和安全，留有足够的操作维护通道，并兼顾今后的发展，留有适当数量的备用开关柜（屏）的位置，但占地面积不宜过大，建筑费用不宜过高。为了布线和检修的需要，高压开关柜下面设有电缆沟。

高压配电室内各种通道的最小宽度，按GB 50053—2013规定，见表5-4。

图 5-52   露天变电所的变压器台结构图

1—变压器（6～10kV/0.4kV）   2—电杆   3—跌开式熔断器   4—避雷器
5—低压母线   6—中性母线   7—穿墙隔板   8—围墙或栅栏   9—接地线
注：括号内的尺寸适合容量为 630kVA 及以下的变压器。

表 5-4   高压配电室内各种通道的最小宽度

开关柜布置方法	柜后维护通道宽/mm	柜前操作通道宽/mm	
		固定柜式	手车柜式
单列布置	800	1500	单长度 + 1200
双列面对面布置	800	2000	双车长度 + 900
双列背对背布置	1000	1500	单车长度 + 1200

低压配电室内成列布置的配电屏，其屏前、屏后的通道最小宽度规定见表 5-5。

表 5-5   低压配电室内成列布置的配电屏屏前、屏后通道的最小宽度

配电柜形式	配电柜布置形式	屏前通道宽/mm	屏后通道宽/mm
固定式	单列布置	1500	1000
	双列面对面布置	2000	1000
	双列背对背布置	1500	1500

（续）

配电柜形式	配电柜布置形式	屏前通道宽/mm	屏后通道宽/mm
	单列布置	1800	1000
抽屉式	双列面对面布置	2300	1000
	双列背对背布置	1800	1000

低压配电室的高度应与变压器室综合考虑，以便于变压器低压出线；当配电室与抬高地坪的变压器室相邻时，配电室高度不应小于 4m；当配电室与不抬高地坪的变压器相邻时，配电室高度不应小于 3.5m；为了布线需要，低压配电屏下面也设有电缆沟。

高压配电室的耐火等级不应低于二级，低压配电室的耐火等级不应低于三级。高压配电室宜设不能开启的自然采光窗，低压配电室可设能开启的自然采光窗，配电室临街的一面不宜开窗。配电室应设置防止雨、雪的设施以及防止小动物从采光窗、通风窗、门、电缆沟等进入室内的设施。长度大于 7m 的配电室应设两个出口，并宜设在配电室的两端；长度大于 60m 时，宜再增加一个出口。

图 5-53 和图 5-54 分别为手车式和固定式高压开关柜的布置示意图。

图 5-53　手车式高压开关柜的布置示意图

A—柜体侧面宽度　*B*—柜体正面宽度　*n*——列的柜体个数　*H*—柜体高度

h—柜体顶部到母线桥高度　L_1—柜前操作通道，值为单车长度 + 1200mm

L_2—柜前操作通道，值为双车长度 + 900mm

低压配电室的两种布置方案如图 5-55 所示。

a) 单列布置　　　　　　　　　　　　　b) 双列面对面布置

图 5-54　固定式高压开关柜的布置示意图

1—高压开关柜　2—高压支柱绝缘子及母线夹具　3—高压母线　4—母线桥　5—电缆沟

a) 单列靠墙立面图　　b) 单列离墙立面图　　c) 双列离墙立面图

d) 单列平面图　　　　　　　　e) 双列平面图

单位：mm

图 5-55　低压配电室的两种布置方案

H—柜体高度　*n*——列的柜体个数

3. 高、低压电容器室的结构

高、低压电容器室采用的电容器柜通常为成套的。按 GB 50053—2013 规定，成套电容器柜单列布置时，柜正面和墙面距离不应小于1.5m；双列布置时，柜面之间距离不小于2.0m。图5-56所示为高压电容器室的单列布置图。

a) 平面图　　　　　　　　　b) 立面图　　　　　　　　单位：mm

图5-56　高压电容器室的单列布置图

1—电压互感器柜　2—电容器柜

高压电容器室的耐火等级不得低于二级，低压电容器室的耐火等级不得低于三级。

电容器室应有良好的自然通风，当自然通风不能满足要求时，可增设机械排风。电容器室应设温度指示器。电容器室应设置防止雨、雪的设施以及防止小动物从采光窗、通风窗、门、电缆沟等进入室内的设施。

4. 值班室的结构

值班室的结构形式要根据整个变配电所的总体布置和值班制度来确定，以便于变配电所的运行维护。如值班室应有良好的自然采光；在采暖地区，值班室的采暖装置应采用排管焊接；值班室通往外面的门应朝外开。

5.5 箱式变电站

箱式变电站又称成套变电站或组合式变电站，它是20世纪60~70年代国外推出的一种变电设备。箱式变电站是一种把高压开关设备、配电变压器和低压配电装置按一定接线方案在工厂预制成型的户内、户外紧凑式配电设备，具有成套性强、体积小、占地小、能深入负荷中心、提高供电质量、减少损耗、送电周期短、选址灵活、对环境适应性强、安装方便、运行安全可靠及投资少、见效快等一系列优点。

箱式变电站分户内式和户外式两种。户内式主要用于高层建筑和民用建筑的供电，户外式则更多用于工矿企业、公共建筑和住宅小区的供电。箱式变电站用在市区，可装在人行道旁、绿化区、道路交叉口、生活小区、生产厂区、高层建筑等处。

1. 箱式变电站的特点

箱式变电站主要由多回路高压开关系统、铠装母线、变电站综合自动化系统、通信、远动、补偿及直流电源等电气单元组合而成，安装在一个防潮、防锈、防尘、防鼠、防火、防盗、封闭、可移动的钢结构箱体内，机电一体化，全封闭运行，主要有以下特点：

（1）技术先进安全可靠 箱体部分采用国内领先技术及工艺，外壳一般采用镀铝锌钢板或复合式水泥板，框架采用标准集装箱材料，有良好的防腐性能，保证 20 年不锈蚀；内封板采用铝合金扣板，夹层采用防火保温材料，内装空调及除湿装置，设备运行不受自然气候环境及外界污染的影响，可保证在 −40 ~ +40℃的环境中正常运行。

箱体内一次设备采用全封闭高压开关柜（如 XGN 型）、干式变压器、干式互感器、真空断路器、旋转隔离开关等，产品无裸露带电部分，为全封闭、全绝缘结构，全站可实现无油化运行，安全可靠性高。

（2）自动化程度高 全站采用智能化设计，保护系统采用变电站微机综合自动化装置，分散安装的每个单元均具有独立运行功能，继电保护功能齐全，箱体内湿度、温度可进行控制和远方烟雾报警，满足无人值班的要求。

（3）工厂预制化 设计箱式变电站时，只要设计人员根据变电站的实际要求，设计出主接线图和箱内设备，就可根据厂家提供的箱式变电站规格和型号，所有设备在工厂一次安装、调试合格，大大缩短了建设工期。

（4）组合方式灵活 箱式变电站由于结构比较紧凑，每个箱体均构成一个独立系统，使得组合方式灵活多变。可以全部采用箱式，也就是说，35kV 及 10kV 设备全部箱内安装，组成全箱式变电站；也可采用开关箱，35kV 设备室外安装，10kV 设备及控保系统箱内安装。对于后一种组合方式，特别适用于旧站改造，即原有 35kV 设备不动，仅安装一个 10kV 开关箱即可达到无人值守的要求。总电站没有固定的组合模式，使用单位可根据实际情况自由组合一些模式，以满足安全运行的要求。

（5）投资省见效快 箱式变电站较同规模常规变电所减少投资 40% ~ 50%。在箱式变电站中，由于选用先进的设备，特别是无油设备的运行，从根本上彻底解决了电站中的设备渗漏问题，减小了维护工作量，节约了运行维护费用，整体经济效益十分可观。

（6）占地面积小 同容量箱式变电站的占地面积仅为土建站所占面积的 1/5 ~ 1/10。

（7）外形美观且易与环境协调

2. 箱式变电站的总体结构

箱式变电站的总体结构是指作为箱式变电站的三个主要部分——高压开关设备、变压器、配电装置的布置方式。从国内外看，箱式变电站的总体布置主要有两种形式：组合式和一体式。所谓组合式，是指这三部分各为一室而组成"目"字形或"品"字形布置；一体式是指以变压器为主体，熔断器及负荷开关等装在变压器箱体内，构成一体式布置。我国的箱式变电站一般为组合式布置。

组合式箱式变电站中，高压开关设备所在的室一般称为高压室，变压器所在的室称为变压器室，低压配电装置所在的室称为低压室。上述每个部分都由生产厂家按一定的接线方案生产和成套供应，再现场组装在一个箱体内。这种箱式变电站不必专门建造变压器室、高低压配电室等，因而大大减少了土建投资，简化了供配电系统。

下面以西门子 8FA 型箱式变电站为例来介绍该类变电站的结构和布置特点。

8FA 型箱式变电站的主接线图如图 5-57 所示。

图 5-57　8FA 型箱式变电站的主接线图

注：1）为接地合闸开关的安装部位

8FA 型箱式变电站的总体布置方案如图 5-58 所示。其布置方案可根据安装地点空间的具体情况进行安排。而且，这种箱式变电站不仅可安装在地坪上，也可安装在车间内的中间隔层上，在汽车制造厂内往往采用这种安装方法。

8FA 型箱式变电站的内部结构由高压设备、带变压器外壳的干式变压器和低压设备组成。

高压设备装在一个涂漆的钢板外壳内，一般采用负荷式隔离开关—高压熔断器组合，由电缆馈电，接地装置采用接地合闸开关。

干式变压器装在一个变压器壳内，该外壳能防止直接或间接触及变压器；外壳的类型有顶部装有风机的强制通风运行方式的变压器外壳和顶部装有顶罩、用于自然通风运行方式的变压器外壳。

低压开关设备由各钢板封装的单个低压配电屏组成。

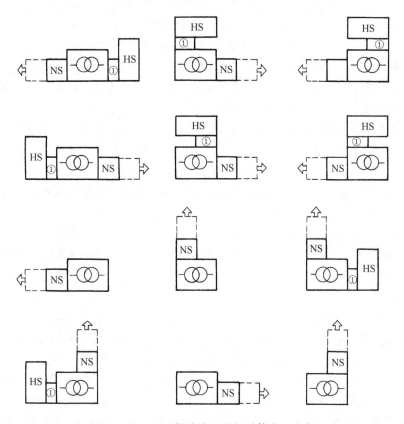

图 5-58　8FA 型箱式变电站的总体布置方案

HS—装有降压通道①的高压配电室　NS—可扩充的低压配电室　–⚬⚬–—变压器室（内装干式变压器）

小　结

本章介绍了工厂电力线路的接线方式，以及变电所的类型、变电所常用主接线，简单介绍了变电所的位置、布置和结构。

1）工厂高压线路和低压线路的接线方式有放射式、树干式和环形等，工厂的实际配电系统往往是这几种接线方式的组合。但应注意，工厂电力线路的接线应力求简单可靠，GB 50052—2009《供配电系统设计规范》规定："供配电系统应简单可靠，同一电压供电系统的变配电级数不宜多于两级。"

2）架空线路的成本低，投资小，安装容易，维护和检修比较方便，容易发现和排除故障；但易受环境影响，而且，要占用一定的地面和空间，有碍观瞻、交通和整体美化，因此其使用受到一定的限制。架空线路由导线、电杆、绝缘子和线路金具等主要元件组成。导线在电杆上的排列方式，一般为三角形排列、水平排列或垂直排列等。架空绝缘导线耐压水平高，受环境影响小，使用寿命比裸导线要长，其载流量比同截面的裸导线的载流量大。电缆线路成本高，投资大，查找故障困难，但受外界因素影响小，供电可靠性高，不占路面，不碍观瞻，发生事故不易影响人身安全；其类型常用的有油浸纸绝缘电缆、塑料绝缘电缆和橡胶绝缘电缆等；电缆是一种特殊结构的导线，由线芯、绝缘层和保护层三部分组成；电缆的敷设方式有：① 直接埋地敷设；② 电缆沟敷设；③ 电缆隧道敷设；④ 电缆排管敷设；⑤ 电缆桥架敷设等。车间线路包括室内配电线路和室外配电线路。室内（厂房内）配电线路大多采用绝缘导线，绝缘导线有橡皮绝缘导线和塑料绝缘导线两种；配电干线多采用裸导线（母线），少数采用电缆。绝缘导线的敷设方式分明敷和暗敷两种，裸导线大多采用封闭式母线（又称母线槽）布线。

3）变配电所的主接线基本要求是安全、可靠、灵活、经济。工厂变电所常用的主接线基本形式，有线路—变压器组、母线、桥式接线三种，根据负荷性质和电源进线，可衍生出各种形式的主接线。有一、二级负荷时采用双回路电源进线，变压器也应该有两台或两台以上，35kV 总降压变电所主变压器一般不超过两台。双回路电源进线高压侧单母线分段的主接线以及桥式接线可靠性高且操作灵活。线路—变压器组接线适用于三级负荷，可靠性不高，但接线简单、经济。单电源进线有母线时，母线不分段，这种接线可靠性不太高。车间变电所主接线一般都比较简单，高压侧可装设隔离开关—断路器、负荷开关—熔断器、跌落式熔断器几种电气开关设备，电缆进线时，可以不考虑装设避雷器，架空进线时，一般要在高压侧装设避雷器，且避雷器接地线与变压器低压中性点接在一起接地。

4）工厂常用的供电电压一般为 35kV 或 6~10kV，厂区高压配电电压为 6~10kV，低压为 380V，照明系统电压为 220V（单相），低压配系统电压也有 660V 的。总降压变电所进线电压一般在 35kV 及以上，将电压降为 6~10kV，再配电给车间变电所。独立变电所是相对车间附设变电所而言，独立变电所可供附近一个或几个车间的用电（负荷较小时）。车间附设变电所有内附式、外附设、车间内等几种形式。

5）变电所的位置主要从安全、经济、方便和环境要求等方面考虑，如变电所应设在靠近负荷中心，偏向电源，进出线方便，不能建在有腐蚀气体、剧烈振动、低洼、有爆炸危险的场所等。变电所的布置主要介绍了室内变电所的布置方案，变压器与低压配电室靠在一起是为了出线方便、减小低压配电距离，高压电容器室宜与高压配电室靠在一起，值班室一般布置在中间，对运行维护都非常方便。对变电所的结构要了解设备之间或设备与墙之间的最小净距，对各室的门都有一些具体要求，如高低压配电室相邻时，门应朝低压配电室开，或采用双向开启的门，主要是为了发生故障时，便于运行人员的疏散。

6）箱式变电站又称成套变电站或组合式变电站，是一种把高压开关设备、配电变压器和低压配电装置按一定接线方案在工厂预制成型的户内、户外紧凑式配电设备，具有成套性强、体积小、选址灵活、对环境适应性强、安装方便、运行安全可靠及投资小、见效快、技术先进、自动化程度高等一系列优点；箱式变电站分户内式和户外式两种，户内式主要用于高层建筑和民用建筑的供电，户外式则更多用于工矿企业、公共建筑和住宅小区的供电；其三个主要部分（高压开关设备、变压器、配电装置）的总体布置有两种形式：组合式和一体式。组合式是指这三部分各为一室组成"目"字形或"品"字形布置；一体式是指以变压器为主体，熔断器及负荷开关等装在变压器箱体内，构成一体式布置。

思 考 题

5-1 试分别比较高压和低压的放射式接线和树干式接线的优缺点，并分别说明高低压配电系统各适宜于首先考虑哪种接线方式？

5-2 试比较架空线路和电缆线路的优缺点，并说明它们分别适用于什么场合？

5-3 架空线路主要由哪些部分组成？电力电缆的基本结构有哪些？

5-4 电力电缆有哪些敷设方式？各适用于什么场合？

5-5 电缆桥架一般敷设于什么场合？

5-6 裸导线如何识别相位？

5-7 绝缘导线有哪些敷设方式？

5-8 车间附设式变电所与车间内变电所相比各有何优缺点？各适用于什么场合？

5-9 对工厂变配电所主接线有哪些要求？变电所高压侧采用隔离开关—熔断器接线与采用隔离开关—断路器接线各有什么优缺点？各适用于什么场合？

5-10 什么是内桥式接线和外桥式接线？各有什么特点？各适用于什么场合？

5-11 变配电所所址的选择应考虑哪些条件？变电所靠近负荷中心有哪些好处？

5-12 变配电所总体布置应考虑哪些要求？变压器室、低压配电室、高压配电室、高压电容器室和值班室相互之间的位置通常是怎样考虑的？

5-13 箱式变电站适用于什么场合？有什么特点？

5-14 一般箱式变电站由哪几部分组成？

第 **6** 章

供配电设备及导线的选择校验

供配电系统中的导线及电气设备包括电力变压器、高低压开关电器、互感器等，均需依据正常工作条件、环境条件及安装条件进行选择，部分设备还需依据故障情况进行短路电流的动稳定度、热稳定度校验，在保障供配电系统安全可靠工作的前提下，力争做到运行维护方便，技术先进，投资经济合理。

6.1 电气设备选择及校验的一般原则

供配电系统中的电气设备按正常工作条件进行选择，就是要考虑电气设备装设的环境条件和电气要求：环境条件是指电气设备所处的位置（户内或户外）、环境温度、海拔高度以及有无防尘、防腐、防火、防爆等要求；电气要求是指电气设备对电压、电流、频率等方面的要求；对开关电器及保护用设备，如开关、熔断器等，还应考虑其断流能力。

电气设备按短路故障情况进行校验，就是要按最大可能的短路故障（通常为三相短路故障）时的动、热稳定度进行校验。但熔断器和有熔断器保护的电器和导体（如电压互感器等），以及架空线路，一般不必考虑动稳定度、热稳定度校验，对电缆，也不必进行动稳定度的校验。

在供配电系统中，尽管各种电气设备的作用不一样，但选择的要求和条件却有诸多相同。为保证设备安全、可靠地运行，各种设备均应按正常工作条件下的额定电压和额定电流选择，并按短路故障条件校验其动稳定度和热稳定度。

1. 按工作环境要求选择电气设备的型号

工作环境要求有：户内、户外、海拔、环境温度、矿山（井）、防尘、防爆等。

2. 按工作电压选择电气设备的额定电压

一般电气设备和导线的额定电压 U_N 应不低于设备安装地点电网的电压（额定电压）U_{WN}，即

$$U_N \geqslant U_{WN} \tag{6-1}$$

例如，在 10kV 线路中，应选择额定电压为 10kV 的电气设备；380V 系统中应选择额定

电压为 380V（0.4kV）或 500V 的电气设备。

3. 按最大负荷电流选择电气设备的额定电流

导体和电气设备的额定电流 I_N 是指在额定环境温度下长期允许通过的电流，该电流应不小于通过设备的最大负荷电流（计算电流）I_{30}，即

$$I_N \geq I_{30} \tag{6-2}$$

4. 对开关类电气设备还应考虑其断流能力

设备的最大开断电流 I_{oc}（或容量 S_∞）应不小于安装地点的最大三相短路电流 $I_k^{(3)}$（或短路容量 $S_k^{(3)}$，即

$$I_{oc} \geq I_k^{(3)} \tag{6-3}$$

或

$$S_{oc} \geq S_k^{(3)} \tag{6-4}$$

5. 按短路条件校验电气设备的动稳定度和热稳定度

电气设备在短路故障条件下必须具有足够的动稳定度和热稳定度，以保证电气设备在短路故障时不致损坏。

（1）热稳定度校验　通过短路电流时，导体和电器各部件的发热温度不应超过短时发热最高允许温度，即

$$I_t^2 t \geq I_\infty^{(3)2} t_{ima} \tag{6-5}$$

其中

$$t_{ima} = t_k + 0.05s \tag{6-6}$$

当 $t_k > 1s$ 时，

$$t_{ima} = t_k \tag{6-7}$$

式中，$I_\infty^{(3)}$ 为设备安装地点的三相短路稳态电流（kA）；t_{ima} 为短路发热假想时间（又称短路发热等值时间，s）；t_k 为实际短路时间；I_t 为 t 秒（s）内允许通过的短路电流值或称 t 秒（s）热稳定电流（kA）；t 为设备生产厂家给出的设备热稳定计算时间，一般为 4s、5s、1s 等。I_t 和 t 可查阅相关的产品手册或产品样书得到。

（2）动稳定度校验　动稳定（电动力稳定）是指导体和电器承受短路电流机械效应的能力。满足动稳定度的校验条件为

$$i_{max} \geq i_{sh}^{(3)} \tag{6-8}$$

或

$$I_{max} \geq I_{sh}^{(3)} \tag{6-9}$$

式中，$i_{sh}^{(3)}$ 为设备安装地点的三相短路冲击电流峰值（kA）；$I_{sh}^{(3)}$ 为设备安装地点的三相短路冲击电流有效值（kA）；i_{max} 为设备的极限通过电流（或称动稳定电流）峰值（kA）；I_{max} 为设备的极限通过电流（或称动稳定电流）有效值（kA）。i_{max} 和 I_{max} 均可由相关产品的手册或样本中查到。

6.2 电力变压器的选择

电力变压器的类型及各自的特点、应用场合在第 2 章的第 3 节已有详细介绍，不再赘述。

表 6-1 为各种电力变压器的性能比较。

表6-1　各种电力变压器的性能比较

类型 项目	矿物油变压器	硅油变压器	SF$_6$变压器	干式变压器	环氧树脂浇注绝缘 干式变压器
价格	低	中	高	高	较高
安装面积	中	中	中	大	小
体积	中	中	中	大	小
爆炸性	有可能	可能性小	不爆	不爆	不爆
燃烧性	可燃	难燃	难燃	难燃	难燃
噪声	低	低	低	高	低
耐湿性	良好	良好	良好	弱（无电压时）	优
防尘性	良好	良好	良好	弱	良好
损耗	大	大	稍小	大	小
绝缘等级	A	A或H	E	B或H	B或F
质量	重	较重	中	重	轻
一般工厂	普遍使用	一般不用	一般不用	一般不用	很少使用
高层建筑的地下室	一般不用	可使用	宜使用	不宜使用	推荐使用

6.2.1　电力变压器的台数选择

选择主变压器台数时应考虑下列原则：

1）应满足用电负荷对供电可靠性的要求。对拥有大量一、二级负荷的变电所，宜采用两台或以上变压器，以便当一台变压器发生故障或检修时，另一台变压器能对一、二级负荷继续供电。对只有二级而无一级负荷的变电所，也可以采用一台变压器，但必须在低压侧敷设与其他变电所相连的联络线作为备用电源。

2）对季节性负荷或昼夜负荷变动较大而宜于采用经济运行方式的变电所，也可考虑采用两台变压器。

3）除上述情况外，一般变电所宜采用一台变压器，但是负荷集中而容量相当大的变电所，虽为三级负荷，也可以采用两台或以上变压器。

4）在确定变电所主变压器台数时，还应适当考虑负荷的发展，留有一定的余量。

6.2.2　变电所主变压器容量的选择

1. 装有一台主变压器的变电所

主变压器容量 S_T（设计时通常概略地用 S_{NT} 来代替）应满足全部用电设备总计算负荷 S_{30} 的需要，即

$$S_T \approx S_{NT} \geqslant S_{30} \tag{6-10}$$

2. 装有两台主变压器的变电所

每台变压器的容量 S_T 应同时满足以下两个条件并择其中的大者：

1）一台变压器单独运行时，要满足总计算负荷 S_{30} 的大约 60% ~ 70% 的需要，即

$$S_T \approx S_{NT} = (0.6 \sim 0.7)\ S_{30} \tag{6-11}$$

2）任一台变压器单独运行时，应满足全部一、二级负荷 $S_{30(\,I\,+\,II\,)}$ 的需要，即

$$S_T \approx S_{NT} \geqslant S_{30(\,I\,+\,II\,)} \tag{6-12}$$

3. 装有两台主变压器且为明备用的变电所

所谓明备用是指两台主变压器一台运行、另一台备用的运行方式。此时，每台主变压器容量 S_{NT} 的选择方法与仅装一台主变压器的变电所的容量选择方法相同。

4. 车间变电所主变压器的单台容量上限

车间变电所主变压器的单台容量，一般不宜大于 1250kVA。这一方面是受低压开关电器断流能力和短路稳定度要求的限制；另一方面也是考虑到可以使变压器更接近于车间负荷中心，以减少低压配电线路的电能损耗、电压损耗和有色金属消耗量。但是，现在我国已能生产一些断流能力更大和短路稳定度更好的新型低压开关电器，如 DW16、ME 等型号的低压断路器，因此如果车间负荷容量较大、负荷集中且运行合理时，也可以选用单台容量为 1250（或 1600）~2000kVA 的配电变压器，从而减少主变压器台数及高压开关电器和电缆的使用数量。

对装设在二层以上的电力变压器，应考虑运输吊装和对通道、楼板荷载的影响。采用干式变压器时，其容量不宜大于 800kVA。

对居住小区变电所，一般采用环氧树脂浇注绝缘干式变压器，如采用油浸式变压器，单台容量不宜超过 800kVA。这是因为油浸式变压器容量大于 800kVA 时，按规定应装设瓦斯保护，而该变压器电源侧的断路器往往不在变压器附近，因此瓦斯保护很难实施，而且如果变压器容量增大，供电半径也相应增大，将会造成供电末端的电压偏低，给居民生活带来不便，如荧光灯起动困难、电冰箱不能起动等问题。

5. 适当考虑近期负荷的发展

应适当考虑今后 5~10 年电力负荷的增长，留有一定的余地，同时还要考虑变压器一定的正常过负荷能力。

最后必须指出：变电所主变压器台数和容量的最后确定，应结合变电所主接线方案的选择，对几个较合理方案做技术经济进行比较，择优而定。

例 6-1　某车间变电所（10/0.4kV），总计算负荷为 1350kVA，其中一、二级负荷680kVA。试选择变压器的台数和容量。

解：根据车间变电所变压器台数及容量的选择要求，该车间变电所有一、二级负荷，故宜选择两台主变压器。

任一台变压器单独运行时，要满足 60%~70% 的总负荷要求，即

$$S_{NT} = (0.6 \sim 0.7) \times 1350kVA = 810 \sim 945kVA$$

且任一台变压器应满足全部一、二级负荷的要求，所以有

$$S_{NT} \geqslant 680kVA$$

根据上述条件，可选两台容量均为 1000kVA 的变压器，具体型号为 S9—1000/10 的铜绕组低损耗三相油浸式电力变压器。

6.3 高低压开关电器的选择及校验

如6.1节所述，高低压开关设备的选择，必须满足一次电路正常条件下和短路故障条件下工作的要求及断流能力的要求，同时设备应工作安全可靠，运行维护方便，投资经济合理。

表6-2是高低压电气设备选择检验的项目及条件，对应的公式见6.1节。

表6-2 高低压电气设备选择检验的项目及条件

电气设备名称	正常工作条件选择			短路故障校验	
	电压/kV	电流/A	断流能力/kA	动稳定度	热稳定度
高低压熔断器	√	√	√	×	×
高压隔离开关	√	√	—	√	√
高压负荷开关	√	√	√	√	√
高压断路器	√	√	√	√	√
低压刀开关	√	√	√	—	—
低压负荷开关	√	√	√	—	—
低压断路器	√	√	√		

注：1. 表中"√"表示必须校验，"×"表示不必检验，"—"表示可不检验。
　　2. 选择高压电气设备时，计算电流取变压器高压侧的额定电流。

6.3.1 高压隔离开关的选择及校验

由于高压隔离开关主要是用于电气隔离而不能分断正常负荷电流和短路电流，因此，只需要选择额定电压和额定电流校验短路故障时的动稳定度和热稳定度，而不必考虑断流能力的选择。在成套高压开关柜中，生产厂商会提供各种配置的开关柜方案号，并配有柜内设备型号，用户可按厂商提供的型号选择，也可以自己指定设备型号。具体的选择条件如下：

1）高压隔离开关的额定电压应大于等于安装处的线路额定电压，见式(6-1)。

2）高压隔离开关的额定电流 I_N 应大于通过它的计算电流，见式(6-2)。

3）高压隔离开关的动稳定度校验见式(6-8) 或式(6-9)。

4）高压隔离开关的热稳定度可按式(6-5) 进行校验。

例6-2 某10kV高压开关柜出线处，线路的计算电流为400A，三相最大短路电流为3.2kA，三相短路容量为55MVA，短路冲击电流有效值为8.5kA，短路保护的动作时间为1.6s。试选择柜内隔离开关。

解：由于10kV出线控制采用成套开关柜，根据厂商提供的金属铠装固定式开关柜的配置，高压隔离开关采用 GN24 - 10D 型，型号中 D 表示带接地开关。它是在 GN19 型隔离开关基础上增加接地开关而成，有合闸、分闸、接地三个工作位置，并能分步动作，具有防止带电挂接地线和带接地线合闸的防误操作性能。选择计算结果见表6-3。从表6-3可以看出，所选的隔离开关的参数均大于装设地点的电气条件，故所选隔离开关合格。

表 6-3 高压隔离开关选择校验表

序号	GN24—10D/630		选择要求	安装地点电气条件		结论
	项 目	数 据		项 目	数 据	
1	U_N/kV	10	≥	U_{WN}/kV	10	合格
2	I_N/A	630	≥	I_c/A	400	合格
3	额定峰值耐受电流（动稳定）i_{max}/kA	50	≥	$I_{sh}^{(3)}$/kA	8.5	合格
4	4s 热稳定电流（热稳定）$I_t \times 4$/kA²s	$20^2 \times 4 = 1600$	≥	$I_\infty^{(3)2}t_{ima}$/kA²s	$(3.2)^2 \times 1.6 \approx 16.38$	合格

6.3.2 高压负荷开关的选择及校验

由于高压负荷开关不仅具有高压隔离开关的功能，还能通断正常负荷电流和一定的过负荷电流，因此，在选择时，除了必须考虑额定电压和额定电流、校验短路故障时的动稳定度和热稳定度，还应考虑其断流能力。具体的选择条件如下：

1）高压负荷开关的额定电压应大于等于安装处线路的额定电压，见式(6-1)。

2）高压负荷开关的额定电流应大于等于它所安装的热脱扣器的额定电流，见式(6-2)。

3）高压负荷开关的最大开断电流应不小于它可能开断的最大过负荷电流，即

$$I_{oc} \geq I_{OL} \qquad\qquad (6-13)$$

式中，I_{OL} 为高压负荷开关需要开断的线路最大过负荷电流。

4）高压负荷开关的动稳定度可按式(6-8) 或式(6-9) 进行校验。

5）高压负荷开关的热稳定度可按式(6-5) 进行校验。

6.3.3 高压断路器的选择及校验

高压断路器是供电系统中最重要的设备之一，目前 6～35kV 系统中使用最为广泛的是少油断路器和真空断路器。断路器的选择，除考虑额定电压、额定电流外，还要考虑其断流能力和短路时的动稳定度和热稳定度是否符合要求。从选择过程来讲，一般先按断路器的使用场合、环境条件（见表 6-4）来选择型号，然后再选择其额定电压、额定电流值，最后校验断流容量和动稳定度、热稳定度。现在由于成套装置应用较为普遍，断路器大多选择户内型；如果是户外式变电所，则放置在户外的断路器应选择户外型。具体选择条件如下：

表 6-4 断路器的环境要求

型　号	使用场合	环境温度/℃	海拔/m	相对湿度（%）	其他要求
SN10 – 10	户内无频繁操作	– 5 ～ 40	≤ 1000	<90	无火灾、无爆炸
ZN□ – 10	户内可频繁操作	– 10 ～ 40	≤ 1000	<95	无严重污垢、无化学腐蚀、无剧烈振动

1）高压断路器的额定电压应大于等于安装处的额定电压，见式(6-1)。

2）高压断路器的额定电流应大于通过它的计算电流，见式(6-2)。

3）高压断路器的最大开断电流（或容量）应不小于安装地点的实际开断时间（继电保护实际动作时间加上断路器固有分闸时间）内的最大三相短路电流（或短路容量），见式(6-3)或式(6-4)。

4）高压断路器的动稳定度可按式(6-8）或式(6-9）进行校验。

5）高压断路器的热稳定度可按式(6-5）进行校验。

例 6-3　按例 6-2 所给的电气条件，该线路需频繁操作，请选择柜内高压断路器。

解：因线路需频繁操作，且为户内型，故选择户内高压真空断路器。查附录 D，根据线路计算电流选择 ZN5－10/630 型真空断路器，其有关技术参数及安装地点电气条件和计算选择结果见表 6-5。从表 6-5 可以看出，断路器的参数均大于装设地点的电气条件，故所选断路器合格。

表 6-5　高压断路器选择校验表

序号	ZN5—10/630		选择要求	装设地点电气条件		结论
	项　目	数　据		项　目	数　据	
1	U_N/kV	10	≥	U_{WN}/kV	10	合格
2	I_N/A	630	≥	I_{30}/A	400	合格
3	I_{oc}/kA	20	≥	$I_k^{(3)}/kA$	3.2	合格
4	I_{max}/kA	50	≥	$I_{sh}^{(3)}/kA$	8.5	合格
5	$I_t^2 \times 4/kA^2 s$	$20^2 \times 2 = 800$	≥	$I_\infty^{(3)2} \times t_{ima}/kA^2 s$	$(3.2)^2 \times 1.6 \approx 16.38$	合格

低压刀开关及低压负荷开关的选择基本上与高压隔离开关和高压负荷开关的选择方式相同。其中，不带灭弧罩的低压刀开关因为只能在无负荷下操作，故不必考虑断流能力，而带有灭弧罩的低压刀开关及低压负荷开关的断流能力选择和高压负荷开关的断流能力选择方法一致。但是，低压刀开关、低压负荷开关的短路动稳定度、热稳定度一般可不检验。

此外，高低压熔断器和低压断路器的选择和计算将在第 7 章中介绍。

6.3.4　高低压开关柜的选择

每一种型号的开关柜，其柜内一次线路的接线方案有几十种甚至上百种，用户可以根据主接线方案及二次接线的要求，选择与主接线方案一致的柜内接线方案号，然后选择柜内设备（型号）规格。各种开关柜的主线路方案，可查有关手册或产品样本。

开关柜方案号确定后，可根据 6.3.1～6.3.3 节介绍的方法选择柜内设备的具体型号（规格）。

1. 高压开关柜的选择

一般小型工厂从经济角度考虑，选用固定式高压开关柜比较多，但大中型工厂和高层建筑则多选用手车式高压开关柜，以保证供电的可靠性和连续性，而且，手车式结构紧凑，外形美观。普通工厂的变配电所以及对防爆、防火要求不高的场所，可选用配置少油断路器的高压开关柜，而高层建筑和居民区等防火要求较高的场所，应采用配有不可燃的真空断路器或 SF$_6$ 断路器的高压开关柜；对容量较小的配电变压器馈电的高压开关柜和高压环网柜，可选用配有真空断路器或负荷开关—熔断器的开关柜。

表 6-6 为 XGN2－10 箱型固定式金属封闭开关柜部分方案号及对应的主接线电路和配置的一次设备型号、数量。其中，03 号为电缆出线控制柜；11 号可作为右（或左）联络柜，或作为架空出线的控制柜；26 号为联络柜，也就是母线分段柜，当主接线中的（单）母线采用断路器分段时可选此柜；54 号为母线电压互感器柜，每一段母线上通常都配置一台电压互感器柜。

表 6-6　XGN2－10 箱型固定式金属封闭开关柜柜内方案号

方 案 号		03	11	26	54
主接线图					
主要电器及设备	旋转式隔离开关 GN30－10	1	1	GN22－10	
	旋转式隔离开关 GN30－10D				1
	电流互感器 LZZJ－10	2	2		
	断路器 ZN28A－10A 或 SN10－10	1	1	1	
	操动机构 CD10，CT8，CD17，CT19	1	1	1	
	带电显示装置	1			
	接地开关 JN11－10	1			
	熔断器 RN2－10				3
	电压互感器 JDZ 或 JSJW				3 或 1
	避雷器 Y5C5－10				3
最大工作电流/A		630～1000			
用途		馈电柜	右（左）联络	联络柜	电压互感器柜

2. 低压配电屏的选择

中小型工厂多采用固定式低压配电屏，目前使用较广泛的开启式 PGL 型正在逐步淘汰，而 GGL、GGD 型封闭式结构的固定式低压配电屏正得到推广应用。抽屉式低压配电屏的结构紧凑，通用性好，安装灵活方便，防护安全性高，因此，近年来的应用也越来越多。

表 6-7 为 GGD1 型低压固定式配电屏的部分方案号及对应的主接线电路和可配置的一次设备型号、数量。其中，05（A）号为总控制屏；13（A）号为左联络屏；34（A）号为馈电给动力负荷的控制屏；51（A）号为馈电给照明负荷的控制屏。

表 6-7　GGD1 型低压固定式配电屏的柜内方案号

方　案　号		05 (A)	13 (A)	34 (A)	51 (A)
主接线图					
主要电器及设备	刀开关 HD13BX - 1000/31	1	2	1	
	刀开关 HD13BX - 600/31				1
	电流互感器 LMZ1 - 0.66□/4	3	3 (4)		
	电流互感器 LMZ3 - 0.66□/5			4	4
	断路器 DW15 - 1000/3□	1	1		
	断路器 DZ10 - 250/3□			4	
最大工作电流/A		630 ~ 1000			
用途		受电、馈电	受电、联络	动力馈电	照明馈电

6.4 互感器的选择及校验

6.4.1 电流互感器的选择及校验

电流互感器的选择与校验主要有以下几个条件：

1）电流互感器的额定电压应不低于装设地点线路的额定电压，见式(6-1)。

2）根据一次侧的负荷计算电流 I_{30}，选择电流互感器的电流比。

3）根据二次回路的要求选择电流互感器的准确级并校验准确级。

4）校验动稳定度和热稳定度。

5）电流互感器的类型和结构应与实际安装地点的安装条件、环境条件相适应。

1. 电流互感器电流比的选择

$$K_i = I_{1N}/I_{2N} \tag{6-14}$$

式中，I_{1N} 为电流互感器的一次侧额定电流，按式(6-2) 进行选择；I_{2N} 为二次侧额定电流，一般为5A。

电流互感器一次侧额定电流 I_{1N} 有 20A、30A、40A、50A、75A、100A、150A、200A、300A、400A、600A、800A、1000A、1200A、1500A、2000A 等多种规格，二次侧额定电流

I_{2N}通常为5A。例如，线路中的负荷计算电流为350A，则电流互感器的电流比应选择400/5。保护用的电流互感器为保证其准确度要求，可以将电流比选得大一些。

2. 电流互感器准确级的选择及校验

（1）电流互感器准确级的选用　应根据二次回路所接测量仪表和保护电器对准确级的要求而定。

准确级选择的原则：计费计量用的电流互感器其准确级为0.2～0.5级，一般计量用的电流互感器其准确级为1.0～3.0级，保护用的电流互感器，常采用10P准确级。为保证测量的准确性，电流互感器的准确级应不低于所供测量仪表等要求的准确级。如实验室用精密测量仪表要求电流互感器有0.2级的准确级；用于计费用的电能表一般要求为0.5～1级的准确级，因此对应的电流互感器的准确级亦应选为0.5级；一般测量仪表或估算用电能表要求1～3级的准确级，相应的电流互感器的准确级应为1～3级，以此类推。当同一回路中测量仪表的准确级要求不同时，应按准确级最高的仪表确定电流互感器的准确级。

（2）额定二次负荷容量的选择　由于电流互感器的准确级与其二次负荷容量有关，为了确保准确级误差不超过规定值，一般还需校验电流互感器的二次负荷容量（VA），即其二次侧所接负荷容量S_2不得大于规定的准确级所对应的额定二次负荷容量S_{2N}，准确级的校验公式为

$$S_{2N} \geq S_2 \tag{6-15}$$

电流互感器的二次负荷S_2取决于二次回路的阻抗值，计算公式为

$$S_2 = I_{2N}^2 |Z_2| \approx I_{2N}^2 (\sum |Z_i| + R_{WL} + R_{XC}) \tag{6-16}$$

或

$$S_2 \approx \sum S_i + I_{2N}(R_{WL} + R_{XC}) \tag{6-17}$$

式中，I_{2N}为电流互感器二次额定电流，一般为5A；$|Z_2|$为电流互感器二次侧总阻抗；$\sum |Z_i|$为二次回路中所有串联的仪表、继电器电流线圈阻抗之和；$\sum S_i$为二次回路中所有串联的仪表、继电器电流线圈的负荷容量之和，均可由相关的产品样本查得；R_{WL}为电流互感器二次侧连接导线的电阻；R_{XC}为电流互感器二次回路中的接触电阻，一般近似地取0.1Ω。

由式(6-16)可以看出，在电流互感器准确级一定时，其二次侧负荷阻抗Z_2与二次电流（或一次电流）的二次方成反比。

对于保护用电流互感器，其10P准确级的复合误差限值为10%。电流互感器在出厂时一般已给出电流互感器误差为10%时的一次电流倍数K_1（即I_1/I_{1N}）与最大允许的二次负荷阻抗Z_{zal}的关系曲线（简称10%误差曲线），如图6-1所示。

用户可根据一次电流倍数K_1，查出相应的允许二次负荷阻抗Z_{zal}。因此保护用电流互感器满足保护准确级要求的条件为

图6-1　某电流互感器的10%误差曲线

$$|Z_{zal}| \geq |Z_2| \tag{6-18}$$

3. 电流互感器动稳定度和热稳定度的校验

多数电流互感器都给出了对应于一次额定电流的动稳定倍数（K_{es}）和 1s 热稳定倍数（K_t），因此其动稳定度校验公式为

$$K_{es} \times \sqrt{2} I_{1N} \geq i_{sh} \tag{6-19}$$

热稳定度校验公式为

$$(K_t I_{1N})^2 t \geq I_{\infty}^{(3)2} t_{ima} \tag{6-20}$$

如电流互感器不满足式(6-15)、式(6-18)~式(6-20) 的要求，则应改选较大电流比或具有较大的 S_{2N} 或 $|Z_{zal}|$ 的电流互感器，或者加大二次侧导线的截面。

6.4.2　电压互感器的选择

电压互感器应按以下几个条件选择：

1）电压互感器的类型应与实际安装地点的工作条件及环境条件（户内、户外；单相、三相）相适应。

2）电压互感器的一次侧额定电压应不低于装设点线路的额定电压，即

$$U_{1N} \geq U_{WN} \tag{6-21}$$

3）按测量仪表对电压互感器准确级的要求选择并校验准确级。

电压互感器准确级的设置一般有 5 档，计量用电压互感器的准确级为 0.5 级及以上，一般测量用电压互感器的准确级为 1.0~3.0 级，保护用电压互感器的准确级为 3P 级和 6P 级。为了确保准确级的误差在规定的范围内，其二次侧所接负荷容量 S_2 也必须满足式(6-15)，不同的只是式(6-15) 中的 S_2 为电压互感器二次侧所有仪表、继电器电压线圈所消耗的总视在负荷，其计算公式为

$$S_2 = \sqrt{(\sum P_u)^2 + (\sum Q_u)^2} \tag{6-22}$$

式中，$\sum P_u = \sum (S_u \cos\varphi_u)$ 和 $\sum Q_u = \sum (S_u \sin\varphi_u)$ 分别为所接测量仪表和继电器电压线圈消耗的总有功功率和总无功功率。

由于电压互感器一、二次侧均有熔断器保护，因此无须校验动、热稳定度。

6.5　电力线路的截面选择及校验

正确、合理地选择电力线路直接关系到供配电系统的安全、可靠、优质、经济运行。电力线路包括电力电缆、架空导线、室内绝缘导线和硬母线等类型。因此，电力线路的选择包括类型的选择和截面的选择两部分，其中有关类型的特点和选用已在第 5 章中详细介绍，本节将重点介绍截面的选择方法。

6.5.1　概述

为了保证供配电系统安全、可靠、优质、经济地运行，选择导线和电缆截面时必须满足下列条件：

（1）发热条件　导线和电缆（包括母线）在通过正常最大负荷电流即线路计算电流

（I_{30}）时产生的发热温度，不应超过其正常运行时的最高允许温度。

（2）电压损耗条件 导线和电缆在通过正常最大负荷电流即线路计算电流（I_{30}）时产生的电压损耗，不应超过正常运行时允许的电压损耗（对于工厂内较短的高压线路，可不进行电压损耗校验）。

（3）经济电流密度 35kV 及以上的高压线路及电压在 35kV 以下但长距离、大电流的线路，其导线和电缆截面宜按经济电流密度选择，以使线路的年费用支出最小。所选截面称为经济截面。上述选择原则称为年费用支出最小原则。一般工厂和高层建筑内的 10kV 及以下线路，选择经济截面的意义并不大，因此通常不考虑此项条件。

（4）机械强度 导线（包括裸导线和绝缘导线）截面不应小于其最小允许截面，见附录 O。

（5）短路时的动稳定度、热稳定度校验 与一般电气设备一样，导线也必须具有足够的动稳定度和热稳定度，以保证在短路故障时不会损坏。

（6）与保护装置的配合 导线和安装在其线路上的保护装置（如熔断器、低压断路器等）必须互相配合，才能有效地避免短路电流对线路造成的危害。具体的配合计算方法详见本书 7.4 节。

对于电缆，不必校验其机械强度和短路动稳定度，但需校验短路热稳定度。对于母线，短路动稳定度、热稳定度都需考虑。对于绝缘导线和电缆，还应满足工作电压的要求，即绝缘导线和电缆的额定电压应不低于使用地点的额定电压。

在工程设计中，根据经验，一般对 6~10kV 及以下的高压配电线路和低压动力线路，先按发热条件选择导线截面，再校验其电压损耗和机械强度；对 35kV 及以上的高压输电线路和 6~10kV 长距离、大电流线路，则先按经济电流密度选择导线截面，再校验其发热条件、电压损耗和机械强度；对低压照明线路，先按电压损耗选择导线截面，再校验发热条件和机械强度。通常按以上顺序进行截面的选择，比较容易满足要求，较少返工，从而减少了计算的工作量。

导线与电缆的选择与校验项目见表 6-8。

表 6-8 导线与电缆的选择与校验项目

电力线路的类型		允许载流量	允许电压损失	经济电流密度	机械强度
35kV 及以上电源进线		△	△	★	△
无调压设备的 6~10kV 较长线路		△	★		△
6~10kV 较短线路		★	△		△
低压线路	照明线路	△	★		△
	动力线路	★	△		△

注：△表示校验项目，★表示选择依据。

下面分别介绍如何按发热条件、经济电流密度和电压损耗选择导线和电缆的截面。关于机械强度，对于工厂的电力线路，只需按最小允许截面（附录 O）校验即可，此处不再赘述。

6.5.2 按发热条件选择导线和电缆的截面

1. 三相系统相线截面的选择

电流通过导线（包括电缆、母线等）时，由于线路的电阻而会使其发热。当发热超过其允许温度时，会使导线接头处的氧化加剧，增大接触电阻而导致进一步的氧化，如此恶性循环会发展到触头烧坏引起断线。而且绝缘导线和电缆的温度过高时，可使绝缘加速老化甚至损坏，或引起火灾。因此，导线的正常发热温度不得超过附录 Q 中各类线路在额定负荷时的最高允许温度。

在实际工程设计中，通常用导线和电缆的允许载流量 I_{al} 不小于通过相线的计算电流 I_{30} 来校验其发热条件，即

$$I_{al} \geqslant I_{30} \tag{6-23}$$

导线的允许载流量 I_{al} 是指在规定的环境温度条件下，导线或电缆能够连续承受而不致使其稳定温度超过允许值的最大电流。如果导线敷设地点的实际环境温度与导线允许载流量所规定的环境温度不同，则导线的允许载流量须乘以温度校正系数 K_θ，其计算公式为

$$K_\theta = \sqrt{\frac{\theta_{al} - \theta_0'}{\theta_{al} - \theta_0}} \tag{6-24}$$

式中，θ_{al} 为导线额定负荷时的最高允许温度；θ_0 为导线允许载流量所规定的环境温度；θ_0' 为导线敷设地点的实际环境温度。

这里所说的环境温度是按发热条件选择导线和电缆所采用的特定温度。在室外，环境温度一般取当地最热月平均最高气温；在室内，则取当地最热月平均最高气温加 5℃；对土中直埋的电缆，取当地最热月地下 0.8 ~ 1m 的土壤平均温度，亦可近似地采用当地最热月平均气温。

附录 L 列出了裸绞线和母线在环境温度为 +25℃ 时的允许载流量；附录 M 列出了绝缘导线在不同环境温度下明敷、穿钢管和穿塑料管时的允许载流量；附录 N 列出了各类电力电缆的允许载流量及其温度校正系数值。其他导线和电缆的允许载流量，可查相关设计手册。

按发热条件选择导线所用的计算电流 I_{30} 时，对降压变压器高压侧的导线，应取为变压器额定一次电流 I_{1NT}。对电容器的引入线，由于电容器放电时有较大的涌流，因此 I_{30} 应取为电容器额定电流 I_{NC} 的 1.35 倍。

2. 中性线和保护线截面的选择

（1）中性线（N 线）截面的选择　三相四线制系统中的中性线要通过系统的三相不平衡电流和零序电流，因此，中性线的允许载流量应不小于三相系统的最大不平衡电流，同时应考虑谐波电流的影响。

一般三相线路的中性线截面 A_0，应不小于相线截面 A_φ 的 50%，即

$$A_0 \geqslant 0.5 A_\varphi \tag{6-25}$$

由三相线路引出的两相三线线路和单相线路，由于其中性线电流与相线电流相等，因此它们的中性线截面 A_0 应与相线截面 A_φ 相同，即

$$A_0 = A_\varphi \tag{6-26}$$

对于 3 次谐波电流较大的三相四线制线路及三相负荷很不平衡的线路，中性线上通过的

电流可能接近甚至超过相电流。因此在这种情况下，中性线截面 A_0 宜大于等于相线截面 A_φ，即

$$A_0 \geq A_\varphi \qquad\qquad (6-27)$$

（2）保护线（PE 线）截面的选择　保护线要考虑三相系统发生单相短路故障时单相短路电流通过时的短路热稳定度。

根据短路热稳定度的要求，保护线（PE 线）的截面 A_{PE}，按 GB 50054—2011《低压配电设计规范》规定：

1）当 $A_\varphi \leq 16\text{mm}^2$ 时　　　　　　$A_{PE} \geq A_\varphi$ 　　　　　　　(6-28)

2）当 $16\text{mm}^2 < A_\varphi \leq 35\text{mm}^2$ 时　　$A_{PE} \geq 16\text{mm}^2$ 　　　　　　(6-29)

3）当 $A_\varphi > 35\text{mm}^2$ 时　　　　　$A_{PE} \geq 0.5A_\varphi$ 　　　　　　(6-30)

对于电力变压器低压侧截面较大的 PE 线，亦可按满足热稳定度的条件，即按式(6-54)进行选择或校验。

（3）保护中性线（PEN 线）截面的选择　保护中性线兼有保护线和中性线的双重功能，因此其截面选择应同时满足上述保护线和中性线的要求，并取其中的最大值。

例 6-4　有一条采用 BLX – 500 型铝芯橡皮绝缘导线明敷的 220V/380V 的 TN—S 线路，计算电流为 50A，当地最热月平均最高气温为 +30℃。试按发热条件选择此线路的导线截面。

解：此 TN – S 线路为含有 N 线和 PE 线的三相五线制线路，因此，不仅要选择相线，还要选择中心线和保护线。

1）相线截面的选择。查附表 M-1 得环境温度为 30℃ 时明敷的 BLX – 500 型截面为 10mm^2 的铝芯橡皮绝缘导线的 $I_{al} = 60\text{A} > I_{30} = 50\text{A}$，满足发热条件。因此相线截面选 $A_\varphi = 10\text{mm}^2$。

2）N 线的选择。按 $A_0 \geq 0.5A_\varphi$，选择 $A_0 = 6\text{mm}^2$。

3）PE 线的选择。由于 $A_\varphi < 16\text{mm}^2$，故选 $A_{PE} = A_\varphi = 10\text{mm}^2$。

所选导线的型号规格表示为：BLX – 500—（$3 \times 10 + 1 \times 6 + \text{PE10}$）。

例 6-5　例 6-4 中 TN—S 线路，如采用 BLV—500 型铝芯绝缘导线穿硬塑料管埋地敷设，当地最热月平均最高气温为 +25℃。试按发热条件选择此线路的导线截面及穿线管内径。

解：查附表 M-3 得 25℃ 时 5 根单芯线穿硬塑料管的 BLV—500 型截面为 25mm^2 的导线的允许载流量 $I_{al} = 57\text{A} > I_{30} = 50\text{A}$。

因此，按发热条件，相线截面可选为 25mm^2。

N 线截面按 $A_0 \geq 0.5A_\varphi$ 选择，选为 16mm^2。

PE 线截面按式(6-29)规定，选为 16mm^2。

穿线的硬塑管内径选为 40mm^2。

选择结果表示为：BLV – 500 -（$3 \times 25 + 1 \times 16 + \text{PE16}$）- PC50，其中 PC 为硬塑管代号。

6.5.3　按经济电流密度选择导线和电缆的截面

导线（包括电缆）的截面越大，电能损耗就越小，但线路投资、维修管理费用和有色金属消耗量也相应增加。因此，从经济方面考虑，导线应选择一个比较合理的截面，即使电能损耗小，又不致过分增加线路投资、维修管理费和有色金属消耗量。

图6-2为年费用 C 与导线截面 A 的关系曲线。其中曲线1为线路的年折旧费（线路投资除以折旧年限之值）和线路的年维修管理费之和与导线截面的关系曲线；曲线2为线路的年电能损耗费与导线截面的关系曲线；曲线3为曲线1与曲线2的叠加，表示线路的年运行费用（包括线路的年折旧费、维修费、管理费和电能损耗费）与导线截面的关系曲线。由曲线3可知，与年运行费用最小值 C_a（a 点）相对应的导线截面 A_a

图6-2 线路的年费用和导线截面的关系曲线

不一定是最经济合理的导线截面，因为 a 点附近，曲线3比较平坦，如果将导线截面再选小一些，如选为 A_b（b 点），年运行费用 C_b 增加不多，但导线截面即有色金属消耗量却显著地减少。因此从全面经济效益来考虑，导线截面选为 A_b 比选 A_a 更为经济合理。这种从全面的经济效益考虑，使线路的年运行费用接近最小，同时又适当考虑有色金属节约的导线截面，称为经济截面，用符号 A_{ec} 表示。

各国根据其具体国情特别是有色金属资源的情况，规定了各自的导线和电缆的经济电流密度。所谓经济电流密度是指与经济截面对应的导线电流密度。我国现行的经济电流密度规定见表6-9。

表6-9 导线和电缆的经济电流密度 （单位：A/mm²）

线路类别	导线材质	年最大负荷利用小时		
		3000h 以下	3000～5000h	5000h 以上
架空线路	铝	1.65	1.15	0.90
	铜	3.00	2.25	1.75
电缆线路	铝	1.92	1.73	1.54
	铜	2.50	2.25	2.00

按经济电流密度 j_{ec} 计算经济截面 A_{ec} 的公式为

$$A_{ec} = I_{30}/j_{ec} \tag{6-31}$$

式中，I_{30} 为线路的计算电流。

按式（6-31）计算出 A_{ec} 后，应选最接近的标准截面（可取较小的标准截面），然后检验其他条件。

例6-6 有一条用 LJ 型铝绞线架设的 5km 长的 10kV 架空线路，计算负荷为 1380kW，$\cos\varphi = 0.7$，$T_{max} = 4800h$，试选择其经济截面，并校验其发热条件和机械强度。

解：1）选择经济截面 $I_{30} = P_{30}/(\sqrt{3}\, U_N \cos\varphi)$

$$= 1380kW/(\sqrt{3} \times 10kV \times 0.7) \approx 114A$$

由表6-9查得 $j_{ec} = 1.15A/mm^2$，因此有

$$A_{ec} = 114A/(1.15A/mm^2) \approx 99mm^2$$

因此初选的标准截面为 $95mm^2$，即 LJ-95 型铝绞线。

2）校验发热条件。查附表 L-1 得 LJ‑95 的允许载流量（室外 25℃时）$I_{al} = 325A > I_{30} = 114A$，因此满足发热条件。

3）校验机械强度。查附录 O 得 10kV 架空铝绞线的最小截面 $A_{min} = 35mm^2 < A = 95mm^2$，因此所选 LJ‑95 型铝绞线也满足机械强度要求。

6.5.4　按电压损耗选择导线和电缆的截面

由于线路阻抗的存在，因此当负荷电流通过线路时就会产生电压损耗。所谓电压损耗，是指线路首端线电压和末端线电压的代数差。为保证供电质量，规定高压配电线路（6~10kV）的允许电压损耗不得超过线路额定电压的 5%；从配电变压器一次侧出口到用电设备受电端的低压输配电线路的电压损耗，一般不超过设备额定电压（220V/380V）的 5%；对视觉要求较高的照明线路，则不得超过其额定电压的 2%~3%。如果线路的电压损耗超过了允许值，则应适当加大导线或电缆的截面，使之满足允许电压损耗的要求。

1. 电压损耗的计算

（1）集中负荷的三相线路电压损耗的计算公式　先以带有一个集中负荷的三相线路为例，说明集中负荷的三相线路电压损耗的计算方法。

当接有一个集中负荷时，如图 6-3a 所示，线路首端电压为 $\dot{U}_1$，线路末端带有负载 $P + jQ$，由于线路中有电流流过，且线路存在阻抗 $R + jX$，所以线路末端电压 $\dot{U}_2$ 的大小与相位都会与 $\dot{U}_1$ 不同。

在图 6-3b 中，以 $\dot{U}_2$ 为参考相量，由于阻抗呈感性，线路电流 $\dot{I}$ 会滞后电压 $\dot{U}_2$ 一个相位角 φ，在线路上因电阻引起的电压降为 $\dot{I}R$，方向跟 $\dot{I}$ 相同，因电感引起的电压降为 $j\dot{I}X$，超前电流 $\dot{I}$ 90°，整个线路上的电压降 $\Delta\dot{U} = \dot{I}R + j\dot{I}X$，而 $\dot{U}_1 = \dot{U}_2 + \Delta\dot{U}$。电压损失为线路首端电压 $\dot{U}_1$ 与末端电压 $\dot{U}_2$ 的代数差，即两者的数值之差 $\Delta U = U_1 - U_2$。以图 6-3b 中 O 为原点，以 U_1 为半径画弧，该弧与 $\dot{U}_2$ 的延长线交与 c 点，则线段 ac 的长度即为电压损失 ΔU。考虑到 ac 的值本来就小，

a) 线路图

b) 相量图

图 6-3　带有一个集中负荷的三相电路

可以认为 $ac \approx ad$。而 $ad = ae + ed = IR\cos\varphi + IX\sin\varphi$，从而可得 $\Delta U = IR\cos\varphi + IX\sin\varphi$。即

$$\Delta U = IR\cos\varphi + IX\sin\varphi$$

因为 $P = UI\cos\varphi$，$Q = UI\sin\varphi$，所以有

$$\Delta U = \frac{PR}{U} + \frac{QX}{U} \tag{6-32}$$

再来分析带有两个集中负荷时的三相线路的电压损耗计算方法。

当接有两个集中负荷时，如图6-4所示。其中负荷 $p_1 + jq_1$ 为线段末端1的集中负荷，$p_2 + jq_2$ 为线段末端2的集中负荷，线段01之间的线路阻抗为 $r_1 + jx_1$，线段12之间的线路阻抗为 $r_2 + jx_2$。

图6-4 带有两个集中负荷的三相电路

1）方法一。当计算整个线路末端的电压损耗时，可以理解为两个集中负荷分别在此线路上引起的电压损耗之和。其中，负荷 $p_1 + jq_1$ 流经线段01，根据一个集中负荷所产生的电压损耗计算公式式(6-32)可知，引起的电压损耗为

$$\Delta U_1 = \frac{p_1 r_1}{U} + \frac{q_1 x_1}{U} = \frac{p_1 R_1}{U} + \frac{q_1 X_1}{U} \tag{6-33}$$

式中，负荷 $p_2 + jq_2$ 流经线段01与线段02，根据一个集中负荷所产生的电压损耗计算公式式(6-32)可知，引起的电压损耗为

$$\Delta U_2 = \frac{p_2 (r_1 + r_2)}{U} + \frac{q_2 (x_1 + x_2)}{U} = \frac{p_2 R_2}{U} + \frac{q_2 X_2}{U} \tag{6-34}$$

总的电压损耗为

$$\Delta U = \Delta U_1 + \Delta U_2 = \frac{p_1 r_1}{U} + \frac{q_1 x_1}{U} + \frac{p_2 (r_1 + r_2)}{U} + \frac{q_2 (x_1 + x_2)}{U} \tag{6-35}$$

式中，R_i、X_i 为第 i 个负荷功率所流经的所有线路的电阻与感抗。

2）方法二。线路末端的电压损耗可以理解为每段线路上的电压损耗之和。每段线路上的电压损耗为在这段线路上经过的所有负荷（如第一段线路01上的 $p_1 + jq_1$ 与 $p_2 + jq_2$，第二段线路12上的 $p_2 + jq_2$）引起的电压损耗之和。每段线路上流过的所有负荷（功率）称为线段功率，第一段线路上的线段功率为 $P_1 = (p_1 + p_2) + j(q_1 + q_2)$，第二段线路上的线段功率为 $P_2 = p_2 + jq_2$。

第一段线路上的电压损耗为

$$\Delta U_1 = \frac{P_1 r_1}{U} + \frac{Q_1 x_1}{U} = \frac{(p_1 + p_2) r_1}{U} + \frac{(q_1 + q_2) x_1}{U}$$

第二段线路上的电压损耗为

$$\Delta U_2 = \frac{P_2 r_2}{U} + \frac{Q_2 x_2}{U} = \frac{p_2 r_2}{U} + \frac{q_2 x_2}{U}$$

总的电压损耗为

$$\Delta U = \Delta U_1 + \Delta U_2 = \frac{(p_1 + p_2) r_1}{U} + \frac{(q_1 + q_2) x_1}{U} + \frac{p_2 r_2}{U} + \frac{q_2 x_2}{U} \tag{6-36}$$

可以看出，式(6-35)与式(6-36)的结论是一致的。

以此类推，接有多个集中负荷时，同样可以使用方法一或方法二进行分析计算。若使用方法一即负荷功率的方法来计算，当若干线段上有 n 个负荷（n 段），则总的电压损耗为

$$\Delta U = \frac{1}{U_N} \sum (p_i R_i + q_i X_i) \tag{6-37}$$

式中，p_i 为第 i 个负荷的有功功率；q_i 为第 i 个负荷的无功功率；R_i 为第 i 个负荷所流经的所有线段的线路电阻之和，$R_i = r_1 + \cdots + r_i$；X_i 为第 i 个负荷所流经的所有线段的线路感抗

之和，$X_i = x_1 + \cdots + x_i$。

若使用方法二即线段功率的方法来计算，当若干线段上有 n 个负荷（n 段），则总的电压损耗为

$$\Delta U = \frac{1}{U_N} \sum (P_i r_i + Q_i x_i) \tag{6-38}$$

式中，P_i 为第 i 段线路的线路有功功率，$P_i = p_1 + \cdots + p_i$；Q_i 为第 i 段线路的线路无功功率，$Q_i = q_1 + \cdots + q_i$；r_i 为第 i 段线路的线路电阻；x_i 为第 i 段线路的线路感抗。

对于"无感"线路，即线路的感抗可忽略不计或线路负荷的 $\cos\varphi \approx 1$，则线路的电压损耗为

$$\Delta U = \sum (pR)/U_N \tag{6-39}$$

如果是"均一无感"的线路，即不仅线路的感抗可忽略不计或线路负荷的 $\cos\varphi \approx 1$，而且全线采用同一型号规格的导线，则其电压损耗为

$$\Delta U = \sum (pL)/(\gamma A U_N) = \sum M/(\gamma A U_N) \tag{6-40}$$

线路电压损耗的百分值为

$$\Delta U\% = \frac{\Delta U}{U_N} \times 100 \tag{6-41}$$

式中，γ 为导线的电导率；A 为导线的截面；L 为线路首端至负荷 p 的长度；$\sum M$ 为线路的所有有功功率矩之和。

对于"均一无感"的线路，其电压损耗的百分值为

$$\Delta U\% = 100 \sum M/(\gamma A U_N^2) = \sum M/(CA) \tag{6-42}$$

式中，C 为计算系数，见表 6-10。

表 6-10 计算系数 C

线 路 类 型	线路额定电压/V	计算系数 C/(kWm/mm²)	
		铝导线	铜导线
三相四线或三相三线	220/380	46.2	16.5
两相三线		20.5	34.0
单相或直流	220	7.74	12.8
	110	1.94	3.21

注：表中 C 值是在导线工作温度为 50℃、功率矩 M 的单位为 kWm、导线截面单位为 mm² 时的数值。

（2）均匀分布负荷的三相线路电压损耗的计算　如图 6-5 所示，l 为某一均匀分布负荷的线路长度。对于均匀分布负荷的线路，单位长度线路上的负荷电流为 i_0，均匀分布负荷产生的电压损耗，相当于全部负荷集中在线路的中点时的电压损耗，因此电压损耗计算公式为

图 6-5 均匀分布负荷的三相线路电压损耗计算

$$\Delta U = \sqrt{3} i_0 L_2 R_0 \ (L_1 + L_2/2)$$

$$= \sqrt{3} I R_0 \ (L_1 + L_2/2) \tag{6-43}$$

式中，I 为与均匀分布负荷等效的集中负荷，$I = i_0 L_2$；R_0 为导线单位长度的电阻值

（Ω/km）；L_1 为均匀分布负荷起始位置线路的长度（km）；L_2 为均匀分布负荷线路的长度（km）。

2. 按允许电压损耗选择、校验导线截面

按允许电压损耗选择导线截面分两种情况：一是各段线路截面相同；二是各段线路截面不同。

（1）各段线路截面相同时按允许电压损耗选择、校验导线截面　一般情况下，当供电线路较短时常采用统一截面的导线。可直接采用式（6-41）来计算线路的实际电压损耗百分值 $\Delta U\%$，然后根据允许电压损耗 $\Delta U_{al}\%$ 来校验其导线截面是否满足电压损耗的条件，即

$$\Delta U\% \geqslant \Delta U_{al}\% \tag{6-44}$$

如果是"均一无感"线路，还可以根据式（6-42），在已知线路的允许电压损耗 $\Delta U_{al}\%$ 条件下，计算该导线的截面，即

$$A = \frac{\sum M}{C\Delta U_{al}\%} \tag{6-45}$$

式（6-45）常用于照明线路导线截面的选择。据此计算截面即可选出相应的标准截面，再校验发热条件和机械强度。

（2）各段线路截面不同时按允许电压损耗选择、校验导线截面　当供电线路较长，为尽可能节约有色金属，常将线路依据负荷大小的不同分为截面不同的几段。由前面的分析可知，影响导线截面的主要因素是导线的电阻值（同种类型不同截面的导线电抗值变化不大）。因此在确定各段导线截面时，首先用线路的平均电抗 X_0（根据导线类型）计算各段线路由无功负荷引起的电压损耗，其次依据全线允许电压损耗确定有功负荷及电阻引起的电压损耗（$\Delta U_p\% = \Delta U_{al}\% - \Delta U_q\%$），最后根据有色金属消耗最少的原则，逐级确定每段线路的截面。这种方法比较烦琐，故这里只给出各段线路截面的计算公式，有兴趣的读者可自行查阅相关手册。

设全线由 n 段线路组成，则第 j（j 为整数 $1 \leqslant j \leqslant n$）段线路的截面计算公式为

$$A = \frac{\sqrt{p_j}}{100\gamma\Delta U_p\% U_N^2}\sum\left(\sqrt{p_j}L_j\right) \tag{6-46}$$

如果各段线路的导线类型与材质相同，只是截面不同，则第 j 段线路的截面计算公式为

$$A = \frac{\sqrt{p_j}}{C\Delta U_p\%}\sum\left(\sqrt{p_j}L_j\right) \tag{6-47}$$

例6-7　试校验例6-6中所选 LJ-95 型铝绞线是否满足允许电压损耗5%的要求。已知该线路导线为等边三角形排列，线距为1m。

解：由例6-6知 $P_{30} = 1380kW$；$\cos\varphi = 0.7$，因此 $\tan\varphi = 1$，$Q_{30} = P_{30}\tan\varphi = 1380kW \times 1 = 1380kvar$。又利用 $a_{av} = 1m$ 及 $A = 95mm^2$ 查附表 P-1，得 $R_0 = 0.34\Omega/km$，$X_0 = 0.335\Omega/km$。

故线路的电压损耗为

$$\Delta U = \frac{pR + qX}{U_N} = \frac{1380kW \times (5 \times 0.34)\Omega + 1380kvar \times (5 \times 0.35)\Omega}{10kV} \approx 466V$$

线路的电压损耗百分值为

$$\Delta U\% = 100\Delta U/U_N = 100 \times 466V/10000V = 4.66\%$$

$\Delta U\% < \Delta U_{al} = 5\%$，因此所选 LJ-95 铝绞线满足电压损耗要求。

例 6-8　某 220V/380V 线路，采用 BLX-500-（$3 \times 25 + 1 \times 16$）型橡皮绝缘导线明敷，在距线路首端 50m 处，接有 7kW 的电阻性负荷，在末端（线路全长 75m）接有 28kW 的电阻性负荷。试计算全线路的电压损耗百分值。

解：查表 6-10 得 $C = 46.2 kWm/mm^2$，而

$$\sum M = 7kW \times 50m + 28kW \times 75m = 2450kWm$$

因此
$$\Delta U\% = \sum M/CA = 2450/(46.2 \times 25) \approx 2.12\%$$

例 6-9　某 220V/380V 的 TN-C 线路，如图 6-6 所示。线路拟采用 BLX 型导线明敷，环境温度为 35℃，允许电压损耗为 5%。试确定该导线截面。

解：1）线路的等效变换。将图 6-6a 所示带有均匀分布负荷的线路等效为图 6-6b 所示带有集中负荷的线路。

原分布负荷 $p_1 = 20kW$，$\cos\varphi_1 = 0.8$，因此 $q_1 = p_1\tan\varphi_1 = 20kW \times \tan(\arccos0.8) = 20kW \times 0.75 = 15kvar$。

将原分布负荷变换为集中负荷 $P_2 = 0.5(kW/m) \times 60m = 30kW$，$\cos\varphi_2 = 0.7$，因此，$q_2 = P_2\tan\varphi_2 = 30kW \times \tan(\arccos0.7) = 30kvar$。

a) 带有均匀分布负荷的线路

b) 带有集中负荷的等效线路

图 6-6　例 6-9 的线路

2）按发热条件选择导线截面。线路上总的负荷为

$$P = p_1 + p_2 = 20kW + 30kW = 50kW$$

$$Q = q_1 + q_2 = 15kvar + 30kvar = 45kvar$$

$$S = \sqrt{P^2 + Q^2} = \sqrt{50^2 + 45^2} kVA \approx 67.3kVA$$

$$I = S/(\sqrt{3}U_N) = 67.3kVA/(\sqrt{3} \times 0.38kV) \approx 102A$$

按此电流值查附表 M-1，得 BLX 导线在 $A = 35mm^2$、35℃时的 $I_{al} = 119A > I = 102A$。因此可选 BLX500-1×35 型导线三根作为相线，另选 BLX500-1×25 型导线一根作为保护中性线（PEN）。

3）校验机械强度。查附表 O-2 可知，按明敷在绝缘支持件上且支持点间距为最大考虑，其最小允许截面积为 $10mm^2$，因此，以上所选相线和保护中性线均满足机械强度要求。

4）校验电压损耗

按 $A = 35mm^2$ 查附表 P-2，得明敷铝芯线的 $R_0 = 1.06\Omega/km$，$X_0 = 0.241\Omega/km$，因此，线路的电压损耗为

$$\Delta U = \frac{pR + qX}{U_N} = \frac{(p_1L_1 + p_2L_2)R_0 + (q_1L_1 + q_2L_2)X_0}{U_N}$$

$$= [(20kW \times 0.03km + 30kW \times 0.05km) \times 1.06\Omega/km +$$

$$(15kvar \times 0.03km + 30kvar \times 0.05km) \times 0.241\Omega/km]/0.38kV \approx 7.09V$$

$$\Delta U\% = \frac{\Delta U}{U_N} \times 100\% = \frac{7.09V}{380V} \times 100\% \approx 1.87\%$$

由于 $\Delta U\% = 1.87\% < \Delta U_{al}\% = 5\%$，因此，以上所选导线也满足电压损耗的要求。

6.5.5 母线的选择

母线应按下列条件进行选择：

1）对一般汇流母线按持续工作电流选择母线截面，即

$$I_{al} \geq I_{30} \tag{6-48}$$

式中，I_{al} 为汇流母线允许载流量（A）；I_{30} 为母线上的计算电流（A）。

2）对年平均负荷、传输容量较大的母线，宜按经济电流密度选择其截面，计算公式同式(6-31)。

3）硬母线动稳定校验为

$$\sigma_{al} \geq \sigma_C \tag{6-49}$$

式中，σ_{al} 为母线材料最大允许应力（Pa），硬铝母线（LMY）$\sigma_{al} = 70MPa$，硬铜母线（TMY）$\sigma_{al} = 140MPa$；σ_C 为母线短路时三相短路冲击电流 $i_{sh}^{(3)}$ 产生的最大计算应力，其计算公式为

$$\sigma_C = M/W \tag{6-50}$$

式中，M 为母线通过 $i_{sh}^{(3)}$ 时受到的弯曲力矩；W 为母线截面系数。且

$$M = F_C^{(3)} l/K \tag{6-51}$$

式中，$F_C^{(3)}$ 为三相短路时，中间相受到的最大计算电动力（N）；l 为导线上相邻支持点间的距离（m），即档距；K 为系数，当母线档数为 $1 \sim 2$ 档时，$K = 8$，当母线档数大于 2 档时，$K = 10$。$F_C^{(3)}$ 的计算公式为

$$F_C^{(3)} = \sqrt{3} i_{sh}^{(3)2} \frac{l}{a} \times 10^{-7} \tag{6-52}$$

式中，a 为相邻导线的轴线间距离；$i_{sh}^{(3)}$ 为三相短路冲击电流的峰值。

母线截面系数 W 的计算公式为

$$W = b^2 h/6 \tag{6-53}$$

式中，b 为母线截面水平宽度（m）；h 为母线截面的垂直高度（m）。

4）母线热稳定校验。常用最小允许截面来校验其热稳定度，计算公式为

$$A_{min} = I_\infty^{(3)} \times 10^3 \sqrt{t_{ima}}/C \tag{6-54}$$

式中，$I_\infty^{(3)}$ 为三相短路稳态电流（A）；t_{ima} 为假想时间（s）；C 为导体的热稳定系数（$As^{1/2}/mm^2$），铝母线 $C = 87As^{1/2}/mm^2$，铜母线 $C = 171As^{1/2}/mm^2$，详见附录Q。

当母线实际截面大于最小允许截面时，能满足热稳定要求，即

$$A \geq A_{min} \tag{6-55}$$

小　　结

1）电气设备选择及校验。供配电系统常用的电气设备有高低压熔断器、高压隔离开关、高压负荷开关、高压断路器、低压刀开关、低压断路器、互感器、高低压成套设备（高低压开关柜）和电力变压器等。一般高低压电气设备首先按正常工作条件时的电压、电流条件来初选型号，然后再校验断流能力（对开关电器）和短路故障时的动稳定度和热稳定度。电力变压器的选择包括实际容量和正常过负荷能力的计算以及台数和容量的选择、计算。

2）导线截面的选择与检验。选择导线截面必须满足发热条件、电压损失条件、经济电流密度条件、机械强度和短路时的动、热稳定度；同时，还须考虑与保护装置的配合问题；对于绝缘导线和电缆，还应满足工作电压的要求。对于电缆，不必校验其机械强度和短路动稳定度，但需校验短路热稳定度。对于母线，短路动、热稳定度都需要考虑；对 6～10kV 及以下的高压配电线路和低压动力线路，先按发热条件选择导线截面，再校验电压损耗和机械强度；对 35kV 及以上的高压输电线路和 6～10kV 长距离、大电流线路，则先按经济电流密度选择导线截面，再校验发热条件、电压损耗和机械强度；对低压照明线路，先按电压损耗选择导线截面，再校验发热条件和机械强度。

思　考　题

6-1　电气设备选择校验的一般原则是什么？

6-2　高低压负荷开关、高低压断路器、低压刀开关的断流能力各应如何选择校验？

6-3　选择导线截面时，一般应满足什么条件？对于动力线路、照明线路及超高压输电线路又先按什么原则选择？再按什么原则校验？为什么？

6-4　什么是经济截面？什么情况下的线路导线或电缆要按经济电流密度选择？

习　　题

6-1　某 10kV/0.4kV 变电所，总计算负荷为 1200kVA。其中一、二级负荷 800kVA，试选择 S9 系列主变压器的台数和容量。

6-2　试按发热条件选择 220V/380V、TN－C 系统中的相线和 PEN 线截面及穿线钢管（G）的直径。已知线路的计算电流为 150A，安装地点的环境温度为 25℃。拟用 BLV 型铝芯塑料线穿钢管埋地敷设。

6-3　如果习题 6-2 所述 220V/380V 线路为 TN－S 系统。试按发热条件选择其相线、N 线和 PE 线的截面及穿线钢管（G）的直径。

6-4　有一 380V 的三相架空线路，配电给 2 台 40kW（$\cos\varphi=0.8$、$\eta=0.85$）的电动机。该线路长 70m，线间几何均距为 0.6m，允许电压损耗为 5%，该地区最热月平均最高气温为 30℃。试选择该线路的相线和 PE 线的 LJ 型铝绞线截面。

6-5 某380V的三相线路，供电给16台4kW、$\cos\varphi = 0.87$、$\eta = 85\%$的丫型电动机，各台电动机之间相距2m，线路全长50m。试按发热条件选择明敷的BLX500型导线截面（环境温度为30℃），并校验其机械强度，计算其电压损耗（建议K_Σ取为0.7）。

6-6 有一条用LGJ型钢芯铝绞线架设的35kV架空线路，线路长度为14km，计算负荷为4300kW，$\cos\varphi = 0.78$，$T_{max} = 5200h$。试选择其经济截面，并校验发热条件、电压损耗和机械强度。

第 7 章

供配电系统的继电保护

为了保证供电的可靠性，在供电系统发生故障时，必须有相应的保护装置将故障部分及时从系统中切除以保证非故障部分继续工作，或者发出报警信号，以便提醒值班人员检查并采取相应措施。

高压配电网的保护采用继电保护装置或高压熔断器；低压配电系统的保护采用低压断路器和低压熔断器。

本章首先介绍了继电保护的任务和基本要求，然后介绍了常用的保护继电器及继电保护的接线方式，重点介绍了电力线路和电力变压器的各种继电保护的接线、整定、计算等，最后介绍了低压配电系统的保护和晶体管继电保护。

7.1 | 继电保护装置

常用熔断器保护简单经济，但灵敏度低，熔体熔断后更换熔体需一定时间，从而影响了供电的可靠性。低压断路器灵敏度高，而且在故障消除后，可以很快合闸恢复供电，使供电可靠性得以提高，但以上两种保护一般只适宜低压配电系统。在高压系统中，一般采用继电保护装置，既可以确保保护的灵敏度，又提高了供电可靠性。

继电保护装置及各种不同类型的继电器以一定的方式连接或组合，在系统发生故障时，继电保护动作，作用于断路器脱扣线圈或给出报警信号，以达到对系统进行保护的目的。

7.1.1 继电保护装置的任务

1. 故障时跳闸

在供电系统出现短路故障时，作用于前方最靠近的控制保护装置，使之迅速跳闸，切除故障部分，恢复其他无故障部分的正常运行，同时发出报警信号，以便提醒值班人员检查，及时消除故障。

2. 异常状态发出报警信号

在供电系统出现不正常工作状态，如过负荷或有故障苗头时发出报警信号，提醒值班人员注意并及时处理，以免发展成故障。

7.1.2　继电保护装置的基本要求

1. 选择性

继电保护动作的选择性是指在供配电系统发生故障时，只使电源一侧距离故障点最近的继电保护装置动作，通过开关电器将故障切除，而非故障部分仍然正常运行。如图 7-1 所示，当 k–1 点发生短路时，则继电保护装置动作只应使断路器 QF_1 跳闸，切除电动机 M，而其他断路器都不跳闸；满足这一要求的动作称为选择性动作。如果 QF_1 不动作，其他断路器跳闸，则称为失去选择性动作。

图 7-1　继电保护装置选择性动作示意图

2. 速动性

速动性就是快速切除故障。当系统内发生短路故障时，保护装置应尽快动作，快速切除故障，使电压降低的时间缩短，减小对用电设备的影响，缩小故障影响的范围，提高电力系统运行的稳定性；速动性还可减小故障对电气设备的损坏程度。如果故障能在 0.2s 内切除，则一般电动机就不会停转。

3. 可靠性

可靠性指保护装置该动作时就应动作（不拒动），不该动作时不误动。前者为信赖性，后者为安全性，即可靠性包括信赖性和安全性。为了提高可靠性，继电保护装置接线方式应力求简单，触点回路少。

4. 灵敏度

灵敏度是指保护装置在其保护范围内对轻微故障和不正常运行状态的反应能力。如果保护装置对其保护区内极轻微的故障都能及时地反应动作，则说明保护装置的灵敏度高。灵敏度通常用灵敏系数 S_p 来衡量。

对于过电流保护装置，其灵敏系数 S_p 为

$$S_p = I_{kmin} / I_{op(1)} \tag{7-1}$$

式中，I_{kmin} 为被保护区内最小运行方式$^{\ominus}$下的最小短路电流；$I_{op(1)}$ 为保护装置的一次动作电流。

对于低电压保护装置，其灵敏系数 S_p 为

$\ominus$　系统的最小运行方式，是指电力系统处于短路时总阻抗最大、短路电流最小的一种运行方式。如两台并列运行的变压器，有一台退出时或双回路线路只有一回路运行时，都属于最小运行方式。

$$S_p = U_{op(1)} / U_{kmax} \tag{7-2}$$

式中，U_{kmax} 为被保护区内发生短路时，连接该保护装置的母线上的最大残余电压（V）；$U_{op(1)}$ 为保护装置的一次动作电压（V），即保护装置动作电压换算到一次电路的电压。

以上四项要求对熔断器和低压断路器保护也是适用的。但这四项要求对于一个具体的继电保护装置则不一定都是同等重要，应根据保护对象而有所侧重。如对电力变压器，一般要求灵敏度和速动性较好；对一般的电力线路，灵敏度可略低一些，但对选择性要求较高。继电保护装置除满足上面的基本要求外，还要求投资省，便于调试及维护，并尽可能满足系统运行时所要求的灵活性。

7.1.3 继电保护装置的组成及常用保护继电器

1. 继电保护装置的组成

继电保护装置由若干个继电器组成，如图 7-2 所示，当线路上发生短路时，起动用的电流继电器 KI 瞬时动作，使时间继电器 KT 起动，KT 经整定的一定时限后，接通信号继电器 KS 和中间继电器 KA，KA 触点接通断路器 QF 的跳闸回路，使断路器 QF 跳闸。

2. 常用的保护继电器

继电器是继电保护装置的基本元件。继电器的分类方式很多，按其应用分，有控制继电器和保护继电器两大类。机床控制电路应用的继电器多属于控制继电器；供电系统中应用的继电器多属于保护继电器。

图 7-2 继电保护装置框图

保护继电器按其组成元件分，有机电型和晶体管两大类。机电型按其结构原理分，又分为电磁式和感应式等。由于机电型继电器具有简单可靠、便于维护等优点，故我国工厂供电系统中仍普遍采用机电型继电器。

保护继电器按其反应的物理量分，有电流继电器、电压继电器、功率继电器、气体继电器等。

保护继电器按其反应的数量变化分，有过量继电器和欠量继电器。如过电流继电器和欠电压继电器等。

保护继电器按其在保护装置中的功能分，有起动继电器、时间继电器、信号继电器和中间继电器（或出口继电器）等。

保护继电器按其与一次电路的联系分，有一次式继电器和二次式继电器。一次式继电器的线圈与一次电路直接相连。如低压断路器的过电流脱扣器和失电压脱扣器，实际上都是一次式继电器。二次式继电器的线圈连接在电流互感器或电压互感器二次侧，通过互感器再与一次电路相联系。高压系统应用的保护继电器一般都属于二次式继电器。

在供电系统中常用的保护继电器，有电磁式继电器、感应式继电器以及晶体管继电器。前两种是机电型继电器，它们工作可靠，而且有成熟的运行经验，所以目前仍普遍使用。晶体管继电器具有动作灵敏、体积小、能耗低、耐振动、无机械惯性、寿命长等一系列优点，但由于晶体管器件的特性受环境温度变化影响大，器件的质量及运行维护的水平都影响到保护装置的可靠性，目前国内较少采用。但随着电力系统向集成电路和微机保护方向的发展，晶体管继电器的应用也将不断提高。本章将主要介绍机电式保护继电器及对应的继电保护电路。

常用的机电型继电器分电磁式和感应式两种。

（1）电磁式继电器　电磁式继电器包括以下四种：

1）电磁式电流继电器。电磁式电流继电器在继电保护装置中通常用作起动元件，因此，又称起动继电器。常用的 DL-10 系列电磁式电流继电器的内部结构如图 7-3 所示，其内部接线和图形符号如图 7-4 所示。

图 7-3　DL-10 系列电磁式电流继电器的内部结构

1—电磁铁　2—钢舌簧片　3—线圈　4—转轴
5—反作用弹簧　6—轴承　7—标度盘（铭牌）
8—起动电流调节转杆　9—动触点　10—静触点

a) DL-11型　　b) DL-12型　　c) DL-13型　　d) 集中表示的图形符号　　e) 分开表示的图形符号

图 7-4　DL-10 系列电磁式电流继电器的内部接线和图形符号

电磁式电流继电器的型号含义如下：

电磁式——D L-□□——特征代号
电流继电器————————设计序号

其他代号：G—感应式；S—时间继电器；Z—中间继电器；X—信号继电器；V—电压继电器。

图 7-3 中，当线圈 3 通过电流时，电磁铁 1 中产生磁通，使 Z 形钢舌簧片 2 向凸出磁极偏转。与此同时，转轴 4 上的反作用弹簧 5 又力图阻止钢舌簧片偏转。当继电器线圈中的电流增大到使钢舌簧片所受到的转矩大于弹簧的反作用力矩时，钢舌簧片便被吸近磁极，使常开触点闭合，常闭触点断开，这就是继电器的动作或起动。

能使过电流继电器动作（触点闭合）的最小电流称为继电器的动作电流，用 I_{op} 表示（对于欠量继电器，如欠电压继电器，其动作电压 U_{op} 则为继电器线圈中使继电器动作的最大电压）。

过电流继电器动作后，减小通入继电器线圈的电流到一定值时，钢舌簧片在弹簧作用下返回起始位置（触点断开）。使继电器由动作状态返回到起始位置的最大电流，称为继电器的返回电流，用 I_{re} 表示（对于欠量继电器，如欠电压继电器，其返回电压 U_{re} 则为继电器线圈中使继电器返回的最小电压。）

继电器返回电流与动作电流的比值，称为继电器的返回系数，用 K_{re} 表示，即

$$K_{re} = \frac{I_{re}}{I_{op}} \tag{7-3}$$

对于过量继电器，返回系数总是小于 1（欠量继电器的返回系数则大于 1）。返回系数越接近于 1，说明继电器越灵敏，如果返回系数过低，可能使保护装置误动作。DL–10 系列电磁式电流继电器的返回系数一般不小于 0.8。

电磁式电流继电器的动作极为迅速，可认为是瞬时动作，因此，这种继电器也称为瞬时继电器。

电磁式电流继电器的动作电流调节有两种方法：一种是平滑调节，即拨动转杆 8（见图 7-3）来改变弹簧 5 的反作用力矩；另一种是级进调节，即改变线圈连接方式，当线圈并联时，动作电流将比线圈串联时增大一倍。

DL–10 系列电磁式电流继电器的电流时间特性如图 7-5 所示。

只要通入继电器的电流超过某一预先整定的数值时，它就能动作，动作时限是固定的，与外加电流无关，这种特性称为定时限特性。

图 7-5 DL–10 系列电磁式电流继电器的电流时间特性

2）电磁式时间继电器。电磁式时间继电器在继电保护装置中用作时限元件，使保护装置的动作获得一定的延时。

供电系统中常用的 DS–110、120 系列电磁式时间继电器的内部结构如图 7-6 所示，内部接线和图形符号如图 7-7 所示。

图 7-6 DS–110、120 系列电磁式时间继电器的内部结构

1—线圈 2—铁心 3—可动铁心 4—返回弹簧 5、6—瞬时静触点 7—绝缘杆
8—瞬时动触点 9—压杆 10—平衡锤 11—摆动卡板 12—扇形齿轮 13—传动齿轮
14—主动触点 15—主静触点 16—标度盘 17—拉引弹簧 18—弹簧拉力调节器
19—摩擦离合器 20—主齿轮 21—小齿轮 22—掣轮 23、24—钟表机构传动齿轮

a) DS-111、121、112、122、113、123型 b) DS-111C、112C、113C型 c) DS-115、125、116、126型

d) 带延时闭合触点的时间继电器 e) 带延时断开触点的时间继电器

图 7-7 DS-110、120 系列时间继电器的内部接线和图形符号

图 7-6 中，当继电器的线圈通电时，动铁心被吸入，压杆失去支持，使被卡住的一套钟表机构起动，同时切换瞬时触点。在拉引弹簧的作用下，经过整定的延时，使主触点闭合。继电器的延时，是用改变主静触点的位置（即它与主动触点的相对位置）来调整。调整的时间范围在标度盘上标出。

当线圈失电后，继电器在拉引弹簧的作用下返回起始位置。

DS-100 系列电磁式时间继电器有两种，一种为 DS-110 型，另一种为 DS-120 型。前者为直流，后者为交流。

为了缩小继电器的尺寸和节约材料，有的时间继电器线圈不是按长期通电设计的，因此，若需长期接上电压的时间继电器，如图 7-7 所示的 DS-111C 型等，应在继电器起动后，利用其瞬时转换触点，使线圈串入电阻，以限制线圈电流。

3）电磁式信号继电器。电磁式信号继电器在继电保护装置中用来发出指示信号，指示保护装置已经动作，提醒运行值班人员注意。

供电系统中常用的 DX-11 型电磁式信号继电器有电流型和电压型两种，两者线圈阻抗和反应参量不同。电流型可串联在二次回路中而不影响其他二次元件的动作。电压型因线圈阻抗大，必须并联在二次回路中。

DX-11 型电磁式信号继电器的内部结构如图 7-8a 所示。信号继电器在正常状态时，其信号牌被衔铁支持住。当继电器线圈通电时，衔铁被吸向铁心而使信号牌掉下，显示其动作信号（可由窗孔观察），同时带动转轴旋转 90°，使固定在转轴上的导电条（动触点）与静触点接通，从而接通信号回路，发出音响或灯光信号。要使信号停止，可旋动外壳上的复位旋钮，断开信号回路，同时使信号牌复位。

DX-11 型电磁式信号继电器的内部接线和图形符号如图 7-8b 所示，其中线圈符号为 GB/T 4728.1—2018 规定的机械保持继电器线圈，其触点上的附加符号表示定位或非自动复位。

4）电磁式中间继电器。电磁式中间继电器主要用于各种保护和自动装置中，以增加保护和控制回路的触点数量和触点容量。它通常用在保护装置的出口回路中，用来接通断路器的跳闸回路，故又称为出口继电器。

a) 内部结构　　　　　　　　　b) 接线与图形符号

图7-8　DX-11型电磁式信号继电器的内部结构、接线与图形符号

1—线圈　2—铁心　3—弹簧　4—衔铁　5—信号牌　6—玻璃窗孔

7—复位旋钮　8—动触点　9—静触点　10—接线端子

工厂供电系统中常用的 DZ-10 系列电磁式中间继电器的内部结构如图7-9 所示，一般采用吸引衔铁式结构。当线圈通电时，衔铁被快速吸合，常闭触点断开，常开触点闭合。当线圈断电时，衔铁被快速释放，触点全部返回起始位置。其内部接线和图形符号如图7-10 所示，其中线圈符号为 GB/T 4728.1—2018 规定的快吸和快放线圈。

（2）感应式电流继电器　供电系统中常用的 GL-$\frac{10}{20}$系列感应式电流继电器的内部结构如图7-11 所示。它由感应系统和电磁系统两大部分组成。感应系统主要包括线圈1、带短路环3的铁心2及装在可偏转的铝框架6上的转动铝盘4等元件。电磁系统主要包括线圈1、铁心2和衔铁15。线圈1和铁心2为两组系统共用。

图7-9　DZ-10系列电磁式中间继电器的内部结构

1—线圈　2—铁心　3—弹簧　4—衔铁　5—动触点

6、7—静触点　8—连接线　9—接线端子　10—底座

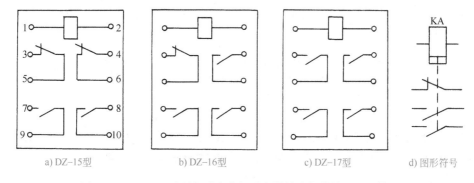

a) DZ-15型　　　b) DZ-16型　　　c) DZ-17型　　　d) 图形符号

图7-10　DZ-10系列电磁式中间继电器的内部接线和图形符号

图 7-11   GL—$\frac{10}{20}$ 系列感应式电流继电器的内部结构

1—线圈   2—铁心   3—短路环   4—铝盘   5—钢片   6—铝框架   7—调节弹簧
8—制动永久磁铁   9—扇形齿轮   10—蜗杆   11—扁杆   12—触点   13—时限调节螺钉
14—速断电流调节螺杆   15—衔铁   16—动作电流调节插销

感应式电流继电器的工作原理如图 7-12 所示。当线圈 1 有电流 I_{KA} 流过时，铁心 2 在短路环 3 的作用下，产生在时间和空间位置上不相同的两个磁通 Φ_1 和 Φ_2，且 Φ_1 超前于 Φ_2。这两个磁通均穿过铝盘 4，根据电磁感应原理，这两个磁通在磁盘上产生一个始终由超前磁通 Φ_1 向落后磁通 Φ_2 方向的转动力矩 M_1。根据电能表的工作原理可知，此时作用于铝盘上的转动力矩为

$$M_1 \propto \Phi_1 \Phi_2 \sin \Psi \tag{7-4}$$

式中，Ψ 为 Φ_1 与 Φ_2 之间的相位差，为一常数。

图 7-12   感应式电流继电器的工作原理

1—线圈   2—铁心   3—短路环   4—铝盘   5—钢片   6—铝框架   7—调节弹簧   8—制动永久磁铁

由于 $\Phi_1 \propto I_{KA}$，$\Phi_2 \propto I_{KA}$，且 Ψ 为常数，因此

$$M_1 \propto I_{KA}^2 \tag{7-5}$$

在 M_1 的作用下，铝盘开始转动。铝盘转动后，切割制动永久磁铁 8，产生反向的制动力矩 M_2。由电能表的工作原理可知，M_2 与铝盘的转速 n 成正比，即

$$M_2 \propto n \tag{7-6}$$

反向的制动力矩 M_2 在某一转速下，与电磁铁产生的转动力矩 M_1 相平衡，因而在一定的电流下保持铝盘匀速旋转。

在上述 M_1 和 M_2 的作用下，铝盘受力虽有使铝框架 6 和铝盘 4 向外推出的趋势，但由于受到调节弹簧 7 的拉力，仍保持在初始位置（见图 7-11）。

当继电器线圈的电流增大到继电器的动作电流时，由电磁铁产生的转动力矩亦增大，并使铝盘转速随之增大，永久磁铁产生的制动力矩也随之增大。这两个力克服弹簧的反作用力矩，使铝盘带动框架前偏（见图 7-12），使蜗杆与扇形齿轮啮合，称为继电器动作。由于铝盘继续转动，使扇形齿轮沿着蜗杆上升，最后使触点切换，同时使信号牌（图 7-12 上未标注）掉下，从观察孔内可看到其红色或白色的信号指示，表示继电器已经动作。

通入线圈的电流越大，铝盘转得越快，扇形齿轮沿蜗杆上升的速度也越快，则动作时间越短，这就是感应式电流继电器的反时限特性，如图 7-13 中曲线的 abc 部分所示。随着电流的增大，继电器铁心磁路饱和，特性曲线逐渐过渡到定时限特性，如图 7-13 中曲线的 cd 部分所示。

这种继电器还装有瞬动元件，当流入继电器线圈的电流继续增加到某一预先整定的倍数（如 8 倍）时，则瞬动元件起动，继电器的电流时间特性如图 7-13 中曲线的

图 7-13　感应式电流继电器的反时限特性

$c'd'$ 部分所示，这就是瞬时速断特性。因此这种电磁元件又称为电流速断元件。动作曲线上对应于开始速断时间的动作电流倍数，称为速断电流倍数。即

$$n_{qb} = I_{qb}/I_{op} \tag{7-7}$$

式中，I_{op} 为感应式电流继电器的动作电流；I_{qb} 为感应式电流继电器的速断电流，即继电器线圈中使速断元件动作的最小电流。

实际的 GL $-^{10}_{20}$ 系列电磁式电流继电器的速断电流整定为动作电流 2～8 倍，在速断电流调节螺钉上面标度。

感应式电流继电器的这种有一定限度的反时限动作特性，称为有限反时限特性。

继电器的动作电流则是利用插销选择插孔位置来进行调节，实际上是改变线圈的匝数来进行动作电流的级进调节，也可利用调节弹簧的拉力来进行平滑地微调。

继电器的速断电流倍数 n_{qb} 可利用螺钉改变衔铁与铁心之间的气隙大小来调节。气隙越大，n_{qb} 越大。

继电器感应元件的动作时间（动作时限）是利用螺杆来改变扇形齿轮顶杆行程的起点，以使动作特性曲线上下移动。不过要注意，继电器动作时限调节螺杆的标度尺，是以 10 倍动作电流的动作时限来标度的，也就是说标度尺上所标示的动作时间，是继电器线圈通过的电流为其整定的动作电流的 10 倍时的动作时间。因此，继电器实际的动作时间，与实际通过继电器线圈的电流大小无关，必须查相应的动作特性曲线得到。图 7-14 所示为 GL $-^{11\ 15}_{21\ 25}$ 系列感应式电流继电器的电流时间特性曲线，横坐标为动作电流倍数，曲线族上的每条曲线都标示有动作时限，如 0.5s、0.7s、1.0s 等，表示继电器通过 10 倍整定动作电流所对应的

动作时限。某继电器被调整至10倍整定动作电流时动作时限为2.0s的曲线上时，若其线圈通入3倍整定动作电流，可从该曲线上查得此时继电器的动作时限 $t_{op} = 3.5s$。

图 7-14　GL $-^{11\ 15}_{21\ 25}$ 系列感应式电流继电器的电流时间特性曲线

附表 R-2 列出了 GL $-^{11\ 15}_{21\ 25}$ 系列感应式电流继电器的主要技术数据，供参考。

GL $-^{11\ 15}_{21\ 25}$ 系列感应式电流继电器的内部接线及图形符号如图 7-15 所示。

图 7-15　GL $-^{11\ 15}_{21\ 25}$ 系列感应式电流继电器的内部接线和图形符号

感应式电流继电器机械结构复杂，精度不高，瞬动时限误差大，但它的触点容量大，同时兼有电磁式电流继电器、时间继电器、信号继电器和中间继电器的功能，即它在继电保护装置中，既能作为起动元件，又能实现延时、给出信号和直接接通跳闸回路；既能实现带时限的过电流保护，又能同时实现电流速断保护，从而使保护装置的元件减少，接线简单。此外，感应式电流继电器采用交流操作电源，可减少投资。感应式电流继电器在 6～10kV 供电系统中应用广泛。

晶体管继电器完全可以利用电子元器件模拟上述继电器特性，国内已有定型产品，此处不再赘述。

7.2 高压配电电网的继电保护

7.2.1 概述

按 GB/T 50062—2008《电力装置的继电保护和自动装置设计规范》规定，对 3～66kV 电力线路，应装设相间短路保护、单相接地保护和过负荷保护。

作为线路的相间短路保护，主要采用带时限的过电流保护和瞬时动作的电流速断保护（按 GB/T 50062—2008 规定，过电流保护的时限不大于 0.5～0.7s 时，可不装设瞬时动作的电流速断保护）。相间短路保护应动作于断路器的跳闸机构，使断路器跳闸，切除短路故障部分。

作为单相接地保护，一般有两种方式：① 绝缘监视装置，装设在变配电所的高压母线上，动作于信号；② 有选择性的单相接地保护（零序电流保护），亦动作于信号，但当危及人身和设备安全时，则应动作于跳闸。

对可能经常过负荷的电缆线路，按 GB/T 50062—2008 的规定，应装设过负荷保护，动作于信号。

7.2.2 保护装置的接线方式

保护装置的接线方式是指起动继电器与电流互感器之间的连接方式。6～10kV 高压线路的过电流保护装置，通常采用两相两继电器式接线和两相一继电器式接线两种。

1. 两相两继电器式接线

如图 7-16 所示，若一次电路发生三相短路或任意两相短路，则至少有一个继电器动作，且流入继电器的电流 I_{KI} 就是电流互感器的二次电流 I_2。为了表征继电器电流 I_{KI} 与电流互感器二次电流 I_2 之间的关系，特引入一个接线系数 K_w，且

$$K_w = I_{KI}/I_2 \tag{7-8}$$

两相两继电器式接线属相电流接线，在一次电路发生任何形式的相间短路时，$K_w = 1$，即保护灵敏度都相同。

2. 两相一继电器式接线

如图 7-17 所示，两相一继电器式接线又称两相电流差式接线或两相交叉接线。正常工作和三相短路时，流入继电器的电流 I_{KI} 为 A 相和 C 相两相电

图 7-16 两相两继电器式接线图

流互感器二次电流的相量差，即 $\dot{I}_{KI} = \dot{I}_a - \dot{I}_c$，而量值上 $I_{KI} = \sqrt{3}\,I_a$，如图 7-18a 所示。在 A、C 两相短路时，流进继电器的电流为电流互感器二次侧电流的 2 倍，如图 7-18b 所示。在 A、B 或 B、C 两相短路时，流进电流继电器的电流等于电流互感器的二次电流，如图 7-18c 所示。

图 7-17　两相一继电器式接线图

a) 三相短路　　b) A、C 两相短路　　c) A、B 或 B、C 两相短路

图 7-18　两相电流差接线在不同短路形式下电流相量图

可见，两相电流差式接线的接线系数与一次电路发生短路的形式有关，不同的短路形式，其接线系数不同。

1）三相短路：$K_w = \sqrt{3}$。

2）A 相与 B 相或 B 相与 C 相短路：$K_w = 1$。

3）A 相与 C 相短路：$K_w = 2$。

因为两相电流差式接线在不同短路时接线系数不同，故在发生不同形式的故障情况下，保护装置的灵敏度也不同。有的甚至相差一倍，这是不够理想的。然而这种接线所用设备较少，简单经济，因此在工厂高压线路、小容量高压电动机和车间变压器的保护中仍有所采用。

7.2.3　带时限的过电流保护

带时限的过电流保护，按其动作时间特性分，有定时限过电流保护和反时限过电流保护两种。定时限就是保护装置的动作时间是固定的，与短路电流的大小无关。反时限就是保护装置的动作时间与反映到继电器中的短路电流的大小成反比，短路电流越大，动作时间越短，所以反时限特性也称为反比延时特性或反延时特性。

1. 定时限过电流保护

（1）定时限过电流保护装置的组成及动作原理　如图 7-19 所示，定时限过电流保护装置由起动元件（电磁式电流继电器）、时限元件（电磁式时间继电器）、信号元件（电磁式信号继电器）和出口元件（电磁式中间继电器）等四部分组成。其中 YR 为断路器的跳闸线圈，QF 为断路器操动机构的辅助触点，TA_1 和 TA_2 为装于 A 相和 C 相上的电流互感器。

当一次电路发生相间短路时，电流继电器 KI_1、KI_2 中至少一个瞬时动作，闭合其动合触点，使时间继电器 KT 起动。KT 经过整定限时后，其延时触点闭合，使串联的信号继电

器（电流型）KS 和中间继电器 KA 动作。KA 动作后，其触点接通断路器的跳闸线圈 YR 的回路，使断路器 QF 跳闸，切除短路故障。与此同时，KS 动作，其信号指示牌掉下，接通灯光和音响信号。在断路器跳闸时，QF 的辅助触点随之断开跳闸回路，以切断其回路中的电流，在短路故障被切除后，继电保护装置中除 KS 外的其他所有继电器均自动返回起始状态，而 KS 可手动复位。

（2）动作电流的整定 动作电流的整定必须满足下面两个条件：

1）应躲过线路的最大负荷电流（包括正常过负荷电流和尖峰电流）I_{Lmax}，以免在最大负荷通过时保护装置误动作。

2）保护装置的返回电流 I_{re} 也应该躲过线路的最大负荷电流 I_{Lmax}，以保证保护装置在外部故障切除后，能可靠地返回到原始位置，避免发生误动作。以图 7-20 为例进行说明。

a) 原理图

b) 展开图

图 7-19 定时限过电流保护原理电路

QF—高压断路器 TA₁、TA₂—电流互感器

KI₁、KI₂—D1 型电流继电器 KT—DS 型时间继电器

KS—DX 型信号继电器 KA—DZ 型中间继电器 YR—跳闸线圈

当线路 WL₂ 的首端 k 点发生短路时，由于短路电流远远大于正常最大负荷电流，所以沿线路的过电流保护装置 KI₁、KI₂ 等都要起动。在正确动作情况下，应该是靠近故障点 k 的保护装置 KI₂ 动作，断开 QF₂，切除故障线路 WL₂。这时线路 WL₁ 恢复正常运行，其保护装置 KI₁ 应该返回起始位置。若 KI₁ 在整定时其返回电流未躲过线路 WL₁ 的最大负荷电流，即 KI₁ 返回系数过低，则 KI₂ 切除 WL₂ 后，WL₁ 虽然恢复正常运行，但 KI₁ 继续保持起动状态（由于 WL₁ 在 WL₂ 切除后，还有其他出线，因此还有负荷电流），从而达到它所整定的时限（KI₁ 的动作时限比 KI₂ 的动作时限长）后，必将错误地断开 QF₁ 造成 WL₁ 停电，扩大了故障停电范围，这是不允许的。所以保护装置的返回电流也必须躲过线路的最大负荷电流，线路的最大负荷电流 I_{Lmax} 应据线路实际的过负荷情况，特别是尖峰电流（包括电动机的自起动电流）情况来确定。

设电流互感器的电流比为 K_{i}，保护装置的接线系数为 K_{w}，保护装置的返回系数为 K_{re}，

线路最大负荷电流换算到继电器中的电流为 $\dfrac{K_w}{K_i}I_{Lmax}$。由于继电器的返回电流 I_{re} 也要躲过 I_{Lmax}，即 $I_{re} > \dfrac{K_w}{K_i}I_{Lmax}$。而 $I_{re} = K_{re}I_{op}$，因此 $K_{re}I_{op} > \dfrac{K_w}{K_i}I_{Lmax}$，即 $I_{op} > \dfrac{K_w}{K_{re}K_i}I_{Lmax}$，将此式写成等式，计入一个可靠系数 K_{rel}，由此得到过电流保护动作整定公式为

图 7-20　线路定时限过电流保护整定说明

$$I_{op} = \frac{K_{rel}K_w}{K_{re}K_i}I_{Lmax} \tag{7-9}$$

式中，K_{rel} 为保护装置的可靠系数，对 DL 型继电器可取 1.2，对 GL 型继电器可取 1.3；K_w 为保护装置的接线系数，按三相短路来考虑，对两相两继电器接线（相电流接线）为 1，对两相一继电器接线（两相电流差式接线）为 $\sqrt{3}$；I_{Lmax} 为线路的最大负荷电流（含尖峰电流），可取为 $(1.5 \sim 3)I_{30}$，I_{30} 为线路的计算电流。

如果用断路器手动操作机构中的过电流脱扣器 YR 作为过电流保护，则脱扣器动作电流整定公式为

$$I_{op} = \frac{K_{rel}K_w}{K_i}I_{Lmax} \tag{7-10}$$

式中，K_{rel} 为保护装置的可靠系数，取 $2 \sim 2.5$，这里已考虑了脱扣器的返回系数。

（3）动作时间整定　为了保证前后级保护装置动作时间的选择性，过电流保护装置的动作时间（也称动作时限），应按阶梯原则进行整定，也就是在后一级保护装置所保护的线路首端（如图 7-20a 中 k 点）发生三相短路时，前一级保护的动作时间 t_1 应比后一级保护中最长的动作时间 t_2 都要大一个时间差 Δt，如图 7-20b 所示。

当 k 点发生短路故障时，设置在定时限过电流装置中的电流继电器 KI_1、KI_2 都将同时起动，根据保护动作选择性要求，应该由距离 k 点最近的保护装置 KI_2 动作，使断路器 QF_2 跳闸，故保护装置中时间继电器 KT_2 的整定值应比装置 KT_1 的整定值小一个 Δt 值。即

$$t_1 \geqslant t_2 + \Delta t \tag{7-11}$$

在确定 Δt 时，应考虑到断路器的动作时间，前一级保护装置动作时限可能发生提前动作的负误差，后一级保护装置可能发生滞后动作的正误差，还要考虑保护动作有一定的惯性误差，为了确保前后级保护的动作选择性，再考虑加上一个保险时间。于是，Δt 大约为 $0.5 \sim 0.7s$。

对于定时限过电流保护，可取 $\Delta t = 0.5s$；对于反时限过电流保护，可取 $\Delta t = 0.7s$。

2. 反时限过电流保护

反时限就是保护装置的动作时间与反映到继电器中的短路电流的大小成反比关系，短路

电流越大，动作时间越短，所以反时限特性也称为反比延时特性或反延时特性。其电流的时间特性曲线如图 7-13 所示。

（1）电路组成及原理 图 7-21 是一个交流操作的反时限过电流保护装置，KI_1、KI_2 为 GL 型感应式带有瞬时动作元件的反时限过电流继电器，继电器本身动作带有时限，并有动作及指示信号牌，所以回路不需要时间继电器和信号继电器。

当一次电路发生相间短路时，电流继电器 KI_1、KI_2 至少有一个动作，经过一定延时后（延时长短与短路电流大小成反比），其常开触点闭合，紧接着其常闭触点断开，这时断路器跳闸线圈 YR 因去分流而通电，从而使断路器跳闸，切除短路故障部分。在继电器去分流跳闸的同时，其信号牌自动掉下，指示保护装置已经动作。在短路故障被切除后，继电器自动返回，信号牌则需手动复位。

一般继电器转换触点的动作顺序为常闭触点先断开后、常开触点再闭合。而反时限过电流继电器的常开、常闭触点动作时间的先后顺序必须是常开触点先闭合、常闭触点后断开，如图 7-22 所示。这里采用具有特殊结构的先合后断的转换触点，不仅保证了继电器的可靠动作，而且还保证了在继电器触点转换时电流互感器二次侧不会带负荷开路。

a) 按集中表示法绘制

b) 按分开表示法绘制

图 7-21 反时限过电流保护的原理电路

TA_1、TA_2—电流互感器

KI_1、KI_2—感应型电流继电器

YR_1、YR_2—断路器跳闸线圈

（2）动作电流的整定 动作电流的整定方式与定时限过电流保护相同，只是式（7-9）中的 K_{rel} 取 1.3。

例 7-1 某高压线路的计算电流为 90A，线路末端的三相短路电流为 1300A。现采用 GL-15 型电流继电器，组成两相电流差式接线的相间短路保护，电流互感器电流比为 315/5。试整定此继电器的动作电流。

解：取 $K_{re} = 0.8$，$K_w = \sqrt{3}$，$K_{rel} = 1.3$，$I_{Lmax} = 2I_{30} = 2 \times 90A = 180A$，根据式（7-9）得此继电器的动作电流

$$I_{op} = \frac{K_{rel}K_w}{K_{re}K_i}I_{Lmax} = \frac{1.3 \times \sqrt{3}}{0.8 \times (315/5)} \times 180A \approx 8.04A$$

根据 GL-15 型继电器的规格，动作电流可整定为 8A。

（3）动作时间的整定 由于 GL 型继电器的时限调节机构是按 10 倍动作电流的动作时间来标度，而实际通过继电器的电流一般不会恰好为动作电流的 10 倍，因此，必须根据继电器的动作特性曲线来整定。

假设图 7-23a 电路中，后一级保护 KI_2 的 10 倍动作电流动作时间已整定为 t_2，现要求整定前一级保护 KI_1 的 10 倍动作电流动作时间 t_1，整定计算步骤如下（图 7-23b）。

a) 正常位置

b) 动作后常开触点先闭合

c) 接着常闭触点断开

图 7-22 先合后断转换触点的结构及动作说明

1—上止挡 2—常闭触点 3—常开触点
4—衔铁杠杆 5—下止挡 6—簧片

a) 电路

b) 反时限过电流保护的动作时限曲线

图 7-23 反时限过电流保护整定说明

1）计算 WL_2 首端（WL_1 末端）三相短路电流 I_k 反映到 KI_2 中的电流值，即

$$I'_{k(2)} = \frac{K_{w(2)}}{K_{i(2)}} I_k \qquad (7-12)$$

式中，$K_{w(2)}$ 为 KI_2 与 TA_2 的接线系数；$K_{i(2)}$ 为 TA_2 的电流比。

2）计算 $I'_{k(2)}$ 对 KI_2 的动作电流倍数，即

$$n_2 = I'_{k(2)} / I_{op(2)} \qquad (7-13)$$

3）确定 KI_2 的实际动作时间。

在图 7-24 所示 KI_2 的动作特性曲线的横坐标轴上找出 n_2，然后向上找到该曲线上 b 点，该点所对应的动作时间 t'_2 即为 KI_2 在通过 $I'_{k(2)}$ 时的实际动作时间。

4）计算 KI_1 的实际动作时间：$t'_1 = t'_2 + \Delta t = t'_2 + 0.7\,\mathrm{s}$，$\quad \Delta t = 0.7\,\mathrm{s}$。

图 7-24 反时限过电流保护的动作特性曲线

5）计算 WL_2 首端三相短路电流 I_k 反映到 KI_1 中的电流值，即

$$I'_{k(1)} = \frac{K_{w(1)}}{K_{i(1)}} I_k \qquad (7-14)$$

式中，$K_{w(1)}$ 为 KI_1 与 TA_1 的接线系数；$K_{i(1)}$ 为 TA_1 的电流比。

6）计算 $I'_{k(1)}$ 对 KI_1 的动作电流倍数，即

$$n_1 = \frac{I'_{k(1)}}{I_{op(1)}} \qquad (7-15)$$

式中，$I_{op(1)}$ 为 KI_1 的动作电流（已整定）。

7）确定 KI_1 的 10 倍动作电流的动作时间。先从图 7-24 中 KI_1 的动作特性曲线的横坐标上找出 n_1，再根据 n_1 与 KI_1 的实际动作时间 t'_1，在 KI_1 的动作特性曲线上找到 a 点，则 a 点所在曲线的 10 倍动作电流的动作时间 t_1 即为所求。如果 a 点不在两条曲线之间，则只能

从上下两条曲线来粗略地估计其 10 倍动作电流的动作时间。

例 7-2　图 7-23a 所示高压线路中，已知 TA_1 的 $K_{i(1)} = 160/5$，TA_2 的 $K_{i(2)} = 100/5$。WL_1 和 WL_2 的过电流保护均采用两相两继电器式接线，继电器均为 GL－15/10 型。KI_1 已整定，$I_{op(1)} = 8A$，10 倍动作电流动作时间 $t_1 = 1.4s$。WL_2 的 $I_{Lmax} = 75A$，WL_2 首端的 $I_k^{(3)} = 1100A$，末端的 $I_k^{(3)} = 400A$。试整定 KI_2 的动作电流和动作时间。

解：（1）整定 KI_2 的动作电流

取 $K_{rel} = 1.3$，$K_w = 1$，$K_{re} = 0.8$，故

$$I_{op(2)} = \frac{K_{rel}K_w}{K_{re}K_{i(2)}}I_{Lmax} = \frac{1.3 \times 1}{0.8 \times (100/5)} \times 75A \approx 6.09A$$

按 GL－15/10 型继电器的规格，其动作电流整定为 6A。

（2）整定 KI_2 动作时间

先确定 KI_1 的动作时间。由于 $I_k^{(3)}$ 反映到 KI_1 的电流 $I'_{k(1)} = 1100A \times 1/(160/5) \approx 34.4A$，故 $I_{k(1)}$ 的动作电流倍数 $n_1 = 34.4A/8A = 4.3$。利用 $n_1 = 4.3$ 和 $t_1 = 1.4s$，查附表 R-2 和图 7-14 中 GL－15 系列电流继电器的动作特性曲线，可得 KI_1 的实际动作时间 $t'_1 = 1.9s$。

因此，KI_2 的实际动作时间应为

$$t'_2 = t'_1 - \Delta t = 1.9s - 0.7s = 1.2s$$

现在确定 KI_2 的 10 倍动作电流的动作时间。由于 $I_k^{(3)}$ 反映到 KI_2 中的电流 $I'_{k(2)} = 1100A \times 1/(100/5) = 55A$，故 $I_{k(2)}$ 对 KI_2 的动作电流倍数 $n_2 = 55A/6A \approx 9.17$。利用 $n_2 = 9.17$ 和 KI_2 的实际动作时间 $t'_2 = 1.2s$，查图 7-14 中 GL－15 系列电流继电器的动作特性曲线，可得 KI_2 的 10 倍动作电流的动作时间即整定时间为 $t_2 \approx 1.2s$。

3. 定时限与反时限过电流保护的比较

定时限过电流保护的优点是动作时间较为准确，容易整定，误差小；缺点是所用继电器的数量比较多，因此接线较为复杂，继电器触点容量较小，需直流操作电源，投资较大。此外，靠近电源处保护动作时间较长，而此时的短路电流又较大，故对设备的危害较大。

反时限过电流保护的优点是继电器的数量大为减少，故其接线简单，只用一套 GL 系列继电器就可实现不带时限的电流速断保护和带时限的过电流保护。由于 GL 系列继电器触点容量大，因此可直接接通断路器的跳闸线圈，而且适于交流操作。缺点是动作时间的整定和配合比较复杂，而且误差较大，尤其是瞬动部分，难以进行配合；且当短路电流较小时，其动作时间可能很长，延长了故障持续时间。

由以上比较可知，反时限过电流保护装置具有使用继电器数量少、接线简单，以及可直接采用交流操作跳闸等优点，所以在 6～10kV 供电系统中广泛采用。

4. 过电流保护的灵敏度及提高灵敏度的措施——低电压闭锁保护

（1）过电流保护的灵敏度　根据式（7-1），灵敏系数 $S_p = I_{kmin}/I_{op(1)}$。对于线路过电流保护，I_{kmin} 应取被保护线路末端在系统最小运行方式下的两相短路电流 $I_{kmin}^{(2)}$。而 $I_{op(1)} = (K_i/K_w)I_{op}$。因此按规定过电流保护的灵敏系数必须满足的条件为

$$S_p = \frac{K_w I_{kmin}^{(2)}}{K_i I_{op}} \geq 1.5 \tag{7-16}$$

当过电流保护作为后备保护时，如满足式（7-16）有困难，可以取 $S_p \geq 1.2$。

当过电流保护灵敏系数达不到上述要求时，可采用下面的低电压闭锁保护来提高灵敏度。

（2）欠电压闭锁的过电流保护 如图7-25所示保护电路，欠电压继电器KUV通过电压互感器TV接于母线上，而KUV的常闭触点则串入电流继电器KI的常开触点与中间继电器KA的线圈回路中。

a) 接线图

b) 展开图

图 7-25 欠电压闭锁的过电流保护电路

QS—负荷开关 QF—高压断路器 TA—电流互感器 TV—电压互感器 KI—电流继电器

KA—中间继电器 KS—信号继电器 KUV—欠电压继电器 YR—断路器跳闸线圈

在供电系统正常运行时，母线电压接近于额定电压，因此KUV的常闭触点是断开的。由于KUV的常闭触点与KI的常开触点串联，所以这时KI即使由于线路过负荷而动作，其常开触点闭合，也不致造成断路器误跳闸。正因为如此，凡有欠电压闭锁的这种过电流保护装置的动作电流就不必按躲过线路最大负荷电流 I_{Lmax} 来整定，而只需按躲过线路的计算电流 I_{30} 来整定，当然保护装置的返回电流也应躲过计算电流 I_{30}。故此时过电流保护的动作电流的整定计算公式为

$$I_{op} = \frac{K_{rel}K_w}{K_{re}K_i}I_{30} \tag{7-17}$$

式中各系数的取值与式（7-9）相同。由于其 I_{op} 减小，从式（7-16）可知，能提高保护的灵敏度 S_p。

上述欠电压继电器的动作电压按躲过母线正常最低工作电压 U_{min} 而整定，当然，其返回电压也应躲过 U_{min}，也就是说，欠电压继电器 U_{min} 时不动作，只有在母线电压低于 U_{min} 时才动作。因此欠电压继电器动作电压的整定计算公式为

$$U_{op} = \frac{U_{min}}{K_{rel}K_{re}K_u} \approx (0.57 \sim 0.63)\frac{U_N}{K_u} \qquad (7-18)$$

式中，U_{min} 为母线最低工作电压，取 $(0.85 \sim 0.95)U_N$；U_N 为线路额定电压；K_{rel} 为保护装置的可靠系数，可取 1.2；K_{re} 为欠电压继电器的返回系数，可取 1.25。

7.2.4 电流速断保护

1. 电流速断保护的组成及速断电流的整定

电流速断保护实际上就是一种瞬时动作的过电流保护。其动作时限仅仅为继电器本身的固有动作时间，它的选择性不是依靠时限，而是依靠选择适当的动作电流来解决。对于 GL 型电流继电器，直接利用继电器本身结构，既可完成反时限过电流保护，又可完成电流速断保护，不用额外增加设备，非常简单经济。

对于 DL 型电流继电器，其电流速断保护电路如图 7-26 和图 7-27 所示。

图 7-26　电力线路定时限过电流保护和电流速断保护接线图（按集中表示法绘制）

QS—负荷开关　QF—断路器　KI—电流继电器（DL 型）　KT—时间继电器（DS 型）

KS—信号继电器（DX 型）　YR—跳闸线圈　KI_1、KI_2、KT、KS_1—定时限保护

KI_3、KI_4、KS_2—电流速断保护　KA—中间继电器

图 7-26、图 7-27 是同时具有电流速断和定时限电流保护的接线图和展开图（图 7-27 为按分开表示法绘制的展开图），图中 KI_1、KI_2、KT、KS_1 与 KA 构成定时限过电流保护，KI_3、KI_4、KS_2 与 KA 构成电流速断保护。与图 7-19 比较可知，电流速断保护装置只是比定时限过电流保护装置少了时间继电器。

为了保证保护装置动作的选择性，电流速断保护继电器的动作电流（即速断电流）I_{qb} 应按躲过它所保护线路末端的最大短路电流（即三相短路电流）来整定。只有这样，才能避免在后一级速断保护所保护线路的首端发生三相短路时误跳闸（因后一段线路距离很近，

阻抗很小，所以速断电流应躲过其保护线路末端的最大短路电流）。

图 7-28 电路中，WL_1 末端 k−1 点的三相短路电流，实际上与其后一段 WL_2 首端 k−2 点的三相短路电流近乎相等。

因此，可得电流速断保护动作电流（速断电流）的整定公式为

$$I_{qb} = \frac{K_{rel}K_w}{K_i}I_{kmax} \qquad (7-19)$$

式中，K_{rel} 为可靠系数，对 DL 型继电器，取 1.2~1.3；对 GL 型继电器，取 1.4~1.5；对脱扣器，取 1.8~2。

2. 电流速断保护的死区及其弥补

由于电流速断保护的动作电流是按躲过线路末端的最大短路电流来整定的，因此，在靠近线路末端的一段线路上发生的不一定是最大短路电流（如两相短路电流）时，电流速断保护装置就不可能动作，也就是说电流速断保护实际上不能保护线路的全长，这种保护装置不能保护的区域，就称为死区，如图 7-28 所示。

为了弥补速断保护存在死区的缺陷，一般规定，凡装设电流速断保护的线路，都必须装设带时限的过电流保护。且过电流保护的动作时间比电流速断保护至少长一个时间级差 $\Delta t = 0.5 \sim 0.7s$，而且前后级过电流保护的动作时间符合前面所说的阶梯原则，以保证选择性。

在速断保护区内，速断保护作为主保护，过电流保护作为后备保护；而在速断保护的死区内，则过电流保护为基本保护。

3. 电流速断保护的灵敏度

按规定，电流速断保护的灵敏度应按其保护装置安装处（即线路首端）的最小短路电流（可用两相短路电流代替）来校验。因此，电流速断保护的灵敏度必须满足的条件为

图 7-27 电力线路定时限过电流保护和电流速断保护接线图（按分开表示法绘制的展开图）

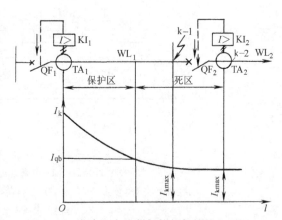

图 7-28 线路电流速断保护的保护区和死区

I_{kmax}—前一级保护应躲过的最大短路电流

I_{qb}—前一级保护整定的一次速断电流

$$S_p = \frac{K_w I_k^{(2)}}{K_i I_{qb}} \geq 1.5 \sim 2 \qquad (7-20)$$

式中，$I_k^{(2)}$ 为线路首端在系统最小运行方式下的两相短路电流。

例 7-3 试整定例 7-1 中的 GL－15/10 型电流继电器的电流速断倍数。

解： 已知线路末端 $I_k^{(3)} = 1300\text{A}$，且 $K_w = \sqrt{3}$，$K_i = 315/5$，取 $K_{rel} = 1.5$，故由式(7-19) 得

$$I_{qb} = \frac{1.5 \times \sqrt{3}}{315/5} \times 1300\text{A} \approx 53.6\text{A}$$

而在例 7-1 已经整定 $I_{op} = 8\text{A}$，故速断电流倍数应整定为

$$n_{qb} = \frac{53.6\text{A}}{8\text{A}} = 6.7$$

由于 GL 型电流继电器的速断电流倍数 n_{qb} 在 2～8 间可平滑调节，因此 n_{qb} 不必修正为整数。

例 7-4 试整定例 7-2 中装于 WL_2 首端 KI_2 的 GL－15/10 型电流继电器的速断电流倍数，并校验其过电流保护和电流速断保护的灵敏度。

解： 1) 整定速断电流倍数。取 $K_{rel} = 1.5$，$K_w = 1$，$K_i = 100/5$，WL_2 末端 $I_k^{(3)} = 400\text{A}$，故由式(7-19) 得

$$I_{qb} = \frac{1.5 \times 1}{100/5} \times 400\text{A} = 30\text{A}$$

而在例 7-2 已经整定 $I_{op} = 6\text{A}$，故速断电流倍数应整定为

$$n_{qb} = \frac{30\text{A}}{6\text{A}} = 5$$

2) 过电流保护的灵敏度校验。根据式(7-16)，其中 $I_{kmin}^{(2)} = 0.866 I_k^{(3)} = 0.866 \times 400\text{A} \approx 346\text{A}$，故其保护灵敏系数为

$$S_p = \frac{1 \times 346\text{A}}{20 \times 6\text{A}} \approx 2.88 > 1.5$$

由此可见，KI_2 整定的动作电流（6A）满足灵敏度要求。

3) 电流速断保护灵敏度的校验。根据式(7-16)，其中 $I_k^{(2)} = 0.866 \times 1100\text{A} \approx 953\text{A}$，故其保护灵敏系数为

$$S_p = \frac{1 \times 953\text{A}}{20 \times 30\text{A}} \approx 1.59 > 1.5$$

由此可见，KI_2 整定的动作电流（倍数）也满足灵敏度要求。

7.2.5 中性点不接地系统的单相接地保护

6～10kV 电网为小电流接地系统。由第 1 章已知，中性点不接地系统发生单相接地故障时，只有很小的接地电容电流，而线电压值不变，故障相对地电压为零，非故障相的电压要升高为原对地电压的 $\sqrt{3}$ 倍，所以对线路的绝缘增加了威胁，如果长此下去，可能引起非故障相对地绝缘击穿而导致两相接地短路，这时将引起线路开关跳闸，造成停电。为此，对于中性点不接地的供电系统，一般应装设绝缘监察装置或单相接地保护装置，用它来发出信号，使值班人员及时发现和处理。

1. 绝缘监测装置

如图 7-29 所示，绝缘监测装置是利用系统接地后出现的零序电压给出信号，在变电所的母线上接一个三相五芯式电压互感器，其二次侧的星形联结绕组接有电压表，以测量各相

对地电压；另一个二次对地绕组接成开口三角形，接入电压继电器，用来反映线路单相接地时出现的零序电压。

图 7-29 绝缘监测装置接线图

系统正常运行时，三相电压对称，开口三角形两端电压接近于零，继电器不动作，在系统发生一相接地时，接地相电压为零，其他两相对地电压升高到 $\sqrt{3}$ 倍，开口处出现 100V 的零序电压，使继电器动作，发出报警灯光和音响信号。

绝缘监测保护装置简单，虽然能给出故障信号，但没有选择性，难以找到故障线路。值班人员根据信号和电压表指示可以知道发生了接地故障且知道故障的类别，但不能判断哪一条线路发生了接地故障。因此，绝缘监测装置一般用于出线不太多、并且允许短时停电的供电系统中。

2. 有选择性的单相接地保护装置

1）中性点不接地系统单相接地时的电容电流分布如图 7-30 所示。

供电电网中有若干线路，当系统中的某一线路的某相发生接地时（如 C 相），全系统该相对地电压都为零，于是，所有流经该相的对地电容电流也为零。各线路上非故障相（A、B 相）的电容电流和 I_{C1}、I_{C2}、I_{C3} 等都通过故障线路流过接地点构成回路，如图 7-30 中箭头所示。单相接地时每回线路的电容电流为

$$I_{C1} = 3I_{0 \cdot 1} = 3U_\Phi \omega C_1 \tag{7-21}$$

$$I_{C2} = 3I_{0 \cdot 2} = 3U_\Phi \omega C_2 \tag{7-22}$$

$$I_{C3} = 3I_{0 \cdot 3} = 3U_\Phi \omega C_3 \tag{7-23}$$

式中，下标 1、2、3 表示线路的编号；I_{0} 为正常情况下每相的电容电流；流经非故障线路 WL_1、WL_2 的电流互感器 TA_1、TA_2 的电容电流分别是 I_{C1}、I_{C2}。但流经故障线路 WL_3 的电流互感器 TA_3 的是接地故障电流 $I_E^{(1)}$，且

$$I_E^{(1)} = I_{C\Sigma} - I_{C3} = (I_{C1} + I_{C2} + I_{C3}) - I_{C3} = 3I_{0 \cdot 1} + 3I_{0 \cdot 2} \tag{7-24}$$

$I_E^{(1)}$ 为所有非故障线路正常电容电流 I_{0} 之和的 3 倍，电流的流向由线路指向母线。

图 7-30　中性点不接地系统单相接地时的电容电流分布

2）单相接地保护又称零序电流保护。它利用单相接地故障线路的零序电流（较非故障电流大）通过零序电流互感器，在铁心中产生磁通。二次侧相应地感应出零序电流，使电流继电器动作，接通信号回路，发出报警信号。如图 7-31 所示，在电力系统正常运行及三相对称短路时，因在零序电流互感器二次侧由三相电流产生的三相磁通相量之和为零，即在零序电流互感器中不会感应出零序电流，继电器不动作。当发生单相接地时，就有接地电容电流通过，此电流在二次侧感应出零序电流，使继电器动作，并发出信号。

这种单相接地保护装置能够较灵敏地监测小电流接地系统的对地绝缘，而且从各条线路的接地保护信号可以准确判断出发生单相接地故障的线路，适用于高压出线较多的供电系统。

架空线路的单相接地保护一般采用由三个电流互感器同极性并联所组成的零序电流互感器，如图 7-31a 所示。但一般供电用户的高压线路不长，很少采用。

对于电缆线路，则采用图 7-31b 和专用零序电流互感器的接线。注意：电缆头的接地线必须穿过零序电流互感器的铁心，否则零序电流（不平衡电流）不穿过零序电流互感器的铁心，保护就不会动作。

a) 架空线路用　　　　　　b) 电缆线路用

图 7-31　零序电流保护装置

3）单相接地保护动作电流的整定。对于架空线路，采用图 7-31a 的电路，电流继电器的整定值需要躲过正常负荷电流下产生的不平衡电流 I_{dqlk} 和其他线路接地时在本线路上引起的电容电流 I_C，即

$$I_{\text{op(E)}} = K_{\text{rel}} \ (I_{\text{dqlk}} + I_C/K_i) \tag{7-25}$$

式中，K_{rel} 为可靠系数，其值与动作时间有关。保护装置不带时限时，其值取 $4 \sim 5$，以躲过本身线路发生两相短路时所出现的不平衡电流；保护装置带时限时，其值取 $1.5 \sim 2$，这时接地保护装置的动作时间应比相间短路的过电流保护的动作时间大 Δt，以保证选择性。I_{dqlk} 为正常运行的不平衡负荷电流在零序电流互感器输出端反应的不平衡电流；I_C 为其他线路接地时本线路的电容电流，如果是架空电路，$I_C \approx (U_N l)/350$，如果是电缆线路，$I_C \approx (U_N l)/10$，其中 U_N 为线路的额定电压（kV），l 为线路长度（km）；K_i 为零序电流互感器的电流比。

对于电缆电路，则采用图 7-31b 的电路，整定动作电流只需躲过本线路的电容电流 I_C 即可，即

$$I_{\text{op(E)}} = \frac{K_{\text{rel}}}{K_i} I_C \tag{7-26}$$

式中，$I_C \approx (U_N l)/10$。

4）单相接地保护的灵敏度。无论是架空或电缆线路，单相接地保护的灵敏度应按被保护线路末端发生单相接地故障时流过电缆头接地线的不平衡电容电流来校验，而这一电容电流为与被保护电路有电气联系的总电网电容电流 $I_{C\Sigma}$ 与该线路本身电容电流 I_C 之差，即 $I_E^{(1)} = I_{C\Sigma} - I_C$。$I_{C\Sigma}$ 和 I_C 均按式（1-4）计算，其中 l（含 I_{oh} 和 l_{cab}）对 $I_{C\Sigma}$ 取与被保护线路有电气联系的所有架空线路和电缆线路的总长度，而计算 I_C 时，l 只取本身线路长度。因此单相接地保护的灵敏度必须满足的条件为

$$S_p = \frac{I_{C\Sigma} - I_C}{K_i I_{\text{op(E)}}} \geqslant 1.2 \tag{7-27}$$

式中，K_i 为零序电流互感器的电流比。

7.3 电力变压器的继电保护

7.3.1 概述

电力变压器是供电系统中的重要设备，一旦发生故障将对供电的可靠性和用户的生产、生活产生严重的影响。因此，必须根据电力变压器的容量和重要程度装设适当的保护装置。

变压器故障一般分为内部故障和外部故障两种。

变压器的内部故障主要有绕组的相间短路、绕组匝间短路和单相接地短路。内部故障是很危险的，因为短路电流产生的电弧不仅会破坏绕组绝缘，烧坏铁心，还可能使绝缘材料和变压器油受热而产生大量气体，引起变压器油箱爆炸。

变压器常见的外部故障是引出线上绝缘套管的故障。该故障可能导致引出线的相间短路和接地短路。

变压器的不正常工作状态有由于外部短路和过负荷而引起的过电流、油面的过度降低和

温度升高等。

变压器的内部故障和外部故障均应动作于跳闸；对于外部相间短路引起的过电流，保护装置应带时限动作于跳闸；对于过负荷、油面降低、温度升高等不正常状态的保护一般只作用于信号。

1）高压侧为 6～10kV 的车间变电所的主变压器，通常装设有带时限的过电流保护和电流速断保护。如果过电流保护的动作时间范围为 0.5～0.7s，也可不装设电流速断保护。

2）容量在 800kVA 及以上的油浸式变压器（如安装在车间内部，则容量在 400kVA 及以上时），还需装设气体继电保护。

3）并列运行的变压器容量（单台）在 400kVA 及以上，以及虽为单台运行但又作为备用电源用的变压器有可能过负荷时，还需装设过负荷保护，但过负荷保护只动作于信号，而其他保护一般动作于跳闸。

4）如果单台运行的变压器容量在 10000kVA 及以上、两台并列运行的变压器容量（单台）在 6300kVA 及以上时，则要求装设纵联差动保护来取代电流速断保护。

高压侧为 35kV 及以上的工厂总降压变电所主变压器，一般应装设过电流保护，电流速断保护和瓦斯保护。

本节只介绍中小型工厂常用的 6～10kV 配电变压器的继电保护，包括过电流保护、电流速断保护和过负荷保护，着重介绍变压器的瓦斯保护。

7.3.2　变压器的瓦斯保护

变压器的瓦斯继电保护是保护油浸式变压器内部故障的一种基本保护。瓦斯继电保护又称气体继电保护，其主要元件是气体继电器，装在变压器的油箱和储油柜之间的连通管上，如图 7-32 所示；图 7-33 所示为 FJ-80 型开口杯式气体继电器的结构示意图。

图 7-32　气体继电器在变压器上的安装
1—变压器油箱　2—连通管
3—气体继电器　4—储油柜

图 7-33　FJ-80 型开口杯式气体继电器的结构示意图
1—容器　2—盖　3—上油杯　4、8—永久磁铁　5—上动触点
6—上静触点　7—下油杯　9—下动触点　10—下静触点
11—支架　12—下油杯平衡锤　13—下油杯转轴　14—挡板
15—上油杯平衡锤　16—上油杯转轴　17—放气阀

在变压器正常工作时，气体继电器的上下油杯中都充满油，油杯因其平衡锤的作用使其上下触点都断开。当变压器油箱内部发生轻微故障致使油面下降时，上油杯因其中盛有剩余的油使其力矩大于平衡锤的力矩而降落，从而使上触点接通，发出报警信号，这就是轻瓦斯

动作。当变压器油箱内部发生严重故障时，由于故障产生的气体很多，带动油流迅猛地由变压器油箱通过连通管进入储油柜，在油流经过气体继电器时，冲击挡板，使下油杯降落，从而使下触点接通，直接动作于跳闸。这就是重瓦斯动作。

如果变压器出现漏油，将会导致气体继电器内的油慢慢流尽。这时继电器的上油杯先降落，接通上触点，发出报警信号，当油面继续下降时，会使下油杯降落，下触点接通，从而使断路器跳闸。

气体继电器只能反映变压器内部的故障，包括漏油、漏气、油内有气、匝间故障、绕组相间短路等。而对变压器外部端子上的故障情况则无法反映。因此，除设置瓦斯保护外，还需设置过电流、速断或差动保护等。

7.3.3 变压器的过电流保护、电流速断保护和过负荷保护

1. 变压器的过电流保护

变压器的过电流保护装置一般都装设在变压器的电源侧。无论是定时限还是反时限，变压器过电流保护的组成和原理与电力线路的过电流保护完全相同。

图7-34为变压器的定时限过电流保护、电流速断保护和过负荷保护的综合电路，全部继电器均为电磁式。图7-35是按分开表示法绘制的展开图。

图7-34 变压器的定时限过电流保护、
电流速断保护和过负荷保护的综合电路（集中法）

KI_1、KI_2、KT_1、KA—定时限过电流保护

KI_3、KI_4、KS_1、KS_2、KS_3—电流速断保护 KI_5、KT_2—过负荷保护

变压器过电流保护的动作电流整定计算公式，也与电力线路过电流保护基本相同，只是式(7-9) 和式(7-10) 中的 I_{Lmax} 应取为 $(1.5 \sim 3)\,I_{1NT}$，这里的 I_{1NT} 为变压器的额定一次电流。变压器过电流保护的动作时间，也按阶梯原则整定。但对车间变电所来说，由于它属于电力系统的终端变电所，因此其动作时间可整定为最小值0.5s。

变压器过电流保护的灵敏度，按变压器低压侧母线在系统最小运行方式时发生两相短路（换算到高压侧的电流值）来校验。其灵敏度的要求也与线路过电流保护相同，即 $S_p \geqslant 1.5$；

当作为后备保护时可以 $S_p \geq 1.2$。

2. 变压器的电流速断保护

变压器的过电流保护动作时限大于 0.5s 时，必须装设电流速断保护。电流速断保护的组成、原理，也与电力线路的电流速断保护完全相同。

变压器电流速断保护的动作电流（速断电流）的整定计算公式，也与电力线路的电流速断保护基本相同，只是式 (7-19) 中的 I_{kmax} 应取低压母线三相短路电流周期分量有效值换算到高压侧的电流值，即变压器电流速断保护的动作电流按躲过低压母线三相短路电流来整定。

变压器速断保护的灵敏度，按变压器高压侧在系统最小运行方式时发生两相短路时的短路电流 $I_k^{(2)}$ 来校验，要求 $S_p \geq 1.5$。

变压器的电流速断保护，与电力线路的电流速断保护一样，也有死区（不能保护变压器的全部绕组）。弥补死区的措施，也是配备带时限的过电流保护。

考虑到变压器在空载投入或突然恢复电压时将出现一个冲击性的励磁涌流，为避免速断保护误动作，可在速断保护整定后，将变压器

图 7-35　变压器的定时限过电流保护、电流速断保护和过负荷保护的综合电路展开图

空载试投若干次，以检验速断保护是否会误动作。根据经验，当速断保护的一次动作电流比变压器额定一次电流大 2～3 倍时，速断保护一般能躲过励磁涌流，不会误动作。

例 7-5　某降压变电所装有一台 10kV/0.4kV、1000kVA 的电力变压器。已知变压器低压母线三相短路电流 $I_k^{(3)} = 13\text{kA}$，高压侧继电保护用电流互感器电流比为 100/5，继电器采用 GL-25 型，接成两相两继电器式。试整定该继电器的反时限过电流保护的动作电流、动作时间及电流速断保护的速断电流倍数。

解：1）过电流保护的动作电流整定

取 $K_{rel} = 1.3$，而 $K_w = 1$，$K_{re} = 0.8$，$K_i = 100/5 = 20$，则

$$I_{Lmax} = 2I_{1NT} = 2 \times 1000\text{kVA} / (\sqrt{3} \times 10\text{kV}) \approx 115.5\text{A}$$

按式 (7-9)，有 $I_{op} = \dfrac{1.3 \times 1}{0.8 \times 20} \times 115.5\text{A} \approx 9.38\text{A}$

因此，动作电流 I_{op} 整定为 9A。

2）过电流保护动作时间的整定。考虑此为终端变电所的过电流保护，故其 10 倍动作电流的动作时间整定为最小值 0.5s。

3）电流速断保护的速断电流的整定。取 $K_{rel} = 1.5$，而

$$I_{kmax} = 13\text{kA} \times \frac{0.4\text{kV}}{10\text{kV}} = 520\text{A}$$

按式(7-19)，有

$$I_{qb} = \frac{1.5 \times 1}{20} \times 520A = 39A$$

因此，速断电流倍数整定为

$$n_{qb} = 39/9 \approx 4.3$$

3. 变压器的过负荷保护

变压器的过负荷保护用来反映变压器正常运行时出现的过负荷情况，只在变压器确有过负荷可能的情况下才予以装设，一般动作于信号。

变压器的过负荷在大多数情况下都是三相对称的，因此过负荷保护只需要在一相上装一个电流继电器。在过负荷时，电流继电器动作，再经过时间继电器给予一定延时，最后接通信号继电器发出报警信号。

过负荷保护的动作电流按躲过变压器额定一次电流 I_{1NT} 来整定，其计算公式为

$$I_{op(OL)} = (1.2 \sim 1.5) I_{1NT}/K_i \tag{7-28}$$

式中，K_i 为电流互感器的电流比。

过负荷保护的动作时间一般取 $10 \sim 15s$。

7.3.4　变压器低压侧的单相短路保护

变压器低压侧的单相短路保护，可采取下列措施之一：

（1）低压侧装设三相均带过电流脱扣器的低压断路器　这种低压断路器，既作为低压侧的主开关，操作方便，便于自动投入，提高了供电可靠性，又可用来保护低压侧的相间短路和单相短路，在低压配电保护电路中得到了广泛的应用。DW16型低压断路器还具有所谓第四段保护，专门用作单相接地保护（注意：仅对 TN 系统的单相金属性接地有效）。

（2）低压侧三相装设熔断器保护　这种措施既可以保护变压器低压侧的相间短路，也可以保护单相短路，但由于熔断器熔断后更换熔体需要一定的时间，所以它主要适用于供电要求不高、不太重要的负荷的小容量变压器。

（3）在变压器中性点引出线上装设零序过电流保护　如图 7-36 所示，这种零序过电流保护的动作电流，按躲过变压器低压侧最大不平衡电流来整定，其整定计算公式为

$$I_{op(0)} = \frac{K_{rel}K_{dsq}}{K_i}I_{2NT} \tag{7-29}$$

式中，I_{2NT} 为变压器的额定二次电流；K_{dsq} 为不平衡系数，一般取 0.25；K_{rel} 为可靠系数，一般取 $1.2 \sim 1.3$；K_i 为零序电流互感器的电流比。零序过电流保护的动作时间一般取 $0.5 \sim 0.7s$。

零序过电流保护的灵敏度，按低压干线末端发生单相短路校验。对架空线 $S_p \geq 1.5$，对电缆线 $S_p \geq 1.2$，这一措施保护灵敏度较高，但不经济，一般较少采用。

（4）采用两相三继电器接线或三相三继电器接线

图 7-36　变压器的零序过电流保护

QF—高压断路器　TAN—零序电流互感器

KI—电流继电器　YR—断路跳闸线圈

的过电流保护　如图 7-37 所示，这两种接线既能实现相间短路保护，又能实现对变压器低压侧的单相短路保护，且保护灵敏度比较高。

a) 两相三继电器式　　　　　　　　　　b) 三相三继电器式

图 7-37　适用于变压器低压侧单相短路保护的两种接线方式

需要指出的是，通常作为变压器保护的两相两继电器式接线和两相一继电器式接线均不宜作为低压单相短路保护的接线方式，理由如下。

(1) 两相两继电器式接线　如图 7-38 所示，这种接线适用于作为相间短路保护和过负荷保护，而且它属于相电流接线，接线系数为 1，因此无论何种相间短路，保护装置的灵敏度系数都是相同的。但若变压器低压侧发生单相短路，情况就不同了。如果是装设有电流互感器的那一相（A 相或 C 相）所对应的低压相发生单相短路，继电器中的电流反映的是整个单相短路电流，这当然是符合要求的。但如果是未装有电流互感器的那一相（B 相）所对应的低压相（b 相）发生单相短路，由下面的分析可知，继电器的电流仅仅反映单相短路电流的 1/3，达不到保护灵敏度的要求，因此，这种接线不适于作为低压侧单相短路保护。

a) 电流分布　　　　b) 电流相量分解(设变压器的电压比和互感器的电流比均为1)

图 7-38　Yyn0 联结的变压器，高压侧采用两相两继电器式接线的
过电流保护（在低压侧发生单相短路时）

图 7-38a 为未装电流互感器的 B 相所对应的低压侧 b 相发生单相短路时短路电流的分布情况。根据不对称三相电路的对称分量分析法，可将低压侧 b 相的单相短路电流分解为正序 $\dot{I}_{b1} = \dot{I}_b/3$，负序 $\dot{I}_{b2} = \dot{I}_b/3$ 和零序 $\dot{I}_{b3} = \dot{I}_b/3$。由此可绘出变压器低压侧各相电流的正序、负序和零序相量图，如图 7-37b 所示。

低压侧的正序电流和负序电流通过三相三心柱变压器都要感应到高压侧去，但低压侧的零序电流 $\dot{I}_{a0}$、$\dot{I}_{b0}$、$\dot{I}_{c0}$ 都是同相的，其零序磁通在三相三心柱变压器铁心内不可能闭合，因而也不可能与高压侧绕组相交链，则变压器高压侧无零序分量。所以高压侧各相电流就只有正序和负序分量的叠加，如图 7-38b 所示。

由以上分析可知，当低压侧 b 相发生单相短路时，在变压器高压侧两相两继电器式接线的继电器中只反映 1/3 的单相短路电流，因此灵敏度过低，所以这种接线方式不适用于作为低压侧单相短路保护。

（2）两相一继电器式接线　如图 7-39 所示，这种接线也适于作为相间短路保护和过负荷保护，但对不同相间短路保护灵敏度不同，这是不够理想的。然而由于这种接线只用一个继电器，比较经济，因此，小容量变压器也有采用这种接线。

值得注意的是，采用这种接线时，如果未装电流互感器的那一相对应的低压相发生单相短路，由图 7-39 可知，继电器中根本无电流通过，因此这种接线也不能作为低压侧的单相短路保护。

图 7-39　Yyn0 联结的变压器，高压侧采用两相一继电器式接线的过电流保护在低压侧发生单相短路时电流分布

7.3.5　变压器的差动保护

前面主要介绍了变压器的过电流保护，电流速断保护和瓦斯保护，三种保护各有优点和不足之处。过电流保护动作时限较长，切除故障不迅速；电流速断保护由于死区的影响使保护范围受到限制；瓦斯保护只能反映变压器内部故障，而不能保护变压器套管和引出线的故障。

变压器的差动保护，主要用来保护变压器内部以及引出线和绝缘套管的相间短路故障，也可用于保护变压器内的匝间短路，其保护区在变压器一、二次侧所装电流互感器之间。

差动保护分纵联差动和横联差动两种形式，纵联差动保护用于单回路，横联差动保护用于双回路。这里将重点介绍变压器的纵联差动保护。

按 GB/T 50062—2008 规定：10000kVA 及以上的单独运行变压器和 6300kVA 及以上的并列运行变压器，应装设纵联差动保护；6300kVA 及以下单独运行的重要变压器，也可装设纵联差动保护。当电流速断保护灵敏度不符合要求时，亦可装设纵联差动保护。

1. 变压器的差动保护基本原理

图 7-40 为变压器差动保护的单相原理电路图。将变压器两侧的电流互感器同极性串联起来，使继电器跨接在两连线之间，于是流入差动继电器的电流即为两侧电流互感器二次电流之差，即 $I_{KI} = I''_1 - I''_2$。在变压器正常运行或差动保护的保护区外 k - 1 点发生短路时，流

入继电器 KI（或差动继电器 KD）的电流相等或相差极小，继电器 KI（或 KD）不动作，而在差动保护的保护区内 k–2 点发生短路时，对于单端供电的变压器来说，$I''_2 = 0$，所以 $I_{KI} = I''_1$，超过继电器 KI（或 KD）所整定的动作电流 $I_{op(d)}$，使 KI（或 KD）瞬时动作，然后通过中间继电器 KA 使断路器 QF_1、QF_2 同时跳闸，将故障变压器退出，切除短路故障，同时由信号继电器发出信号。

图 7-40　变压器差动保护的单相原理电路图

综上所述，变压器差动保护的工作原理是：正常工作或外部故障时，流入差动继电器的电流为不平衡电流，在适当选择两侧电流互感器的电流比和接线方式的条件下，该不平衡电流值很小，并小于差动保护的动作电流，故保护不动作；在保护范围内发生故障，流入继电器的电流大于差动保护的动作电流，差动保护动作于跳闸。因此它不需要与相邻元件的保护在整定值和动作时间上进行配合，可以构成无延时速动保护。其保护范围包括变压器绕组内部及两侧套管和引出线上所出现的各种短路故障。

通过对变压器差动保护工作原理的分析可知，为了防止保护误动作，必须使差动保护的动作电流大于最大不平衡电流。为了提高差动保护的灵敏度，又必须设法减小不平衡电流。

2. 变压器差动保护动作电流的整定

变压器差动保护的动作电流 $I_{op(d)}$ 应满足以下三个条件：

1）应躲过变压器差动保护区外短路时出现的最大不平衡电流 I_{dsqmax}。即

$$I_{op(d)} = K_{rel}I_{dsqmax} \tag{7-30}$$

式中，K_{rel} 为可靠系数，可取 1.3。

2）应躲过变压器励磁涌流，即

$$I_{op(d)} = K_{rel}I_{1NT} \tag{7-31}$$

式中，I_{1NT} 为变压器额定一次电流；K_{rel} 为可靠系数，可取 1.3 ~ 1.5。

3）动作电流应大于变压器最大负荷电流，防止在电流互感器二次回路断线且变压器处于最大负荷时，差动保护误动作，因此

$$I_{op(d)} = K_{rel}I_{Lmax} \tag{7-32}$$

式中，I_{Lmax} 为最大负荷电流，取（1.2~1.3）I_{1NT}；K_{rel} 为可靠系数，取1.3。

7.4 低压配电系统的保护

低压配电系统的保护，通常采用熔断器保护和低压断路器保护。

7.4.1 熔断器保护

1. 熔断器及其安秒特性曲线

熔断器包括熔管（又称熔体座）和熔体，通常串接在被保护的设备前或电源引出线上。当被保护区出现短路故障或过电流时，熔断器熔体熔断，使设备与电源隔离，免受电流损坏。因熔断器结构简单、使用方便、价格低廉，所以应用广泛。

熔断器的技术参数包括熔断器（熔管）的额定电压和额定电流、分断能力、熔体的额定电流和熔体的安秒特性曲线。250V 和 500V 熔断器属低压熔断器，3~110kV 熔断器属高压熔断器。决定熔体熔断时间和通过电流的关系曲线 $t = f(I)$ 称为熔断器熔体的安秒特性曲线，如图 7-41 所示，该曲线由实验得出，它只表示时限的平均值，其时限相对误差会高达 ±50%。

图 7-41 熔断器熔体的安秒特性曲线

2. 熔断器的选择及其与导线的配合

图 7-42 为由变压器二次侧引出的低压配电图。如果采用熔断器保护,应在各配电线路的首端装设熔断器。熔断器只装在各相相线上,中性线不允许装设熔断器。

a) 放射式   b) 变压器干线式

图 7-42　低压配电系统示意图

1—干线　2—分干线　3—支干线　4—支线

1) 对保护电力线路和电气设备的熔断器,其熔体电流的选用可按以下条件进行:

① 熔断器的熔体电流应不小于线路正常运行时的计算电流 I_{30},即

$$I_{NFE} \geqslant I_{30} \tag{7-33}$$

② 熔断器熔体电流还应躲过由于电动机起动所引起的尖峰电流 I_{pk},以使线路出现正常的尖峰电流而不致熔断。因此

$$I_{NFE} \geqslant kI_{pk} \tag{7-34}$$

式中,k 为选择熔体时用的计算系数,其值应根据熔体的特性和电动机的拖动情况来决定。轻负荷起动起动时间在 3s 以下时,$k = 0.25 \sim 0.35$;重负荷起动起动时间在 3~8s 时,$k = 0.35 \sim 0.5$;超过 8s 的重负荷起动或频繁起动、反接制动等,$k = 0.5 \sim 0.6$。I_{pk} 为尖峰电流。对一台电动机,$I_{pk}k_{stM}I_{NM}$;对多台电动机,$I_{pk} = I_{30} + (k_{stMmax} - 1) I_{NMmax}$,其中 k_{stMmax} 为起动电流最大的一台电动机的起动电流倍数。I_{NMmax} 为起动电流最大的一台电动机的额定电流。

③ 为使熔断器可靠地保护导线和电缆,避免因线路短路或过负荷损坏甚至起燃,熔断器的熔体额定电流 I_{NFE} 必须和导线或电缆的允许电流 I_{al} 相配合,因此要求

$$I_{NFE} \leqslant k_{OL}I_{al} \tag{7-35}$$

式中,k_{OL} 为绝缘导线和电缆的允许短路过负荷系数。对电缆或穿管绝缘导线,$k_{OL} = 2.5$;对明敷绝缘导线,$k_{OL} = 1.5$;对于已装设有其他过负荷保护的绝缘导线、电缆线路而又要求用熔断器进行短路保护时,$k_{OL} = 1.25$。

2) 对于保护电力变压器的熔断器,其熔体电流可按下式选定,即

$$I_{NFE} = (1.5 \sim 2.0) I_{NT} \tag{7-36}$$

式中，I_{NT} 为变压器的额定一次电流。熔断器装设在哪一侧，就选用哪一侧的额定值。

3）用于保护电压互感器的熔断器，其熔体额定电流可选用 0.5A，熔管可选用 RN2 型。附录 F 和附录 K 分别列出了常用的高压熔断器和低压熔断器的技术数据，供参考。

3. 熔断器保护灵敏度校验

为了保证熔断器在其保护范围内发生最轻微的短路故障时都能可靠地熔断，熔断器保护的灵敏度 S_p 必须满足下列条件：

$$S_p = \frac{I_{kmin}}{I_{NFE}} \geq k \tag{7-37}$$

式中，I_{kmin} 为熔断器保护线路末端在系统最小运行方式下的短路电流。对中性点不接地系统，取两相短路电流；对中性点直接接地系统，取单相短路电流；对于保护降压变压器的高压熔断器来说，应取低压母线的两相短路电流换算到高压之值。I_{NFE} 为熔断器熔体的额定电流。k 为检验熔断器保护灵敏度的最小比值，按 GB 50054—2011《低压配电设计规范》规定，见表 7-1。

表 7-1　检验熔断器保护灵敏度的最小比值 k

熔体额定电流/A		4～10	16～32	40～63	80～200	250～500
熔断时间/s	5	4.5	5	5	6	7
	0.4	8	9	10	11	—

注：表中 k 值适用于符合 IEC 标准的新型熔断器如 RT12 型、RT14 型、NT 系列等。对于老型号熔断器，可取 $k=4～7$。

4. 上下级熔断器的相互配合

用于保护线路短路故障的熔断器，它们上下级之相的相互配合应为：设上一级熔体的理想熔断时间为 t_1，下一级为 t_2；因熔体的安秒特性曲线误差约为 ±50%，设上一级熔体为负误差，则 $t'_1 = 0.5t_1$，下一级为正误差，即 $t'_2 = 1.5t_2$。如欲在某一电流下使 $t'_1 > t'_2$，以保证它们之间的选择性，应使 $t_1 > 3t_2$。对应这个条件可从熔体的安秒特性曲线上分别查出这两个熔体的额定电流值。一般使上、下级熔体的额定值相差 2～3 个等级即能满足动作选择性的要求。

5. 熔断器（熔管或熔座）的选择和校验

选择熔断器（熔管或熔座）时应满足下列条件：

1）熔断器的额定电压应不低于被保护线路的额定电压。

2）熔断器的额定电流应不小于它所安装的熔体的额定电流。

3）熔断器的类型应符合安装条件及被保护设备的技术要求。

4）熔断器的分断能力应满足

$$I_{oc} > I_{sh}^{(3)} \tag{7-38}$$

式中，$I_{sh}^{(3)}$ 为流经熔断器的三相短路冲击电流有效值。

例 7-6　图 7-42b 的点画线线框内是某车间部分的配电系统图。其负荷分布见表 7-2，各电动机均属轻负荷起动，试选定各熔断器的额定电流及导线截面。

解：1）第 I 组负荷各熔断器及导线截面可根据式(7-33)、式(7-34) 得 $I_{NFE1} \geq 21.4A$，并且 $I_{NFE1} \geq kI_{pk} = (0.25～0.4) \times 139.1A \approx (34.8～55.6)A$ 查附录 K，选 RT0-100 型熔断器，熔丝额定电流 $I_{NFE} = 50A$。

表 7-2 例 7-6 的负荷分布表

第 I 组负荷参数	BC 段支干线参数	第 II 组负荷参数	AB 段分干线参数
10kW（3 台），380V，$\cos\varphi = 0.74$ $\eta = 0.96$，$I_{NM} = 21.4A$ $k_{stM} = 6.5$，$I_{stM} = 139.1A$ 选用 BLV 穿管、10kW、3 根导线	$k_d = 0.8$，$k_\Sigma = 1$ $I_{30} = 51.3A$ 选用 BLV 明敷导线	7.5kW（4 台），$k_d = 0.8$，380V，$\cos\varphi = 0.765$，$\eta = 0.98$，$I_{NM} = 15.2A$，$k_{stM} = 6.5$，$I_{stM} = 98.8A$ 选用 BLV 明敷导线	$I_{30.1} = 51.3$，$k_\Sigma = 1$，$I_{30.2} = 48.6A$，$I_{30} = 99.9A$ 选用 BLV 穿管导线

选用塑料绝缘铝导线 BLV-3 ×4，穿管，车间环境温度 25℃时，查附录 M-2，得 $I_{al} = 22A$，$I_{NFE} = 50A$，$I_{NFE} < 2.5I_{al}$，校验合格。

2）同理选择第 II 组负荷的熔断器及导线截面如下：

因 $I_{NFE II} \geq (0.25 \sim 0.4) \times 98.8A \approx (24.7 \sim 39.5)A$，选 RT0 – 50 型熔断器，熔丝规格 $I_{NFE II} = 40A$，配用 BLV – 3 ×2.5，穿管，查附录 M-1，得 $I_{al} = 19A > I_{NM} = 15.2A$，同时 $I_{NFE II} < 2.5I_{al} = 2.5 \times 19A$，校验合格。

3）BC 段支干线选择如下：$I_{pk} = [51.3 + (6.5 - 1) \times 21.4] A = 169A$（根据式 $I_{pk} = I_{30} + (k_{stmax} - 1) I_{NMmax}$ 确定）。

由 $I_{NFE} \geq I_{30} = 51.3A$ 及 $I_{NFE} \geq (0.25 \sim 0.40) \times 169A \approx (42.3 \sim 67.6)A$，选用 RT0 – 100 型熔断器，考虑到要与 I 级负荷熔断器相差两个等级，选熔丝电流 $I_{NFE} = 80A$，导线用 BLV – 3 ×10 的明敷铝芯塑料绝缘导线，查附录 M-1，得 $I_{al} = 55A > I_{30} = 51.3A$，因 $I_{al} > I_{30}$，$I_{NFE} > I_{30}$，$I_{NFE} < 1.5I_{al}$，校验合格。

4）选择 AB 段干线时，由于 AB 段后接电动机较多，可按频繁起动考虑。则

$$I_{NFE} \geq I_{30} = 99.9A$$

或电动机频繁起动时，有

$$I_{NFE} = (0.5 \sim 0.6)I_{pk} = (0.5 \sim 0.6)[99.9 + (6.5 - 1) \times 21.4] \approx (108.8 \sim 130.6)A$$

考虑到和 BC 段的配合，选 $I_{NFE} = 120A$，选用 RT0 – 200 型熔断器。

导线选用 BLV – 3 ×25 明敷铝芯塑料绝缘导线，查附录 M-1，得 $I_{al} = 105A$，因 $I_{al} > I_{30}$，$I_{NFE} > I_{30}$，$I_{NFE} < 1.5I_{al}$，校验合格。

7.4.2 低压断路器保护

低压断路器既能带负荷通断电路，又能在短路、过负荷和失压时自动跳闸，其原理及结构见第 2 章。本节将重点介绍低压断路器在配电系统中的配置和型号选择。

1. 低压断路器在低压配电系统中的配置

低压断路器在低压配电系统中的配置方式如图 7-43 所示。

在图 7-43 中，3 号、4 号的接法适用于低压配电出线；1 号、2 号的接法适用于两台变压器供电的情况。配置的刀开关 QK 是为了安全检修低压断路器用。如果是单台变压器供电，其变压器二次侧出线只需设置一个低压断路器即可。图中 6 号出线是低压断路器与接触器 KM 配合运用，低压断路器用作短路保护，接触器用作电路控制器，供电动机频繁起动用；热继电器 FR 用作过负荷保护。5 号出线是低压断路器与熔断器的配合接线方式，适用

于开关断流能力不足的情况，此时靠熔断器进行短路保护，低压断路器只在过负荷和失电压时才断开电路。

2. 低压断路器中的过电流脱扣器

配电用低压断路器分为选择型和非选择型两种，因此，所配备的过电流脱扣器有三种：①具有反时限特性的长延时电磁脱扣器，动作时间可以不小于10s；②延时时限分别为0.2s、0.4s、0.6s的短延时脱扣器；③动作时限小于0.1s的瞬时

图7-43 低压断路器在低压配电系统中常用的配置方式
QF—低压断路器 QK—刀开关 KM—接触器
FR—热继电器 FU—熔断器

脱扣器。对于选择型低压断路器必须装有第②种短延时脱扣器；而非选择型低压断路器一般配置第①和③种脱扣器，其中长延时用作过负荷保护，短延时或瞬时均用于短路故障保护。我国目前普遍应用的为非选择型低压断路器，短路保护特性以瞬时动作方式为主。

低压断路器各种脱扣器的电流整定如下：

（1）长延时过电流脱扣器（即热脱扣器）的整定 这种脱扣器主要用于线路过负荷保护，故其整定值比线路计算电流稍大即可，即

$$I_{op(1)} \geq 1.1 I_{30} \tag{7-39}$$

式中，$I_{op(1)}$为长延时脱扣器（即热脱扣器）的整定动作电流。但是，热元件的额定电流I_{HN}应比$I_{op(1)}$大（10~25)%为好，即

$$I_{HN} \geq (1.1 \sim 1.25) I_{op(1)} \tag{7-40}$$

（2）瞬时（或短延时）过电流脱扣器的整定 瞬时或短延时脱扣器的整定电流应躲开线路的尖峰电流I_{pk}，即

$$I_{op(0)} \geq k_{rel} I_{pk} \tag{7-41}$$

式中，$I_{op(0)}$为瞬时或短延时过电流脱扣器的整定电流值，规定短延时过电流脱扣器整定电流的调节范围对于容量在2500A及以上的断路器为3~6倍脱扣器的额定值，对于容量在2500A以下为3~10倍；瞬时脱扣器整定电流调节范围对于容量在2500A及以上的选择型自动开关为7~10倍，对于容量在2500A以下则为10~20倍，对非选择型开关约为3~10倍；k_{rel}为可靠系数，对动作时间$t_{op} \geq 0.4s$的DW型断路器，取$k_{rel}=1.35$；对动作时间$t_{op} \leq 0.2s$的DZ型断路器，$k_{rel}=1.7 \sim 2$；对有多台设备的干线，可取$k_{rel}=1.3$。

（3）灵敏系数S_p 公式如下：

$$S_p = I_{kmin}/I_{op(0)} \geq 1.5 \tag{7-42}$$

式中，I_{kmin}为线路末端最小短路电流；$I_{op(0)}$为瞬时或短延时脱扣器的动作电流。

（4）低压断路器过流脱扣器整定值与导线的允许电流I_{al}的配合 要使低压断路器在线路发生过负荷或短路故障时，能够可靠地保护导线不致过热而损坏，必须满足

$$I_{op(1)} < I_{al} \tag{7-43}$$

或

$$I_{op(0)} < 4.5 I_{al} \tag{7-44}$$

例7-7 供电系统如图7-44所示，所需的数据均标在图上，试选择低压断路器（导线按

40℃ 温度校验）。

解：1）QF_2 选用保护电动机用的 DZ 系列低压断路器，其整定计算如下：

因 $I_{30} = I_{NM} = 182.4A$，故选定低压断路器的额定电流 $I_{NQ2} = 200A$

长延时脱扣器的整定电流为 $I_{op(1)} = 1.1I_{30} \approx 200A$

瞬时过电流脱扣器的整定电流整定为（k_{rel} 取 1.7）

$I_{op(0)} = k_{rel}I_{stM} = 1.7 \times (6.5 \times 182.4)A \approx 2015A$

选定 $I_{op(0)} = 2000A$（10 倍额定值）

灵敏系数为

图 7-44　例 7-7 的供电系统图

$$S_p = \frac{I_{k2}^{(2)}}{I_{op(0)}} = \frac{\sqrt{3}}{2} \times \frac{12.2}{2} = 5.29 > 1.5 \quad 校验合格。$$

配合导线 $I_{al} > I_{NQ2} = 200A$，选 BLX - 3 × 95，查附录 M-1，得 $T = 40℃$ 时其 $I_{al} = 209A$，因此满足 $I_{op(1)} < I_{al}$ 的要求。

可选用 DZ20 系列塑料外壳式低压断路器，断路器的额定电流 200A，瞬时脱扣器整定电流倍数为 10 倍，即 2000A。

2）QF_1 选用 DW 系列低压断路器用以保护变压器。因变压器二次侧额定电流 $I_N \approx 1500A$，故选定低压断路器的额定电流 $I_{NQ1} = 1500A$，因此

选用的长延时脱扣器电流整定为　　　　　$I_{op(1)} = 1500A$

短延时脱扣器动作时间整定为 0.4s

整定电流要考虑电动机起动时产生的峰值电流 I_{pk}，取 $k_{rel} = 1.35$，于是得

$$I_{op(0)} = K_{rel}I_{pk} = 1.35 \times [1500 + (5.8 - 1) \times 329]A \approx 4157A$$

可选定 $I'_{op(0)} = 4500A$（3 倍额定电流）。

$$K_{rel} = \frac{I_{k1}^{(2)}}{I'_{op(0)}} = \frac{\sqrt{3}}{2} \times \frac{28.9}{4.5} \approx 5.6 > 1.5$$

可选用 DW15 系列低压断路器，断路器的额定电流 1500A，长延时动作电流整定为 1500A，短延时脱扣器动作电流倍数整定约为 3 倍，即 4500A。

母线选用 LMY - 120 × 8 矩形铝母线，$T = 40℃$ 时，$I_{al} = 1550A > I_N$。

7.4.3　低压断路器与熔断器在低压电网保护中的配合

低压断路器与熔断器在低压电网中的配置方案如图 7-45 所示。

若能正确选定其额定参数，使上一级保护元件的特性曲线在任何电流下都位于下一级保护元件安秒特性曲线的上方，便能满足保护选择性的动作要求。图 7-45a 能满足上述要求，因此这种方案应用得最为普遍。

在图 7-45b 中，如果电网被保护范围内的故障电流 I_k 大于临界短路电流 I_{crk}（图中两条曲线交点处对应的短路电流），则无法满足有选择地动作。图 7-45c 中，如果要使两级低压断路器的动作满足选择性要求，必须使 1 处的安秒特性曲线位于 2 处的特性曲线之上。否

图 7-45 低压断路器与熔断器在低压电网中的配置方案

1—熔断器 2—低压断路器

则，必须使 1 处的特性曲线为 1′或 2 处的特性曲线为 2′。

由于安秒特性曲线是非线性的，为使保护满足选择性的要求，设计计算时宜用图解方法。而在工程实际中，这种配合可通过调试解决。

小　结

1）继电保护装置的任务、要求、常用的保护及电器和保护装置的接线方式。继电保护装置的任务是在供电系统出现短路故障时，保护装置动作，切除故障；在供电系统出现异常情况时，发出报警信号，及时处理，以免发展为故障。

对继电保护的要求是具有选择性、速动性、可靠性和灵敏度。

继电保护常用的继电器，有电磁式（DL 型）和感应式（GL 型），其中 DL 型用直流电源，用于定时限保护装置中；GL 型用交流电源，用于反时限保护装置中。

保护装置的接线方式是指电流互感器与过电流继电器之间的接线方式。有两相两继电器和两相一继电器两种方式。两相两继电器式接线无论发生何种相间短路，接线系数 K_w 都等于 1；对于两相一继电器式接线，不同形式的相间短路，其接线系数不同，但简单经济，在车间变压器、高压线路的保护中仍有采用。

2）带时限过电流保护。针对相间短路保护，有定时限和反时限保护两种。定时限保护，保护装置的动作时间是固定的，动作时间比较准确，易整定，但需要直流电源，投资大。反时限保护用 GL 型继电器，按 10 倍动作电流来整定，通过线圈的电流越大，动作时间越短，只需要交流电源，投资较小，在 6～10kV 供电系统中有广泛的应用。

动作电流的整定，应躲过线路的最大负荷电流；动作时间的整定，用时间继电器或利用 GL 型继电器本身进行整定，前后级保护装置的动作时间按阶梯原则进行整定，当过电流保护的动作时限超过 0.7s 时，应装设电流速断保护。

3）电力线路的单相接地保护，分为无选择性的单相接地保护和有选择性的单相接地保护两种。无选择性的单相接地保护，装设绝缘监测装置；有选择性的单相接地保护，装设零序电流互感器。

4）低压配电系统的保护，通常采用熔断器保护和低压断路器保护。熔断器的选择方法：熔断器的电压大于所装线路的额定电压，其电流大于所装熔体的电流，熔体电流应大于线路的计算电流、峰值电流、小于被保护线路的允许电流；同时要注意上下级熔断器的配合及与断路器的配合。

低压熔断器既能带负荷通断电路，又能在短路、过负荷和失电压时自动跳闸，在低压保护线路中广泛应用。

按过电流脱扣器的延时时限分，有长延时、短延时、瞬时动作三种脱扣器。我国目前普遍应用的是瞬时动作方式。

不同时限脱扣器的动作电流的整定值不同，长延时的动作电流最小，瞬时的动作电流最大。同时要注意过电流脱扣器的整定值与导线允许电流的配合及与熔断器的配合。

思　考　题

7-1　对继电保护装置有哪些基本要求？什么是选择性动作？什么是灵敏度和灵敏系数？

7-2　电磁式电流继电器、时间继电器、信号继电器和中间继电器在继电保护装置中各起什么作用？各采用什么文字符号和图形符号？

7-3　什么是过电流继电器的动作电流、返回电流和返回系数？如继电器返回系数过低有什么不好？

7-4　感应式电流继电器又有哪些功能？动作时间如何调节？动作电流如何调节？

7-5　简要说明定时限过电流保护装置和反时限过电流保护装置的组成特点、整定方法。

7-6　分别说明过电流保护和电流速断保护是如何满足供电系统对继电保护装置要求的？

7-7　在中性点不接地系统中，发生单相接地短路故障时，通常采用哪些保护措施？

7-8　什么是欠电压闭锁的过电流保护？在什么情况下采用欠电压闭锁的过电流保护？

7-9　带时限的过电流保护的动作时间整定时，时间级差考虑了哪些因素？电流速断保护的动作电流如何整定？

7-10　电力变压器通常设有哪些保护？对变压器低压侧单相接地有哪些保护方法？

7-11　变压器的低压侧单相短路有哪几种保护措施？最常用的单相接地保护措施是什么？

7-12　瓦斯保护规定在什么情况下应予装设？在什么情况下轻瓦斯动作？什么情况下重瓦斯动作？

7-13　电压配电系统过电流保护用什么方法？

7-14　简述熔断器熔体安秒特性的含义，在选择熔体电流时应考虑哪些因素？

7-15　低压断路器过电流脱扣器的电流如何整定？

习　题

7-1　某高压线路，采用两相两继电器式接线的去分流跳闸原理的反时限过电流保护装置，电流互感器的电流比为250/5，线路最大负荷电流（含尖峰电流）为220A，首端三相短路电流有效值为5.1kA，末端三相短路电流有效值为1.9kA。试整定其采用 GL-15 型电流继电器的动作电流、动作时间和速断电流倍数，并检验其过电流保护和速断保护的灵敏度。

7-2　现有前后两级反时限过电流保护，均采用 GL-25 型过电流继电器，前一级按两相两继电器式接线，后一级按两相一继电器式接线，后一级过电流保护动作时间（10倍动作电流）整定为0.5s，动作电流为 8A，前一级继电器的动作电流已整定为 4A，前一级电流互感器的电流比为 300/5，后一级电流互感器的电流比为 200/5。后一级线路首端的三相短路电流有效值为 1kA。试整定前一级继电器的工作时间。

7-3　某 1kV/0.4kV、630kVA 配电变压器的高压侧，拟装设 GL-15 型电流继电器组成的两相一继电器式反时限过电流保护，已知变压器高压侧短路电流 $I_{k-1}^{(3)} = 1.7\text{kA}$，低压侧短路电流 $I_{k-2}^{(3)} = 13\text{kA}$，高压侧电流互感器电流比为 200/5，试整定此继电器的动作电流、速断电流倍数及动作时间，并检验其灵敏度（变压器的最大负荷电流建议取为变压器额定一次电流的 2 倍）。

第 **8** 章

防雷、接地与电气安全

根据 IEC 标准，可以得出防电击的三道防线。第一道防线是防直接触电的措施；第二道防线是防间接触电的措施；第三道防线是防触电死亡的措施。本章将介绍防雷、接地的基本概念，并着重介绍接地的型式及各种防雷装置和防雷措施。

8.1 | 过电压、防雷及其设计

随着高层建筑物的迅速增多，大型施工机械不断增加，防止雷电的危害并保障人身、建筑物及设备的安全，已变得越来越重要，因此，也引起人们越来越多的关注。

8.1.1 过电压及雷电的有关概念

1. 雷电与过电压

防雷就是防御过电压，过电压是指电气设备或线路上出现超过正常工作要求的电压升高。在电力系统中，按照过电压产生的原因不同，可分为内部过电压和雷电过电压两大类。

（1）内部过电压 内部过电压是指供配电系统内部由于开关操作、参数不利组合、单相接地等原因，使电力系统的工作状态突然改变，从而在其过渡过程中引起的过电压。

内部过电压又可分为操作过电压和谐振过电压。操作过电压是由于系统内部开关操作导致的负荷骤变，或由于短路等原因出现断续性电弧而引起的过电压。谐振过电压是由于系统中参数不利组合导致谐振而引起的过电压。

运行经验表明，内部过电压最大可达系统相电压的 4 倍左右。

（2）雷电过电压 雷电过电压又称大气过电压或外部过电压，是指雷云放电现象在电力网中引起的过电压。雷电过电压一般分为直击雷、间接雷击和雷电侵入波三种类型。

1）直击雷是遭受直击雷击时产生的过电压。经验表明，直击雷击时雷电流可高达几百千安，雷电电压可达几百万伏。遭受直击雷击时均难免灾难性结果。因此，必须采取防御措施。

2）间接雷击又简称感应雷，是雷电对设备、线路或其他物体的静电感应或电磁感应所引起的过电压。图8-1所示为架空线路上由于静电感应而积聚大量异性的束缚电荷,在雷云的电荷向其他地方放电后,线路上的束缚电荷被释放形成自由电荷,向线路两端运行,形成很高的过电压。经验表明,高压线路上的感应雷可高达几十万伏,低压线路上的感应雷也可达几万伏,对供电系统的危害很大。

a) 雷云在线路上方时　　b) 雷云对地或其他放电时　　c) 雷云对架空线路放电时

图8-1　架空线路上的感应过电压

3) 雷电侵入波是感应雷的另一种表现,是由于直击雷或感应雷在电力线路的附近、地面或杆塔顶点,从而在导线上感应产生的冲击电压波,它沿着导线以光速向两侧流动,故又称为过电压行波。行波沿着电力线路侵入变配电所或其他建筑物,并在变压器内部引起行波反射,产生很高的过电压。据统计,雷电侵入波造成的雷害事故占所有雷害事故的50%~70%。

2. 雷电形成及有关概念

(1) 雷电形成　雷电是带有电荷的雷云之间、雷云对大地或物体之间产生急剧放电的一种自然现象。关于雷云普遍的看法是:在闷热的天气里,地面的水汽蒸发上升,在高空低温影响下,水蒸气凝成冰晶。冰晶受到上升气流的冲击而破碎分裂,气流挟带一部分带正电的小冰晶上升,形成正雷云,而另一部分较大的带负电的冰晶则下降,形成负雷云。由于高空气流的流动,正雷云和负雷云均在空中飘浮不定。据观测,在地面上产生雷击的雷云多为负雷云。

当空中的雷云靠近大地时,雷云与大地之间形成一个很大的雷电场。由于静电感应作用,使地面出现与雷云的电荷极性相反的电荷。当雷云与大地之间在某一方位的电场强度达到25~30kV/cm时,雷云就开始向这一方位放电,形成一个导电的空气通道,称为雷电先导。当其下行到离地面100~300m时,就引起一个上行的迎雷先导。当上、下行先导相互接近时,正、负电荷强烈吸引、中和而产生强大的雷电流,并伴有雷鸣电闪。这就是直击雷的主放电阶段,该阶段的时间极短。主放电阶段结束后,雷云中的剩余电荷会继续沿主放电通道向大地放电,形成断续的隆隆雷声。这就是直击雷的余辉放电阶段,时间一般为0.03~0.15s,电流较小,约为几百安。雷电先导在主放电阶段与地面上雷击对象之间的最小空间距离,称为闪击距离。雷电的闪击距离与雷电流的幅值和陡度有关。确定直击雷防护范围的滚球半径大小,它与闪击距离有关。

(2) 雷电的有关概念

1) 雷电流幅值和陡度。雷电流是一个幅值很大、陡度很高的冲击波电流,如

图 8-2 所示。成半余弦波形的雷电波可分为波头和波尾两部分，一般在主放电阶段 1 ～ 4μs 内即可达到雷电流幅值。雷电流从 0 上升到幅值 I_m 的波形部分，称为波头；雷电流从 I_m 下降到 $I_m/2$ 的波形部分，称为波尾。

雷电流的陡度即雷电流波升高的速度，用 $\alpha = \dfrac{di}{dt}$（kA/μs）表示。因雷电流开始时数值很快地增加，陡度也很快达到最大值，当雷电流陡度达到最大值时，陡度降为零。

图 8-2　雷电流波形示意图

雷电流幅值大小的变化范围很大，需要积累大量的资料。图 8-3 所示为我国的雷电流幅值概率曲线。从图 8-3 可知：$I \geqslant 20$kA 出现的概率是 65%，$I \geqslant 120$kA 出现的概率只有 7%。一般变配电所防雷设计中的耐雷水平取雷电流最大幅值为 $I = 100$kA。

图 8-3　雷电流幅值概率曲线

2）年平均雷暴日数。凡有雷电活动的日子，包括见到闪电和听到雷声，由当地气象台统计的多年雷暴日的年平均值称为年平均雷暴日数。年平均雷暴日数不超过 15 天的地区称为少雷区，多于 40 天的地区称为多雷区。我国年平均雷暴日数最高的是海南省儋州市，超过 121d/a。年平均雷暴日数越多，对防雷的要求越高，防雷措施越需加强。

3）年预计雷击次数。这是表征建筑物可能遭受雷击的一个频率参数。根据 GB 50057—2010《建筑物防雷设计规范》规定，年预计雷击次数的计算公式为

$$N = KN_g A_e \tag{8-1}$$
$$N_g = 0.1T_d \tag{8-2}$$

式中，N 为建筑物年预计雷击次数；A_e 为与建筑物接受雷击次数相同的等效面积（km²），按 GB 50057—2010 规定的方法确定；T_d 为年平均雷暴日数；K 为校正系数，一般取 1，位于旷野孤立的建筑物取 2。

8.1.2 防雷设计

建筑物的防雷设计，应认真调查地质、地貌、气象、环境等条件和雷电活动规律，以及被保护物的特点等来决定防雷措施，做到安全可靠、技术先进、经济合理。

1. 防雷装置

防雷装置是接闪器、避雷器、引下线和接地装置等的总和。如图8-4和图8-5所示为不同的防雷装置的配置组合。

图8-4 避雷针结构示意图
1—避雷针 2—引下线 3—接地装置

图8-5 避雷器装置示意图
1—架空线路 2—避雷器 3—接地体 4—电力变压器

要保护建筑物等不受雷击损害，应有防御直击雷、感应雷和雷电侵入波的不同措施和防雷设备。

直击雷的防御主要必须设法把直击雷迅速流散到大地中去。一般采用避雷针、避雷线、避雷网等避雷装置。

感应雷的防御是对建筑物最有效的防护措施，其防御方法是把建筑物内的所有金属物，如设备外壳、管道、构架等均进行可靠接地，混凝土内的钢筋应绑扎或焊成闭合回路。

雷电侵入波的防御一般采用避雷器。避雷器装设在输电线路进线处或10kV母线上，如有条件可采用30~50m的电缆段埋地引入，在架空线终端杆上也可装设避雷器。避雷器的接地线应与电缆金属外壳相连后直接接地，并连入公共地网。

（1）接闪器 接闪器是专门用来接受直击雷的金属物体。接闪的金属杆称为避雷针；接闪的金属线称为避雷线，或称为架空地线；接闪的金属带、网称为避雷带、避雷网。

1）避雷针。避雷针一般采用镀锌圆钢（针长1m以下时，直径不小于12mm；针长1~2m时，直径不小于16mm），或镀锌钢管（针长1m以下时，直径不小于20mm；针长1~2m时，直径不小于25mm）制成。它通常安装在电杆、构架或建筑物上，下端通过引下线与接地装置可靠连接，如图8-4所示。

避雷针的功能实质是引雷。它能对雷电场产生一个附加电场（该附加电场是由于雷云对避雷针产生静电感应引起），使雷电场畸变，从而改变雷云放电的通道。雷云经避雷针、引下线和接地装置，泄放到大地中去，使被保护物免受直击雷击。所以，避雷针实质是引雷针,它把雷电流引入地下,从而保护了附近的线路、设备和建筑物等。

经验表明,避雷针的确避免了许多直击雷击的事故发生,但同时也因为避雷针是引雷针,所以如果避雷针装设不合理还不如不装设避雷针。

2)避雷线。避雷线一般用截面不小于 $35mm^2$ 的镀锌钢绞线,架设在架空线或建筑物的上面,以保护架空线或建筑物免遭直击雷击。由于避雷线既是架空的又是接地的,因此也称为架空地线。避雷线的功能和原理与避雷针基本相同。

3)避雷网和避雷带。避雷网和避雷带主要用来保护高层建筑物免遭直击雷击和感应雷击。

避雷网和避雷带宜采用圆钢和扁钢,优先采用圆钢。圆钢直径不小于 $9mm$,扁钢截面不小于 $49mm^2$,其厚度不小于 $4mm$。当烟囱上采用避雷环时,其圆钢直径不小于 $12mm$,扁钢截面不小于 $100mm^2$,厚度不小于 $4mm$。避雷网的网格尺寸要求符合表 8-1 的规定。

表 8-1 按建筑物防雷级别确定滚球半径和避雷网网格尺寸

建筑物防雷级别	滚球半径 h_r/m	避雷网网格尺寸/m
第一类防雷建筑物	30	≤5×5 或 6×4
第二类防雷建筑物	45	≤10×10 或 12×8
第三类防雷建筑物	60	≤20×20 或 24×16

(2)避雷器 避雷器用来防止雷电产生的过电压波沿线路侵入变配电所或其他建筑物内,以免危及被保护设备的绝缘,如图 8-5 所示。

避雷器主要有阀式避雷器、排气式避雷器、角型避雷器和金属氧化物避雷器等几种。具体的避雷器介绍详见本书第 2 章。

2. 避雷针的保护范围

单支避雷针的保护范围,一般采用 IEC 推荐的滚球法来确定。所谓滚球法就是选择一个半径为 h_r 的滚球半径球体,沿需要防护的部位滚动,如果球体只接触到避雷针(线)或避

雷针与地面而不触及需要保护的部位,则该部位就在避雷针的保护范围之内,如图 8-6 所示。

单支避雷针的保护范围可按以下方法计算:

当避雷针高度 $h \leqslant h_r$ 时

1)在距地面高度 h_r 处作一条平行于地面的平行线。

2)以避雷针的顶尖为圆心,h_r 为半径,作弧线交于平行线于 A、B 两点。

3)以 A、B 为圆心,h_r 为半径画弧线,该弧线与地面相切,与针尖相交。此弧线与地面构成

图 8-6 按滚球法确定单支避雷针的保护范围

的整个锥形空间就是避雷针的保护区域。

4）避雷针在距地面高度 h_x 的平面上的保护半径 r_x 的计算公式为

$$r_x = \sqrt{h(2h_r - h)} - \sqrt{h_x(2h_r - h_x)} \tag{8-3}$$

式中，h_r 为滚球半径；h_x 为离地高度；h 为避雷针高度；r_x 为离地高度为 h_x 时所能保护的范围的半径。

5）避雷针在地面的保护半径 r_0（相当于上式中 $h_x = 0$ 时）为

$$r_0 = \sqrt{h(2h_r - h)} \tag{8-4}$$

当避雷针高度 $h > h_r$ 时，在避雷针上取高度 h_r 的一点来代替避雷针的顶尖作为圆心，其余与避雷针高度 $h \leqslant h_r$ 时的计算方法相同，读者可自行分析。

例 8-1　某厂一座高 30m 的水塔旁边，建有一锅炉房（属于第三类建筑物），尺寸如图 8-7 所示。水塔上面安装有一支高 3m 的避雷针。试问此避雷针能否保护这一锅炉房？

解：查表 8-1 得滚球半径 $h_r = 60m$，而 $h = 30m + 3m = 33m$，$h_x = 8m$，由式(8-3)得避雷针的保护半径为

$$r_x = \sqrt{h(2h_r - h)} - \sqrt{h_x(2h_r - h_x)}$$
$$= \sqrt{33m \times (2 \times 60 - 33)m} - \sqrt{8m \times (2 \times 60 - 8)m}$$
$$\approx 23.65m$$

现锅炉房在 $h_x = 8m$ 的高度上最远一角距离避雷针的水平距离为

$$r_0 = \sqrt{(10 + 8)^2 + 8^2}\,m \approx 19.70m < r_x = 23.65m$$

由此可见，水塔上的避雷针能保护这一锅炉房。

图 8-7　例 8-1 中避雷针的保护范围

8.1.3　雷的防御

1. 直击雷的防御

防御直击雷的方法有：

1）装设独立的避雷针。

2）在建筑物上装设避雷针或避雷线。

3）在建筑物屋面铺设避雷带或避雷网。

所有防雷装置都须有可靠的引下线与合格的接地装置相焊连。除独立的避雷针外，建筑物上的防雷引下线应不少于两根。这既是为了可靠，又可以对雷电流进行分流，防止引下线上产生过高的电位。如图 8-8 所示为防直击雷的接地装置的安全距离。S_0 为避雷针与被保护物（如建筑物和配电装置）之间在空气中的间距，一般不小于 5m；S_E 为地下接地装置之间的距离，一般不小于 2m。

图 8-8　防直击雷的接地装置安全距离

S_0—避雷针与被保护物的间距

S_E—地下接地装置的间距

2. 感应雷的防御

防御感应雷的方法有：

1）在建筑物屋面沿周边装设避雷带，每隔 20m 左右引出一根接地线，接地电阻的选择见附录 S 中表 S-1。

2）建筑物内所有金属物，如设备外壳、管道、构架等均应接地，混凝土内的钢筋应绑扎或焊成闭合回路。

3）将突出屋面的金属物接地。

4）对净距离小于 100mm 的平行敷设的长金属管道，每隔 20~30m 用金属线跨接，避免因感应过电压而产生火花。

3. 雷电侵入波的防御

（1）架空线雷电侵入波的防御

1）对 6~10kV 架空线，有条件的情况下采用 30~50m 的电缆段埋地引入，在架空线终端杆装设避雷器，避雷器的接地线应与电缆金属外壳相连后直接接地，并连入公共地网。

2）对没有电缆引入的 6~10kV 架空线，在终端杆处装设避雷器，在避雷器附近除了装设集中接地线外，还应连入公共地网。

3）对低压进出线，应尽量用电缆线，至少应有 50m 的电缆段经埋地引入，在进户端将电缆金属外壳架相连后直接接地，并连入公共地网。

（2）变配电所雷电侵入波的防御

1）在电源进线处主变压器高压侧装设避雷器。要求避雷器与主变压器尽量靠近安装，相互间最大电气距离不超过表 8-2 的规定，同时，避雷器的接地端与变压器的低压侧中性点及金属外壳均应可靠接地。

表 8-2　阀式避雷器至 3~10kV 主变压器的最大电气距离

雷雨季节经常运行的进线路数	1	2	3	≥4
避雷器至主变压器的最大电气距离/m	15	23	27	30

2）对 3~10kV 高压配电装置及车间变配电所的变压器，要求在每路进线终端和各段母线上都装设避雷器。避雷器的接地端与电缆头的外壳相连后须可靠接地。图 8-9 为 3~10kV 高压配电装置避雷器的装设。

图 8-9　3~10kV 高压配电装置避雷器的装设

3）在低压侧装设避雷器。在多雷区、强雷区及向一级防雷建筑供电的 Yyn0 和 Dyn11 联结的配电变压器，应装设一组低压避雷器。

（3）高压电动机的防雷　高压电动机的防雷不能采用普通型的 FS、FD 系列避雷器，而要采用专用的保护旋转电机的 FCD 系列磁吹式阀型避雷器，或用串联间隙的金属氧化物避雷器。

8.1.4　建筑物防雷

根据 GB 50057—2010 规定，按防雷要求，建筑物根据其重要性、使用性质、发生雷电事故的可能性和后果，分为三类。

（1）第一类防雷建筑物

1）凡制造、使用、贮存下列物品，如炸药、火药、起爆药、火工品等大量爆炸物质的建筑物，因电火花而引起爆炸会造成巨大破坏和人身伤亡者。

2）具有 0 区或 20 区爆炸危险环境的建筑物。见表 8-3。

表 8-3　爆炸和火灾危险环境的分区

分区代码	环境特征
0 区	连续出现或长期出现爆炸性气体混合物的环境
1 区	在正常运行时可能出现爆炸性气体混合物的环境
2 区	在正常运行时不可能出现爆炸性气体混合物的环境，或即使出现也仅是短时存在的爆炸性气体混合物的环境
20 区	在正常运行时，空气中的爆炸性粉尘云持续（经常或短时频繁）存在的场所
21 区	在正常运行时，空气中的爆炸性粉尘云很有可能偶尔出现的场所，如为操作面频繁打开粉尘容器的周围
22 区	在正常运行时，空气中的爆炸性粉尘云不太可能出现的场所，即使出现，持续时间也是短暂的

3）具有 1 区或 21 区爆炸危险环境的建筑物，因电火花而引起爆炸会造成巨大破坏和人身伤亡者。

（2）第二类防雷建筑物

1）制造、使用、贮存爆炸物资的建筑物，且电火花不易引起爆炸或不致造成巨大破坏和人身伤亡者。

2）具有 1 区或 21 区爆炸危险环境的建筑物，且电火花不易引起爆炸或不致造成巨大破坏和人身伤亡者。

3）具有 2 区或 22 区爆炸危险环境的建筑物。

4）预计雷击次数大于 0.05 次/a 的部、省级办公建筑物及其他重要或人员密集的公共建筑物；预计雷击次数大于 0.25 次/a 的住宅、办公楼等一般性民用建筑物。

5）有爆炸危险的露天钢质封闭气罐。

6）国家级重要建筑物（略）。

（3）第三类防雷建筑物

1）省级重点文物保护的建筑物及省级档案馆。

2）预计雷击次数大于等于 0.06 次/a 的一般工业建筑物。

3）预计雷击次数大于等于 0.012 次/a 且小于等于 0.06 次/a 的部、省级办公建筑物及其他重要或人员密集的公共建筑物；预计雷击次数大于 0.06 次/a 且小于等于 0.3 次/a 的住宅、办公楼等一般性民用建筑物。

4）在平均雷暴日大于 15d/a 的地区，高度为 15m 及以上的烟囱、水塔等孤立高耸建筑物；在平均雷暴日小于或等于 15d/a 的地区，高度为 20m 及以上的烟囱、水塔等孤立高耸建筑物。

各类防雷建筑物的防雷措施具体见 GB 50057—2010 的规定。

8.2 电气装置接地

8.2.1 接地的有关概念

在低压配电系统中，若措施不当会发生电击伤亡事故。因此，必须采取安全保护措施。根据 IEC 标准得出的防电击三道防线中，第二道防线就是要求可靠接地。

1. 接地和接地装置

接地是保证人身安全和设备安全而采取的技术措施。地是指零电位，所谓接地就是与零电位的大地相连接。

TN-S 或 TN-C-S 系统接地，在我国以前俗称接零。零是指多相系统的中性点，所谓接零就是与中性点相连接，故接零又可称为接中性点。

接地体是埋入地中并直接与大地接触的金属导体。专门为接地而人为装设的接地体，称为人工接地体；并不是专门用作接地体，而兼作接地体用的直接与大地接触的金属构件、金属管道及建筑物的钢筋混凝土等，称为自然接地体。连接接地体与设备、装置等的接地部分的金属导体，称为接地线。接地线在正常情况下是不带电的，但在故障情况下要通过故障接地电流。接地装置就是接地体、接地线及相连的金属结构物的总称。接地装置由接地线与接地体两部分组成。由若干接地体在大地中相互用接地线连接起来的一个整体，称为接地网，如图 8-10 所示。

图 8-10 接地网示意图

1—接地体 2—接地线 3—接地干线
4—电气设备 5—接地支线

在正常或事故情况下，为保证电气设备可靠运行，必须在供配电系统中某点实行接地，称为工作接地。出于安全目的，对人员能经常触及的、正常时不带电的金属外壳，因绝缘损坏而有可能带电的部分实行的接地，称为保护接地。只有在电压为 1000V 以下的中性点直接接地的系统中，才可采用接零保护作为安全措施，并实行重复接地，以避免当零线断裂时发生触电的危险。

2. 接地电流和对地电压

当电气设备发生接地故障时，电流就通过接地体向大地作半球形散开，这一电流称为接地电流，用 I_E 表示。如图8-11所示。

实验证明：在离接地点20m处，实际接地电流为零。

对地电压 U_E 是指电气设备的接地部分（如接地的外壳等）与零电位的地之间的电位差。

3. 接触电压和跨步电压

接触电压 U_t 是指设备在绝缘损坏时，在身体可同时触及的两部分之间出现的电位差。跨步电压 U_s 是指在接地故障点附近行走时，两脚之间所产生的电位差。越靠近接地点及跨步越大，则跨步电压越高。一般离接地点20m时，跨步电压为零，如图8-12所示。

图 8-11　接地电流、
对地电压及接地电位分布曲线

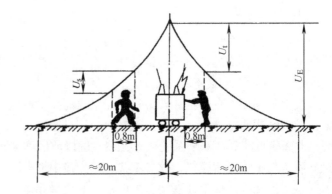

图 8-12　接触电压和跨步电压

如果人体同时接触具有不同电压的两处，则人体有触电电流流过。对人体有危险的接触电压是50V以上，对人体有危险的跨步电压是100V以上。

4. 接地的类型

接地可分为下列几类：

1）按装置属性分，有自然接地和人工接地。

2）按电流性质分，有交流电路系统接地和直流电路系统接地。

3）按电压分，有

① 高压系统接地，其中又包括直接接地和不接地两种类型。

② 低压系统接地，包括 TN 系统（TN-C、TN-S 和 TN-C-S 系统）、TT 系统和 IT 系统。

4）按作用分，有

① 保护性接地：防雷接地、保护接地、防静电接地、防电蚀接地等。

② 功能性接地：工作接地、屏蔽接地、逻辑接地和信号接地等。

5）按装置方式分，有

① 按布置方式分，有外引式和环路式。

② 按接地体分，有垂直式、水平式和混合式。

③ 按材料分，有钢（角钢、圆钢、钢管、扁钢）和铜（圆铜、铜板钢等）。

④ 按形状分，有管形、带形和环形。

下面就各接地类型分别介绍其定义及作用。

（1）保护性接地

1）防雷接地。又有防雷接地和防雷电感应接地两种。以防止雷电作用而进行的接地称为防雷接地；以防止雷电感应产生高电位、产生火花放电或局部发热，从而造成易燃、易爆物品燃烧或爆炸而进行的接地称为防雷电感应接地。

2）保护接地。保护接地是为保障人身安全、防止间接触电而将设备的外露可导电部分接地。保护接地的形式有两种：一是设备的外露可导电部分经各自的接地线直接接地，如 TT 和 IT 系统中的接地；二是设备的外露可导电部分经公共的 PE 线或经 PEN 线接地，这种接地形式，在我国过去习惯上称为保护接零。如图 8-13 所示。

图 8-13　保护接地示意图

注意：在同一低压系统中，一般来说不能一部分采取保护接地，另一部分采用保护接零，否则当采取保护接地的设备发生单相接地故障时，采用保护接零设备的外露可导电部分将带上危险的过电压。

3）防静电接地。为防止可能产生或聚集的静电荷，对设备、管道和容器等进行的接地，称为防静电接地。设备在移动或物体在管道中流动时，因摩擦产生的静电，聚集在导管、容器或加工设备上，形成很高的电位，对人身安全和建筑物都有危害。防静电接地的作用是当静电产生后，通过静电接地线，把静电引向大地，从而防止静电产生后对人体和设备造成危害。

4）防电蚀接地。地下埋设的金属体，如电缆金属外皮、金属导管等，接地后可防止电蚀侵入。

（2）功能性接地

1）工作接地。工作接地是为保证电力系统和设备达到正常工作要求而进行的一种接地，如电源中性点接地、防雷装置接地等。各种工作接地都有其各自的功能。如电源中性点直接接地，能在运行中维持三相系统中相线对地电压不变；电源中性点经消弧线圈接地，能在单相接地时消除接地点的断续电弧，防止系统出现过电压。至于防雷装置接地，其功能是泄放雷电流，从而实现防雷要求。如图 8-14 所示，相线 L_1、L_2、L_3 的公共连接处的接地为工作接地，电动机外壳与 PEN 线的连接为保护接零，右侧 PEN 线的再

图 8-14　工作接地、重复接地和保护接地示意图

次接地为重复接地。

2）重复接地。重复接地是为确保 PE 线或 PEN 线安全可靠，除在中性点进行工作接地外，还应在 PE 线或 PEN 线的其他地方进行重复接地：一是在架空线路终端及沿线每 1km 处；二是在电缆和架空线引入车间或大型建筑物处。

3）屏蔽接地。屏蔽接地是为了防止和抑制外来电磁感应干扰，而将电气干扰源引入大地的一种接地。如对电气设备的金属外壳、屏蔽罩、屏蔽线的外皮或建筑物的金属屏蔽体等进行的接地。这种接地既可以抑制外来电磁干扰对电子设备运行的影响，也可以减少某一电子设备产生的干扰影响其他电子设备。

4）逻辑接地。逻辑接地是为了确保稳定的参考电位而将电子设备中适当的金属件进行的接地形式。如一般将电子设备的金属底板进行接地。通常把逻辑接地及其他信号系统的接地称为直流地。

5）信号接地。信号接地是为保证信号具有稳定的基准电位而设置的接地。

8.2.2　电气装置的接地和接地电阻

1. 电气装置的接地

根据我国的国标规定，电气装置应接地的金属部位有：

1）电机、变压器、电器、携带式或移动式用具等的金属底座和外壳。

2）电气设备的传动装置。

3）室内外装置的金属或钢筋混凝土构架，以及靠近带电部分的金属遮拦和金属门。

4）配电、控制、保护用的屏及操作台等的金属框架和底座。

5）交、直流电力电缆的接头盒、终端头和膨胀器的金属外壳和电缆的金属护层、可触及的电缆金属保护管和穿线的钢管。

6）电缆桥架、支架和井架。

7）装有避雷线的电力线路杆塔。

8）装在配电线路杆上的电力设备。

9）在非沥青地面的居民区内，无避雷线的小接地电流架空线路的金属杆塔和钢筋混凝土杆塔。

10）电除尘器的构架。

11）封闭母线的外壳及其他裸露的金属部分。

12）SF_6 封闭式组合电器和箱式变电站的金属箱体。

13）电热设备的金属外壳。

14）控制电缆的金属护层。

2. 接地电阻及要求

接地电阻是接地体的流散电阻与接地线和接地体电阻的总和。由于接地线和接地体的电阻相对很小，可忽略不计，因此接地电阻主要就是接地体的流散电阻。

工频接地电流流过接地装置所呈现的接地电阻，称为工频接地电阻，用 R_Σ 表示。

雷电流流过接地装置所呈现的接地电阻，称为冲击接地电阻，用 R_{sh} 表示。

我国规定的部分电力装置所要求的接地电阻，见附录 S 中表 S-1。

8.2.3 接地装置的装设

1. 自然接地体的利用

在设计和装设接地装置时，首先应考虑自然接地体的利用，以节约投资，节约钢材。如果实地测量所利用的自然接地体电阻能满足要求，而且这些自然接地体又满足热稳定条件时，就不必再装设人工接地装置。否则，应加装人工接地装置。

可作为自然接地体的有与大地有可靠连接的建筑物的钢结构和钢筋、行车的钢轨、埋在地里的金属管道（但不包括可燃或有爆炸物质的管道），以及埋地敷设的不少于两根的电缆金属外皮等。对于变配电所来说，可利用建筑物钢筋混凝土基础作为自然接地体。利用自然接地体时，一定要保证良好的电气连接，在建筑物结构的结合处，除已焊接者外，凡用螺栓连接或其他连接的，都必须要采用跨接焊接，而且跨接线不小于规定值。

2. 人工接地体的装设

人工接地体是特地为接地体而装设的接地装置。人工接地体的基本结构有两种：垂直埋设的人工接地体和水平埋设的人工接地体，如图 8-15 所示。人工接地体的接地电阻至少要占要求电阻值的一半以上。

按 GB 50169—2016《电气装置安装工程 接地装置施工

a) 垂直埋设的人工接地体   b) 水平埋设的人工接地体

图 8-15 人工接地体的基本结构

及验收规范》的规定，钢接地体和接地线的截面不应小于表 8-4 的规定。对于 110kV 及以上变电所或腐蚀性较强场所的接地装置，应采用热镀锌钢材，或适当加大截面。

表 8-4 钢接地体的最小尺寸

种类、规格及单位		地 上		地 下	
		室 内	室 外	交流回路	直流回路
圆钢直径/mm		6	8	10	12
扁 钢	截面/mm²	60	100	100	100
	厚度/mm	3	4	4	6
角钢厚度/mm		2	2.5	4	6
钢管管壁厚度/mm		2.5	2.5	3.5	4.5

接地网的布置应尽量使地面电位分布均匀，以降低接触电压和跨步电压。图 8-16 所示为加装均压带的接地网。

3. 防雷接地装置的要求

避雷针宜装设独立的接地装置，防雷接地装置及避雷针引下线的结构尺寸，应符合 GB 50057—2010《建筑物防雷设计规范》的规定。

为了防止雷击时雷电流在接地装置上产生的高电位对被保护的建筑物和配电装置及其接地装置进行反击闪络，危及建筑物和配电装置的安全，防直击雷的接地装置与建筑物和配电装置之间应有一定的安全距离，此距离与建筑物的防雷等级有关。一般来说，空气中安全距离为大于 5m，地下为 3m。为了降低跨步电压，保障人身安全，防直击雷的人工接地体距离建筑物出入口或人行道的距离不应小于 3m，否则需要采取其他措施。

图 8-16　加装均压带的接地网

8.2.4　接地装置的计算

在工程实际中，要计算接地装置须先进行工频电阻的计算。

1. 人工接地体工频电阻的计算

1）单根垂直管形接地体的接地电阻 $R_{E(1)}$ 为

$$R_{E(1)} \approx \frac{\rho}{l} \tag{8-5}$$

式中，ρ 为土壤电阻率（$\Omega \cdot m$）；l 为接地体长度（m）。

2）多根垂直管形接地体的接地电阻计算。n 根垂直接地体并联时，由于接地体间的屏蔽效应影响，实际总的接地电阻 R_E 为

$$R_E = \frac{R_{E(1)}}{n\eta_E} < \frac{R_{E(1)}}{n} \tag{8-6}$$

式中，η_E 为接地体利用系数。

3）单根水平、带形接地体的接地电阻 R_E 为

$$R_E \approx \frac{2\rho}{l} \tag{8-7}$$

4）多根放射形水平接地带的接地电阻 R_E 为

$$R_E \approx \frac{0.062\rho}{n + 1.2} \tag{8-8}$$

5）环形接地带的接地电阻 R_E 为

$$R_E \approx \frac{0.6\rho}{\sqrt{A}} \tag{8-9}$$

式中，A 为环形接地带所包围的面积。

2. 自然接地体工频电阻的计算

1）电缆金属外皮和水管等的接地电阻 R_E 为

$$R_E \approx \frac{2\rho}{l} \tag{8-10}$$

式中，ρ 为土壤电阻率；l 为电缆及水管等的埋地长度。

2）钢筋混凝土基础的接地电阻 R_E 为

$$R_E \approx \frac{0.2\rho}{\sqrt[3]{V}} \tag{8-11}$$

式中，ρ 为土壤电阻率；V 为钢筋混凝土的体积。

3. 冲击接地电阻的计算

冲击接地电阻是指雷电流经接地装置泄放入地的接地电阻，包括接地线电阻和地中散流电阻。由于强大的雷电流泄放入地时，当地的土壤被雷电波击穿并产生火花，使散流电阻显著降低。冲击接地电阻一般小于工频接地电阻，冲击接地电阻 R_{sh} 的计算公式为

$$R_{sh} = \frac{R_E}{\alpha} \tag{8-12}$$

式中，α 为换算系数。

4. 接地线的最小截面计算

对于高压大电流接地系统的接地线，或低压中性点直接接地系统中的零线和接地线，须校验其热稳定度的最小截面 A_{min}，应符合

$$A \geqslant A_{min} = \frac{I_k^{(1)} \sqrt{t_k}}{C} \tag{8-13}$$

式中，A 为接地线或零线的实际截面（mm^2）；$I_k^{(1)}$ 为单相接地短路电流，为计算方便可取 $I_k^{(2)}$；t_k 为短路等效持续时间，一般取 $0.2s$；C 为接地线的热稳定系数（$As^{\frac{1}{2}}/mm^2$），见表 8-5。

表 8-5　接地线的热稳定系数　　　　　　　　　　（单位：$As^{\frac{1}{2}}/mm^2$）

材　　料	高压大电流接地	低压中性点直接接地系统
钢	70	90
铝	120	155
铜	210	270

5. 接地装置的计算

接地装置的计算步骤如下：

1）按 GB 50057—2010《建筑物防雷设计规范》的规定确定允许的接地电阻 R_E。

2）实测或估算可以利用的自然接地体的接地电阻 $R_{E(nat)}$。

3）计算需补充的人工接地体的接地电阻 $R_{E(man)}$，计算公式为

$$R_{E(man)} = \frac{R_{E(nat)} R_E}{R_{E(nat)} - R_E} \tag{8-14}$$

4）按经验确定导线长度，并计算单根导线的接地电阻。

5）计算接地体的数量，计算公式为

$$n = \frac{R_{E(1)}}{\eta_E R_{E(man)}} \tag{8-15}$$

6）校验短路热稳定度，即

$$A_{\min} = \frac{I_k^{(1)} \sqrt{t_k}}{C} \qquad (8\text{-}16)$$

6. 人工接地体的常用材料及实施

1）垂直接地体采用 $\phi50\text{mm}$ 的钢管或 $50\text{mm} \times 50\text{mm} \times 5\text{mm}$ 的角钢，长度 $l = 2.5 \sim 3\text{m}$ 较合适，排列间距一般不宜小于 5m，棒顶距地面以 $0.7 \sim 0.9\text{m}$ 为宜。

2）水平接地体采用 $40\text{mm} \times 4\text{mm}$ 的扁钢，或 $\phi12 \sim \phi16$ 的圆钢；埋设深度以 $0.9 \sim 1.0\text{m}$ 为宜；连接时要用搭接，搭接长度要为扁钢宽度的 2 倍或圆钢直径的 4 倍，所有扁钢与扁钢的连接或扁钢与圆钢的连接，均采用电焊或气焊可靠连接。

3）接地装置至少要有两处以上引至地面或室内，穿墙处对引接接地线要穿钢管加以保护。室内接地干线采用 $25\text{mm} \times 4\text{mm}$ 的扁钢，或用 $\phi6 \sim \phi12$ 的圆钢。

8.2.5 低压配电系统的等电位联结

等电位联结是指使电气装置各外露可导电部分及装置外的导电部分的电位进行实质上相等的电气连接。等电位联结的作用是降低接触电压，保障人身安全。图 8-17 所示为一个总等电位联结和局部等电位联结的示意图。

按 GB 50054—2011《低压配电设计规范》的规定，进行低压接地故障保护时，

图 8-17　总等电位联结和辅助等电位联结
MEB—总等电位联结　LEB—辅助等电位联结

应在建筑物内进行总等电位联结（用文字符号 MEB 表示）；当电气装置或某一部分的接地故障保护不能满足规定要求时，还应在局部范围进行局部等电位联结（用文字符号 LEB 表示）。

电位差是引起电气事故的重要起因。我国以前对电网和线路的安全比较重视，但忽视了电位差的危害。实际上，尤其是在低压配电系统中，电位差的存在是造成人身电击、电气火灾及电气、电子设备损坏的重要原因。

总等电位联结是在建筑物的电源线路进线处，将 PE 干线或 PEN 线与电气装置的接地干线、建筑物金属构件及各种金属都相互进行电气联结，使它们的电位基本相等，如图8-17所示的 MEB 部分。

辅助等电位联结是总等电位联结的辅助措施，它是某一局部范围内的等电位联结，如在远离总等电位联结处、非常潮湿及触电危险性大的局部地域进行的补充等电位联结。如图8-17所示的 LEB 部分。

在一般电气装置中，要求等电位联结系统的导通良好，从等电位连接端子到被连接体末端的阻抗不大于 4Ω。

注意：无论是总等电位联结，还是辅助等电位联结，与每一电气装置的其他系统只可连接一次。

8.3 静电及其防护

8.3.1 静电的产生及其危害

1. 静电的概念及其产生

摩擦起电是众所周知的一种物理现象，通过摩擦使物体带上的电荷称为静电。静电在日常生活中无处不在。早在公元前 600 年，希腊的 Thales 就已经发现并记载了静电，当时称为"鬼火"。静电现象是一种常见的带电现象，包括雷电或电容器残留电荷、摩擦带电等。

按照伏特—赫姆霍兹假说，可以把静电带电机理分为接触、分离、摩擦三个过程。而日常生活中所遇见的静电现象绝大多数是固体与固体的接触和分离起电。分离起电的机理，就是指两种不同的固体紧密接触分离以后，带上符号相反、电量相等的电荷，除了固体与固体接触分离起电外，还有剥离起电、破裂起电、电解起电等。

在生产和生活中，两种不同物质的物体相互摩擦，就会产生静电。如生产工艺中挤压、切割、搅拌、喷溅、流动和过滤，以及生活中的行走、起立、穿和脱衣服等都会产生静电。正负极性的电荷分别积蓄在两种物体上形成高电压。表 8-6 是常用物质的带电顺序表。从带正电的物质排起，逐次排到带负电的物质。其中任何两种物质摩擦时，可以按此判断它们各自所带电荷的极性，大致估计电荷的多少。

表 8-6　常用物质的带电顺序表

带正电负荷侧	玻璃	云母	尼龙	羊毛	人造丝	绢	人体皮肤	丙烯	棉布	铝	纸	麻	琥珀	铁铜镍	橡胶	金	涤纶	赛璐珞	聚四氟乙烯	带负电负荷侧

质地不同的工作服和内衣摩擦时发生的静电是人体带电的主要原因之一。表 8-7 列出穿着不同工作服和内衣摩擦时人体所带的静电电压值。

表 8-7　质地不同的工作服和内衣摩擦时人体所带静电电压值　　　（单位：kV）

工作服质地（%）		内衣					
		棉纱	毛	丙烯	聚酯	尼龙	维尼龙/棉
棉	100	1.2	0.9	11.7	14.7	1.5	1.9
维尼龙/棉	55/45	0.6	4.5	12.3	12.3	4.9	0.3
聚酯/人造丝	65/35	4.2	9.4	19.2	17.1	4.9	1.2
聚酯/棉	65/35	14.1	15.3	12.3	7.5	14.7	13.9

2. 静电的特点及其危害

静电有一个很大的特点是静电电量不大而静电电压很高，有时可达数万伏，甚至

10万V以上。静电电量虽然不大，不会直接使人致命，但其电压很高，很容易发生放电，出现静电火花。

如上所述，静电现象有其有用的一面，如静电复印、静电喷涂和静电除尘等；但也有它有害的一面，当带电物体间的电位差达到一定程度后，便可产生静电放电，对人体产生电击。

在有可燃液体的场合，可能因静电火花而引起火灾；在有气体、蒸汽的混合物或有粉尘、纤维的爆炸性混合物的场所，可能因静电而引起爆炸。当人体接近带静电的物体时，或带静电电荷的人体接近接地体时，都可能发生电击伤害。另外，在某些生产过程中，静电的物理现象还会妨碍生产，导致产品质量不良，电子设备损坏，生产故障，乃至停工。图8-18所示为静电放电危害电子设备的示意图。有时甚至发生更大、更严重的破坏。例如，2003年8月22日巴西火箭大爆

图8-18 静电放电危害电子设备示意图

炸，引起全世界的关注，就是由于静电引起的；2002年12月10日长春煤气爆炸也是由于静电引起的。所以，静电的危害要引起高度的重视和足够的关注。

经验证明，人体各部位所带的电荷并不均衡，以手腕外侧的电位为最高。通常，电子设备遭受静电危害是由于人体触摸机器，从而发生瞬间静电放电的结果。

8.3.2 静电放电形式及干扰的传递

1. 静电放电形式

静电放电属于脉冲式干扰，干扰程度取决于脉冲能量和脉冲宽度。以人体为例，设人体等效电容为150pF、等效放电电阻为150Ω（IEC对人体的模拟值），若有10kV、所含能量为7.5×10^{-3}J的静电电压通过人体电阻突然放电，此时放电脉冲宽度可达22.5ns，在放电瞬间的功率峰值高达667kJ。图8-19所示为人体带电的等效电路。

图8-19 人体带电的等效电路

能量大，固然易形成电磁干扰，能量微弱但在极短时间内起作用时，其瞬间的能量密度也可达到具有危害作用的程度。

2. 静电放电干扰的传递

静电放电干扰的传递有多种途径，大致可分为以下几种：

（1）设备信号线与地线上的直接放电 对地线的放电使地电位发生变化，造成电子设备误动作。如键盘或显示装置等接口处的放电犹如直击雷，干扰后果极为严重。

（2）在设备金属外壳上的放电 在电子设备金属外壳上放电是最常见的静电放电，放电电流流过金属外壳，产生电场和磁场，通过分布阻抗耦合到壳内的电源线、信号线等内部走

线，引起误动作。放电电流通过电感耦合、电容耦合，辐射电磁场在导线上引起电位差和相位差。

一般认为感应耦合起主要作用，电感耦合比电容耦合影响更大，电磁场的辐射则能波及相当远的距离。感应电压的大小与脉冲有关，当脉宽为10ns时，感应电压辐值为1.6V；当脉宽小于10ns时，感应电压辐值急剧升高，脉宽为4ns时，感应电压辐值为9V。

注意：近距离时，高频电磁场的感应作用很大。

8.3.3 防静电方法

由于静电放电的危害很大，越是精密的仪器仪表，越是高科技的技术，静电的危害越大。因此，要尽量避免静电危害。由上可知，静电放电通过电磁感应、静电感应、传导耦合和放电辐射危害电气设备。因此，可分别采取下列措施进行防护。

1. 抑制静电放电

抑制静电放电的方法如下：

（1）避免产生静电　机房工作面、地板等应铺设抗静电材料；接触和操作电气设备的人员切勿穿化纤等易带静电的衣服；操作人员应佩戴有金属接地链的手环；环境湿度应保持在45%以上等。

（2）提高电气设备表面的绝缘能力　如机壳涂绝缘漆或覆盖绝缘物质，操作开关等器件与机壳留有隔离间隔，使放电难以形成。

2. 抑制静电感应

抑制静电感应的方法如下：

1）尽量缩短信号线，减少外露面积。

2）尽量降低电路的阻抗。

3）信号线电源线用屏蔽线或双绞线。

4）整套设备放置在屏蔽室内。

5）线间屏蔽，防止串扰。

6）用差动输入输出电路，减少共模噪声的影响。

3. 抑制电磁感应

抑制电磁感应的方法如下：

1）被保护电路应尽量远离有放电感应电流的部位。

2）信号线与感应线电流的导线应垂直交叉。

3）尽量缩小信号回路和环流面积，采用双绞线。

4）加粗设备之间的接地线，信号线与接地线平行。

5）用高磁导率的材料覆盖信号回路。

6）对微弱信号电路采用三层屏蔽。

4. 抑制传导耦合

抑制传导耦合的方法如下：

1）配线时尽量缩短公共阻抗导线长度。

2）机柜接地和系统接地分开，通过良好的接地让放电电流只流经机壳表面，能减少对机壳内电子器件工作的影响。

3) 禁止使用串联型接地方式。

4) 提高电子设备本身的抗噪声能力，如信号线上采用共模扼流圈或铁氧体磁心作为数字量线路滤波器，以及改进各种电磁屏蔽等措施。

5. 做好防静电接地工作

为防止可能产生或聚集静电荷，对设备、管道和容器等进行的接地，称为静电接地。设备在移动或物体在管道中流动，因摩擦产生的静电聚集在管道、容器或加工设备上，形成很高的电位，对人身安全和建筑物都有危害。静电接地的作用是当静电产生后，通过静电接地线，把静电引向大地，防止静电产生后对人体和设备产生危害。

因两种不同物质的物体相互摩擦或感应而产生的静电只有在带电体绝缘时才能保存，如果把它用导线与大地相连，电荷很快就会消失，所以仅仅为静电放电所设置的接地电阻，只要不超过 100Ω 就能满足要求。

计算机包含有大量的微功耗、低电平、高集成度、高电磁灵敏度的电路和元器件，所以，计算机是最容易受到静电危害的电子设备之一。计算机的防静电放电有其相应的措施。首先要在安装环境和操作人员的服装材料和附加操作器具等方面加以注意，防止和抑制静电的产生；其次是降低设备对静电放电干扰的敏感度。

需要补充的是，对于实际设备，应根据使用条件，参照实验数据来确定其应有的静电放电敏感度，并采取相应的方法，如用翼片式静电放电发生器等来测量该设备实际具有的敏感度。如果实际值大于应有值，便能避免发生静电放电干扰故障。表8-8列出了按照设备所处环境的相对湿度和地板等的材料种类来确定的敏感度等级和数值。

表8-8 静电放电敏感度等级

等 级	相对湿度（%）	材 料		敏感度值
		抗静电纤维	合成纤维	
1	35	√		2
2	10	√		4
3	50		√	9
4	10		√	15

8.4 电气安全与触电急救

根据 IEC 标准得出的防电击三道防线中，第三道防线是防触电死亡措施，它是指人身受到电击后，如何减轻其危害程度，不至于有生命危险。

8.4.1 电流对人体的作用

1. 电流对人体的作用

电流通过人体时，人体内部组织将产生复杂的作用。人体触电可分为两大类：一类是雷击或高压触电，较大的电流数量级通过人体所产生的热效应、化学效应和机械效应，将使人的机体受到严重的电灼伤、组织炭化坏死以及其他难以恢复的永久性伤害；另一类是低压触电，在几十至几百毫安的电流作用下，使人的机体产生病理、生理性反应，轻者出现针刺痛感，或痉挛、血压升高、心律不齐以致昏迷等暂时性功能失常，重者可引起呼吸停止、心搏骤停、心室纤维颤动等危及生命的伤害。

关于人体受电击时反应的研究，图8-20所示为1974年IEC提出的479号权威性报告。从图中可以看到，人体触电可分为四个区：①区——人体对触电无反应区；②区——人体对触电有麻木感，但无病理生理反应，对人体无害；③区——人体触电后，可产生心律不齐，血压升高，但一般无器质性损害；④区——人体触电后，可产生心室纤维性颤动，严

图 8-20　IEC 提出的人体触电时间
和通过人体电流（50Hz）对人身机体反应的曲线

重的可导致死亡。通常将①、②、③区称为安全区，③区与④区间的曲线称为安全曲线。1994年，IEC又发表了479-1号报告，对电击安全界限曲线做了新的修正，把有生命危险的电击能量从30mAs修正为50mAs。此外，在IEC的364-4号标准中规定：

1）采用自动切断供电电源的保护措施时，低压系统的接地型式需与配电系统的制式、安全保护的方式及保护装置的特性相配合。

2）采用断路器或熔断器自动切断发生故障的线路时，应保证接于该线路的手持式或移动式用电设备上任一点的接触电压，不超过表8-9所列的预期接触电压和持续时间规定。

表 8-9　最大接触电压的持续时间

最大切断时间 t/s	预期接触电压/V	
	交流（有效值）	直流
∞	<50	<120
5	50	120
1	75	140
0.5	90	160
0.4	97	165
0.2	110	1752
0.1	150	200
0.05	220	250
0.03	290	310

2. 安全电流及有关因素

安全电流是人体触电后的最大摆脱电流。各国对安全电流值的规定不完全一致。我国一

一般采用 30mA（50Hz）为安全电流值，触电时间按不超过 1s 计，所以安全电流值为 30mAs（50Hz）。

安全电流与下列因素有关：

1）触电时间。触电时间在 0.2s 以下与 0.2s 以上，电流对人体的危害程度有很大区别。触电时间 0.2s 以上时，致颤电流值将急剧降低。

2）电流性质。试验表明，直流、交流和高频电流触电对人体的危害不同，以 50～100Hz 的电流对人体的危害最为严重。

3）电流路径。电流对人体的危害程度主要取决于心脏受损的程度。试验表明，不同路径的电流对人体的危害是不同的，电流从手到脚特别是从手到胸对人体的危害最为严重。

4）体重和健康状况。健康人的心脏和病人的心脏对电流损害的抵抗能力是不同的。人的心理、情绪好坏以及人的体重等，也使电流对人的危害有所差别。

8.4.2　安全电压与人体电阻

安全电压就是不致使人直接死亡或致残的电压。实际上，从触电的角度来说，安全电压与人体电阻有关。

人体电阻由体内电阻和皮肤电阻两部分组成。体内电阻约 500Ω，与接触电压无关。皮肤电阻随皮肤表面的干湿、洁污状态和接触电压而变。从触电安全的角度考虑，人体电阻一般下限为 1700Ω。由于我国的安全电流取 30mA，如人体电阻取 1700Ω，则人体允许持续接触的安全电压为

$$U_{saf} = 30\text{mA} \times 1700\Omega \approx 50\text{V}$$

这 50V 称为一般正常环境条件下允许持续接触的安全特低电压，见表 8-10。

表 8-10　安全电压

安全电压（交流有效值）/V		选 用 举 例
额定值	空载上限值	
42	50	在有触电危险的场所使用的手持式电动工具等
36	43	在矿井、多导电粉尘等场所使用的行灯等
24	29	
12	15	可供某些具有人体可能偶然触及的带电体设备选用
6	9	

8.4.3　电气安全的一般措施

1. 电气安全的一般措施

在供配电系统中，必须特别注意安全用电。这是因为，如果使用不当，可能会造成严重后果，如人身触电事故、火灾、爆炸等，给国家、社会和个人带来极大的损失。

保证电气安全的一般措施有：

（1）加强电气安全教育　无数电气事故的教训告诉人们：人员的思想麻痹大意，往往是

造成人身事故的重要因素。因此，必须加强安全教育，使所有人员都懂得安全生产的重大意义，人人树立安全第一的观点，做好安全教育工作，力争供电系统无事故运行，防患于未然。

（2）严格执行安全工作规程　国家颁布和现场制定的安全工作规程是确保工作安全的基本依据。只有严格执行安全工作规程，才能确保工作安全。例如，在变配电所中工作，就须严格执行《电业安全工作规程》的有关规定：

1）电气工作人员须具备的条件。经医师鉴定，无妨碍工作的病症；具备必要的电气知识，且按其职务和工作性质，熟悉《电业安全工作规程》的有关部分，并经考试合格；学会紧急救护，特别要学会触电急救。

2）人体与带电体的安全距离。在进行带电体作业时，人体与带电体的安全距离不得小于表 8-11 所规定的值。

表 8-11　人体与带电体的安全距离

电压等级/kV	10	35	66	110	220	330
安全距离/m	0.4	0.6	0.7	1.0	1.9	2.6

3）在高压设备上工作时的要求。在高压设备上工作时必须遵守：填写工作票和口头、电话命令；至少应有两人在一起工作；完成保证工作人员安全的组织措施和技术措施。

保证安全的组织措施有工作票制度、工作许可证制度、工作监护制度、工作间断、转移和终结制度。保证安全的技术措施有停电、验电、装设接地线、悬挂标示牌和装设遮拦等。

（3）加强运行维护和检修试验工作　加强日常的运行维护工作和定期的检修试验工作，对于保证供电系统的安全运行，也具有很重要的作用，特别是电气设备的交接试验。应遵循 GB 50150—2016《电气装置安装工程　电气设备交接试验标准》的规定。

（4）采用安全电压和符合安全要求的相应电器　对于容易触电的场所和有触电危险的场所，应采用安全电压。

在易燃、易爆场所，应采用符合要求的相应电气设备和导线、电缆。涉及易燃、易爆场所的供电设计与安装，应遵循国家的相关规定。

（5）确保供电工程的设计安装质量　国家制订的设计、安装规范是确保设计、安装质量的基本依据。供电工程的设计安装质量，直接关系到供电系统的安全运行。如果设计或安装不合要求，将大大增加事故的可能性。因此，必须精心设计和施工。要留给设计和施工足够的时间，并且不要因为赶时间而影响设计和施工的质量。严格按国家标准，如 GB 50052—2009《供配电系统设计规范》、GB 50054—2011《低压配电设计规范》、DL/T 5161.3—2018《电气装置安装工程质量检验及评定规程　第 3 部分：电力变压器、油浸电抗器、互感器施工质量检验》，DL/T 5161.5—2018《电气装置安装工程质量检验及评定规程　第 5 部分：电缆线路施工质量检验》，DL/T 5161.10—2018《电气装置安装工程质量检验及评定规程　第 10 部分：66kV 及以下架空电力线路施工质量检验》等进行设计、施工，验收规范，确保供电系统质量。

（6）按规定采用电气安全用具　电气安全用具分为基本电气安全用具和辅助电气安全用具两类。

1）基本电气安全用具。这类安全用具的绝缘足以承受电气设备的工作电压，操作人员必须使用它，才允许操作带电设备。如操作隔离开关的绝缘钩棒等。

2）辅助电气安全用具。这类安全用具的绝缘不足以完全承受电气设备的工作电压，操作人员必须使用它，可使人身安全有进一步的保障。如绝缘手套，绝缘垫台及"禁止合闸，有人工作""止步，高压危险"等标示牌。

（7）普及安全用电常识　安全用电注意事项如下：

1）不得私自拉电线，私用电炉。

2）不得超负荷用电。

3）应请电气工作人员，装拆电线和电气设备，避免发生短路和触电事故。

4）电线上不能晒衣服，以防电线上绝缘破损，漏电伤人。

5）不得在架空线路和室外变配电装置附近放风筝，以免造成短路或接地故障。

6）不得用弹弓等打电线上的鸟，以免电线绝缘破损。

7）不得攀登电杆和变配电所装置的构架。

8）移动电器的插座，一般应采用带保护接地插孔的插座。

9）所有可能触及的设备外露可导电部分必须接地。

10）导线断落在地时，不可走近。对落地的高压线，应离开落地点9～10m以上，并及时报告供电部门前往处理。

11）如有人触电，应按规定进行处理。

（8）正确处理电气失火事故

1）电气失火的特点。失火电气设备可能带电，灭火时要注意触电，最好是尽快断开电源；失火电气设备可能充有大量的油，容易导致爆炸，使火势蔓延。

2）带电灭火的措施和注意事项有：

①采用二氧化碳、四氯化碳等灭火器。这些灭火器均不导电，并且要求通风，有条件的戴上防毒面具。

②不能用一般泡沫灭火器灭火，因其灭火剂具有一定的导电性。

③可用干砂覆盖进行带电灭火，但只能在小面积时采用。

④带电灭火时，应采取防触电的可靠措施。

2. 触电的急救处理

触电者的现场急救是抢救过程中关键的一步。如能及时、正确地抢救，则因触电而呈假死的人有可能获救。反之，则可能带来不可弥补的损失。因此，《电业安全工作规程》将"特别要学会触电急救"规定为电气工作人员必须具备的条件之一。

（1）脱离电源　触电急救，首先要使触电者迅速脱离电源，越快越好；触电时间越长，伤害越严重。

1）触电急救，首先要将触电者接触的那部分带电设备的开关断开，或设法将触电者与带电设备脱离。在脱离电源时，救护人员既要救人，又要保护自己。触电者未脱离电源前，救护人员不得直接用手触及伤员。

2）如果触电者接触的是低压带电设备，救护人员应设法迅速切断电源，如拉开电源开关，或使用绝缘工具、干燥的木棒等不导电的物体解脱触电者；也可抓紧触电者的衣服将其拖开。为使触电者与导体解脱，最好用一只手进行抢救。

3）如果触电者接触的是高压带电设备，救护人员应设法迅速切断电源，或用适合该绝缘等级的绝缘工具解脱触电者。救护人员在抢救过程中，要注意保持自身与带电部分的安全距离。

4）如果触电者处于高处，解脱电源后，可能会从高处坠落，要采处相应的措施。以防触电者摔伤。

5）在切断电源后，应考虑事故照明、应急灯照明等，以便继续进行急救。

（2）急救处理　当触电者脱离电源后，应根据具体情况，迅速救治，同时尽快通知医生。

1）如触电者神志尚清，则应使之平躺，严密观察，暂时不要站立或走动。

2）如触电者神志不清，则应使之仰面平躺，确保气道通畅。并用5s时间，呼叫伤员或轻拍其肩部，严禁摇动头部。

3）如触电者神志失去知觉，停止呼吸，但心脏微有跳动时，应在通畅气道后，立即施行口对口的人工呼吸。

4）如触电者伤害相当严重，心跳和呼吸已停止，完全失去知觉，则在通畅气道后，立即施行口对口的人工呼吸和胸外按压心脏的人工循环。先按胸外4~9次，再口对口吹气2~3次；再按压心脏4~9次，再口对口吹气2~3次。

对人工呼吸要有耐心，不能急。不应放弃现场抢救。只有医生有权做出死亡诊断。

（3）人工呼吸法　人工呼吸法有仰卧压胸法、俯卧压背法和口对口吹气法等。最简便的是口对口吹气法。其步骤如下：

1）迅速解开触电者的衣服、裤子，松开上身的紧身衣等，使其胸部能自由扩张，不致妨碍呼吸。

2）使触电者仰卧，不垫枕头，头先侧向一边，清除其口腔内的血块、假牙及其他异物，将舌头拉出，使气道通畅，如触电者牙关紧闭可用小木片、金属片等小心地从口角伸入牙缝撬开牙齿，清除口腔内异物。然后将其头扳正，使之尽量后仰，鼻孔朝天，使气道通畅。

3）救护人位于触电者头部的左侧或右侧，用一只手捏紧鼻孔，不使漏气，用另一只手将下颌拉向前下方，使嘴巴张开，嘴上可盖一层纱布，准备接受吹气。

4）救护人做深呼吸后，紧贴触电者嘴巴，向他大口吹气，如图8-21所示，如果掰不开嘴巴，也可捏紧嘴巴，紧贴鼻孔吹气，吹气时要使胸部膨胀。

5）救护人吹气完毕后换气时，应立即离开触电者的嘴巴，并放松紧捏的鼻，让其自由排气。

按上述要求对触电者反复地吹气、换气，每分钟约12次。对幼小儿童施行此法时，鼻子不必捏紧，可任其自由漏气。

（4）胸外按压心脏的人工循环法　按压心脏的人工循环法有胸外按压和开胸直接挤压心脏两种方法。后者由医生进行，这里介绍胸外按压心脏的人工循环法的操作步骤：

1）同上述人工呼吸的要求一样，迅速解开触电者的衣服、裤子，松开上身的紧身衣等，使其胸部能自由扩张，使气道通畅。

2）触电者仰卧，不垫枕头，头先侧向一边，清除其口腔内的血块、假牙及其他异物，将舌头拉出，使气道通畅，后背着地处的地面必须平整。

3）救护人位于触电者一侧，最好是跨腰跪在触电者的腰部，两手相叠，手掌根部放在

a) 贴紧吹气   b) 放松换气

图 8-21 口对口吹气法

心窝稍高一点的地方，如图 8-22 所示。

4）救护人找到触电者正确的压点后，自上而下、垂直均衡地用力向下按压，压出心脏里的血液，对儿童用力应小一点。

5）按压后，掌根迅速放开，使触电者胸部自动复原，心脏扩张，血液又回到心脏里来，如图 8-23 所示。

                                   a) 向下按压   b) 放松回流

图 8-22 胸外按压心脏的正确压点   图 8-23 人工胸外按压心脏法

按上述要求对触电者的心脏反复进行按压和放松，每分钟约 60 次；按压时定位要准，用力要适当。

在进行人工呼吸时，救护人应密切关注触电者的反应。只要发现触电者有苏醒迹象，应中止操作几秒钟，让触电者自行呼吸和心跳。

事实表明，只要正确地坚持施行人工救治，触电假死的人被抢救成活的可能性是非常大的。

小 结

本章详细介绍了供配电系统对人身及设备所采取的安全保护措施，是我国强制执行的国家标准。根据 IEC 标准，可以得出防电击三道防线。第一道防线是防直接触电措施；第二道防线是防间接触电措施；第三道防线是防触电死亡措施。本章介绍了过电压、防雷的概念，形成、危害及其在设计中的防护，以及电气装置接地的基本概念，并着重介绍了各种接地类型和防雷措施及等电位联结；介绍了静电的产生、危害及其防护；最后介绍了电气安全及其触电急救。

1）过电压是指电气设备或线路上出现的超过正常工作要求的电压升高，分为内部过电压和雷电过电压两大类。内部过电压指供配电系统内部由于开关操作、参数不利组合、单相接地等原因，使电力系统的工作状态突然改变，从而在其过渡过程中引起的过电压。雷电过电压是指雷云放电现象在电力网中引起的过电压。雷电过电压一般分为直击雷、间接雷击和雷电侵入波三种类型。遭受直击雷击时雷电流可高达几百千安，必须采取防御措施；高压线路上的感应雷可高达几十万伏，低压线路上的感应雷也可达几万伏，对供电系统的危害也很大；雷电侵入波造成的雷害事故，占所有雷害事故的50%~70%。

2）防雷装置是接闪器、避雷器、引下线和接地装置等的总和。其中，直击雷的防御一般采用避雷针、避雷线、避雷网等避雷装置；感应雷的防御是对建筑物最有效的防护措施，通常把建筑物内的所有金属物，如设备外壳、管道、构架等均进行可靠接地，混凝土内的钢筋应绑扎或焊成闭合回路；雷电侵入波的防御一般采用避雷器。按防雷要求，建筑物根据其重要性、使用性质、发生雷电事故的可能性和后果分为三类，并且，各类防雷建筑物采取的防雷措施和要求不同。

3）第二道防线就是要求可靠接地。接地是保证人身安全和设备安全而采取的技术措施。在正常或事故情况下，为保证电气设备可靠运行，必须在供配电系统中某点实行接地，称为工作接地；出于安全目的，对人员能经常触及的、正常时不带电的金属外壳，因绝缘损坏而有可能带电的部分实行的接地，称为保护接地。其中，保护性接地的类型主要有防雷接地、保护接地、防静电接地和防电蚀接地；功能性接地的主要类型有工作接地、重复接地、屏蔽接地、逻辑接地和信号接地。接地装置由接地线与接地体两部分组成。接地体包括自然接地体和人工接地体，首先考虑自然接地体的利用，在其不满足热稳定条件时，再装设人工接地装置。

4）静电现象是一种常见的带电现象。在生产和生活中，两种不同物质的物体相互摩擦，就会产生静电。静电的特点是静电电量不大而静电电压很高，虽然静电电量不大，不会直接使人致命，但其电压很高，很容易发生放电，出现静电火花，甚至对人体产生电击。静电放电一般通过电磁感应、静电感应、传导耦合和放电辐射等危害电气设备，而且越是精密的仪器仪表，越是高科技的技术，静电的危害越大。防静电方法有：①抑制静电放电；②抑制静电感应；③抑制电磁感应；④抑制传导耦合；⑤做好防静电接地工作。采用静电接地，即对设备、管道和容器等进行接地，防止可能产生或聚集的静电荷。

5）第三道防线是防触电死亡措施，是指人身受到电击后，如何减轻其危害程度，不至于有生命危险。安全电流就是人体触电后最大的摆脱电流；安全电压就是不致使人直接死亡或致残的电压。我国安全电流取30 mA，人体允许持续接触的安全电压一般为50V。保证电气安全的一般措施有：①加强电气安全教育；②严格执行安全工作规程；③加强运行维护和检修试验工作；④采用安全电压和符合安全要求的相应电器；⑤确保供电工程的设计安装质量；⑥按规定采用电气安全用具；⑦普及安全用电常识；⑧正确处理电气失火事故。触电者的现场急救是抢救过程中关键的一步，是电气工作人员必须具备的条件之一。

思 考 题

8-1 过电压有哪几类？它们分别是如何产生的？

8-2 什么是雷暴日？它与电气防雷有什么关系？

8-3 对直击雷、感应雷和雷电侵入波分别采用什么防雷措施？

8-4 变配电所防直击雷的措施有哪些？

8-5 避雷针的主要功能是什么？

8-6 什么是滚球法？如何用滚球法确定避雷针的保护范围？

8-7 避雷针、避雷器、避雷带各主要用在什么场合？

8-8 架空线有哪些防雷措施？

8-9 高压电动机应采用哪类避雷器？为什么？

8-10 什么是浪涌保护器？选用浪涌保护器该考虑哪些问题？

8-11 什么是接触电压和跨步电压？

8-12 按照IEC标准可得出防电击几道防线？分别是什么？

8-13 什么是接地装置？它由哪几部分组成？有什么作用？

8-14 什么是工作接地？什么是重复接地？什么是保护接地？

8-15 什么是工频接地电阻和冲击接地电阻？

8-16 什么是接地电阻？它有哪几种？

8-17 什么是接地和接零？

8-18 为什么要用等电位联结？

8-19 什么是等电位联结？什么是总等电位联结？什么是辅助等电位联结？

8-20 静电是如何产生的？它有什么危害？

8-21 如何消除静电？

8-22 静电对计算机的危害是什么？如何防护？

8-23 我国有关静电防护的标准有哪些？

8-24 什么是直接触电防护？什么是间接触电防护？

8-25 如有人触电，应如何急救？

8-26 什么是安全电流？安全电流与哪些因素有关？我国规定的安全电流是多少？

8-27 保证电气安全的一般措施有哪些？

习 题

8-1 某厂有一座第二类防雷建筑物，高10m，其屋顶最远的一角距离高50m的烟囱150m，烟囱上装有一根2.5m高的避雷针。此避雷针能否保护该建筑物？

第9章

9

供配电系统的运行维护与管理

2003 年 8 月，一场突如其来的大停电席卷了半个美国和加拿大的大部分地区，造成了60 多亿美元的直接损失，而且给普通百姓带来了极大的不便。事后分析事故原因，虽然有各种各样的说法，但对整个供配电系统的维护和管理不力是一个不争的事实。随着社会生产活动的日益繁忙，电力系统规模逐步扩大，人们对电力系统的可靠性要求越来越高。所以，如何保证稳定而经济地向社会提供所需要的电力，成为供配电系统维护和管理的一个重要课题。

9.1 变配电所的运行与维护

变配电所内变配电设备的正常运行，是保证变配电所能够安全、可靠和经济地供配电的关键所在。电气设备的运行维护工作，是变配电工作者日常最重要的工作。通过对变配电设备的缺陷和异常情况的监视，及时发现设备运行中出现的缺陷、异常情况和故障，尽早采取相应措施防止事故的发生和扩大，从而保证变配电所能够安全可靠地供电。

9.1.1 变配电所的巡视检查

1. 变配电所的值班制度

工厂变配电所的值班方式有轮班制、在家值班制和无人值班制。如果变配电所的自动化程度高、信号监测系统完善，就可以采取在家值班制或无人值班制。随着科技的进步，工厂变配电所向自动化和无人值班的方向发展是必然的趋势。目前，一般工厂变配电所仍以三班轮换的值班制度为主；车间变电所大多采用无人值班制，由工厂维修电工或高压变配电所值班人员每天定期巡查；有高压设备的变配电所，为确保安全，至少应有两人值班。

2. 变配电所的巡视检查制度

变配电所的值班人员对设备应经常进行巡视检查。巡视检查分为定期巡视、特殊巡视和夜间巡视三种。

（1）定期巡视　值班人员每天按现场运行规程的规定时间和项目，对运行和备用设备及周围环境进行定期检查。

（2）特殊巡视　在特殊情况下增加的巡视。如在设备过负荷或负荷有显著变化时，新装、检修和停运后的设备投入运行时，运行中有可疑现象时以及遇有特殊天气时的巡视。

（3）夜间巡视　夜间巡视的目的在于发现接点过热或绝缘子污秽放电等情况，一般在高峰负荷期和阴雨的夜间进行。

值班人员巡视中发现的缺陷应记入记录簿内，重大设备缺陷应及时汇报。

3. 变配电所的巡视期限

1）有人值班的变配电所，应每日巡视一次，每周夜巡一次。35kV 及以上的变配电所，要求每班（三班制）巡视一次。

2）无人值班的变配电室，应在每周高峰负荷时段巡视一次，夜巡一次。

3）在打雷、刮风、雨雪、浓雾等恶劣天气里，应对室外装置进行白天或夜间的特殊巡视。

4）对于户外多尘或含腐蚀性气体等不良环境中的设备，巡视次数要适当增加。无人值班的设备，每周巡视不应少于两次，并应进行夜间巡视。

5）新投运或出现异常的变配电设备，要及时进行特殊巡视检查，密切监视变化。

4. 变配电设备的巡视检查方法

变配电所电气设备的巡视检查方法：①以看、听、闻、摸等为主要检查手段，发现运行中设备的缺陷及隐患；②使用工具和仪表，进一步探明故障性质。对于较小的障碍，也可在现场及时排除。

常用的巡视检查方法有：

1）看。就是值班人员用肉眼对运行设备可见部位的外观变化进行观察来发现设备的异常现象。如变色、变形、位移、破裂、松动、打火冒烟、渗油漏油、断股断线、闪络痕迹、异物搭挂、腐蚀污秽等都可通过此方法检查出来。另外，通过对监测仪表的监测，也可以发现一些异常。因此，目测法是设备巡查中最常用的方法之一。

2）听。变电所的一、二次电磁式设备（如变压器、互感器、继电器、接触器）在正常运行通过交流电后，其线圈铁心会发出均匀节律和一定响度的嗡嗡声；而当设备出现故障时，会夹杂着噪声，甚至有噼啪的放电声。可以通过正常时和异常时的音律、音量变化来判断设备故障的性质。

3）闻。电气设备的绝缘材料一旦过热会使周围的空气产生一种异味。当正常巡查中嗅到这种异味时，应仔细寻查观察，发现过热的设备与部位，直至查明原因。

4）摸。对不带电且外壳可靠接地的设备，检查其温度或温升时可以用手去触试检查。二次设备出现发热或振荡时，也可用手触法进行检查。

5）测。测导线部分接触面发热情况。

5. 变配电所巡视的注意事项

1）变配电所巡视时一定要按照事先确定的设备巡视图进行巡视，以防漏巡。

2）巡视前要检查巡视工器具，具体检查内容有：安全帽、绝缘靴每人一套，应齐全、完好、有合格证标签，未过期；测温仪一台，电池充满电，开机应正常；应急灯一个，应充满电，使用正常；钥匙一套，应齐全，无遗漏。

3）在有雷、雨的情况下必须巡视室外高压设备时，要穿绝缘靴、戴安全帽，并不得靠近避雷针和避雷器。

4）夜间巡视时，必须保证手持照明良好。

9.1.2　电力变压器的运行与维护

1. 变压器的巡视维护内容

1）通过仪表监视电压、电流，判断负荷是否在正常范围之内。变压器一次电压变化范围应在额定电压的 5% 以内，避免过负荷情况，三相电流应基本平衡，对于 Yyn0 联结的变压器，中性线电流不应超过低压线圈额定电流的 25%。

2）监视温度计及温控装置，看油温及温升是否正常。上层油温一般不宜超过 85℃，最高不应超过 95℃（干式变压器和其他型号的变压器参见各自的说明书）。

3）冷却系统的运行方式是否符合要求。如冷却装置（风扇、油、水）是否运行正常，各组冷却器、散热器温度是否相近。

4）变压器的声音是否正常。正常的声响为均匀的嗡嗡声，如声响较平常沉重，表明变压器过负荷；如声音尖锐，说明电源电压过高。

5）瓷绝缘子、套管是否清洁，有无破损裂纹、严重油污及放电痕迹。

6）储油柜、充油套管、外壳是否有渗油、漏油现象，有载调压开关、气体继电器的油位、油色是否正常。油面过高，可能是冷却器运行不正常或内部故障（铁心起火、线圈层间短路等）；油面过低，可能有渗油、漏油现象。变压器油通常为淡黄色，长期运行后呈深黄色。如果颜色变深变暗，说明油质变坏，如果颜色发黑，表明炭化严重，不能使用。

7）变压器的接地引线、电缆、母线有无过热现象。

8）外壳接地是否良好。

9）冷却装置控制箱内的电气设备、信号灯的运行是否正常；操作开关，联动开关的位置是否正常；二次线端子箱是否严密，有无受潮及进水现象。

10）变压器室门、窗、照明应完好，房屋不漏水，通风良好，周围无影响其安全运行的异物（如易燃、易爆和腐蚀性物体）。

11）当系统发生短路故障或天气突变时，值班人员应对变压器及其附属设备进行特殊巡视，巡视检查的重点如下：

① 当系统发生短路故障时，应立即检查变压器系统有无爆裂、断脱、移位、变形、焦味、烧损、闪络、烟火和喷油等现象。

② 下雪天气，应检查变压器引线接头部分有无落雪立即融化或蒸发冒气现象，导电部分有无积雪、冰柱。

③ 大风天气，应检查引线摆动情况以及是否搭挂杂物。

④ 雷雨电气，应检查瓷套管有无放电闪络现象（大雾天气也应进行此项检查），以及避雷器放电记录器的动作情况。

⑤ 气温骤变时，应检查变压器的油位和油温是否正常。

⑥ 大修及安装的变压器运行几个小时后，应检查散热器排管的散热情况。

2. 变压器的投运与停运

(1) 变压器的投运　新装或检修后的变压器投入运行前，一般应进行全面检查，确认其符合运行条件，才可投入试运行。检查项目如下：

1）变压器本体、冷却装置和所有附件无缺陷、不渗油。

2）轮子的制动装置牢固。

3）油漆完好，相色标志正确，接地可靠。

4）变压器顶盖上无杂物遗留。

5）事故排油设施完好，消防设施齐全。

6）储油柜、冷却装置、净油器等油系统上的油门均打开，油门指示正确。

7）电压切换装置的位置符合运行要求，有载调压切换装置的远方操作机构动作可靠，指示位置正确。

8）变压器的相位和绕组的联结组别符合并列运行要求。

9）温度指示正确，整定值符合要求。

10）冷却装置试运行正常。

11）保护装置整定值符合规定，操作和联动机构动作灵活、正确。

（2）变压器的停运　进行主变压器停电操作时，操作顺序是：停电时先停负荷侧，后停电源侧。这是因为在多电源的情况下，先停负荷侧，可以防止变压器反充电；若先停电源侧，一旦发生故障，可能造成保护装置误动或拒动，从而延长故障切除时间，并且可能扩大故障范围。

（3）变压器的试运行　所谓变压器试运行，就是指变压器开始送电并带一定负荷运行24h所经历的全部过程。变压器投入运行时，应先按照倒闸操作（见9.3节）的步骤，合上各侧的隔离开关，接通操作能源，投入保护装置和冷却装置等，使变压器处于热备用状态。变压器投入并列运行前，应先核对相位是否一致。送电后，检查变压器和冷却装置的所有焊缝和连接面，有无渗、漏油现象。

3. 变压器故障及异常运行的处理

变压器是变电所的核心设备，如果发生了异常运行，轻者影响供电系统的正常运行，重者引发事故，带来经济、安全两方面的损失。所以，运行维护人员必须具备一定的基本处理方法。

（1）响声异常的故障原因及处理方法　变压器正常运行时，会发出较低的均匀嗡嗡声。

1）若嗡嗡声变得沉重且不断增大，同时上层油温也有所上升，但是声音仍是连续的，这表明变压器过负荷。可开启冷却风扇等冷却装置，增强冷却效果，同时适当调整负荷。

2）若发生很大且不均匀的响声，间有爆裂声和咕噜声，这可能是由于内部层间、匝间绝缘击穿；如果夹杂有噼啪放电声，很可能是内部或外部的局部放电所致。碰到这些情况，可将变压器停运，消除故障后再使用。

3）若发生不均匀的振动声，可能是某些零件发生松动，可安排大修进行处理。

（2）油温异常的原因和处理方法　温度过高，会使变压器绝缘的老化速度比正常工作条件下快得多，从而缩短变压器的使用年限，甚至有时还会引发事故。

油浸式变压器的上层油温严格控制在95℃以下。若在同样负荷条件下油温比平时高出10℃以上，冷却装置运行正常，负荷不变但温度不断上升，则很可能是内部故障，如铁心发热，匝间短路等。这时应立即停运变压器。

（3）油位异常的原因和处理方法　变压器严重缺油时，内部的铁心、绕组就会暴露在空气中，使绝缘受潮，同时露在空气中的部分绕组因无油循环散热，导致散热不良而引发事故。

引起油位过低的原因有很多，如渗漏油，放油后未补充，负荷低而冷却装置过度冷却等。如果是过冷却引起的，则可适当增加负荷或停止部分冷却装置；如果出现轻瓦斯信号，在气体继电器窗口中看不见油位，则应将变压器停运。

油位过高还可能是补油过多或负荷过大，这时，可放油或适当减少负荷。

此外，还要注意假油现象。如果在负荷变化、温度变化后，油位不发生变化，则可能是假油位。这是由于防爆管的通气管堵塞、油标管堵塞或储油柜吸湿器堵塞等原因造成的。

（4）保护异常

1）轻瓦斯动作。可取瓦斯气体分析，如不可燃，放气后继续运行，并分析原因，查出故障；如可燃，则停运，查明情况，消除故障。

2）重瓦斯动作。很可能是内部发生短路或接地故障，这时不允许强行送电，需进行内部检查，直至试验正常，变压器才能重新投入运行。

（5）外表异常

1）渗油、漏油可能是连接部位的胶垫老化开裂或螺钉松动所致。

2）套管破裂、内部放电、防爆管破损等这些故障严重时会导致防爆管玻璃破损，因此，应停用变压器，等待处理。

3）变压器着火应立即将变压器从系统中隔离，同时采取正确的灭火措施。

9.1.3　配电设备的巡视与维护

配电装置担负着受电和配电任务，是变配电所的重要组成部分。对配电装置同样也应进行定期巡视检查，以便及时发现运行中出现的设备缺陷和故障，并采取相应措施及早予以消除。

1. 断路器

断路器是高压开关中用途最广、技术要求最高、作用最为重要的电气设备。

（1）断路器的巡视维护　内容包括：

1）分合位置的红绿信号灯、机械分合指示器与断路器的状态是否一致。

2）负荷电流是否超过当时环境温度下的允许电流；三相电流是否平衡；内部有无异常声音。

3）各连接头的接触是否良好；触头温度、箱体温度是否正常；有无过热现象。

4）检查瓷绝缘子、套管是否清洁完整、无裂纹和破损，有无放电、闪络现象。

5）检查操作机构、操作电压、操作气压及操作油压是否正常，其偏差是否在允许范围内。

6）检查端子箱内的二次接线端子是否受潮，有无锈蚀现象。

7）检查高压带电显示器，观察三相指示是否正常，是否亮度一致。

8）检查设备的接地是否良好。

9）检查油断路器的油色、油位是否正常，本体各充油部位是否有渗油、漏油现象。

10）检查 SF_6 断路器的气体压力是否正常。

11）检查真空断路器的真空是否正常，有无漏气声。

（2）断路器的常见故障和处理　主要有：

1）触头和箱体过热。可能是触头接触不良或过负荷。可降低负荷，必要时进行停电处理。

2）拒绝合闸。可能是本体或操作机构的原因（如弹簧储能故障），也可能是操作回路的原因。这时，应拉开隔离开关将故障断路器停电；如该回路必须马上合闸，送电可采用旁路断路器代替。

3）拒绝跳闸。可能是机械方面的原因（如跳闸铁心卡位，操作能源压力不足），也可能是操作回路的原因。这时可拉开该回路的母线侧隔离开关，使拒分的断路器脱离电源。如果油断路器出现爆裂、放电声，SF_6断路器或真空断路器发生严重漏气，则应立即将故障断路器停电。

2. 隔离开关和负荷开关

（1）隔离开关和负荷开关的巡视检查内容（两者基本一致）　主要包括：

1）检查分合状态是否正确，是否符合运行方式的要求，其位置信号指示器、机械位置指示器与隔离开关的实际状态是否一致。

2）检查负荷电流是否超过当时周围环境温度下开关的允许电流。

3）检查开关的本体是否完好，三相触头是否同期到位。

4）运行的开关，触头接触是否良好，有否过热及放电现象。拉开的开关，其断口距离及张开的角度是否符合要求。

5）保持绝缘子清洁完整，表面无裂纹和破损、无电晕、无放电闪络现象。

6）检查操动机构各部件是否变形、锈损，连接是否牢固，有否松动脱落现象。

7）接地的隔离开关，接地是否牢固可靠，接地的可见部分是否完好。

（2）隔离开关的异常及处理　内容包括：

1）触头发热。可能是接触不良或过负荷。可适当降低负荷，也可将故障隔离开关退出运行；无法退出时，可加强通风冷却，同时创造条件，尽快停电处理。

2）误拉隔离开关。如果刀片刚离开刀口（已起弧）应立即将未拉开的隔离开关合上。如果隔离开关已拉开，则不允许再合上，用同级断路器或上一级断路器断开电路后方可合隔离开关。

3）误合隔离开关。误合的隔离开关不允许再拉开，只有用断路器先断开该回路电路，然后才能拉开。

3. 互感器

互感器的巡视检查内容包括：

1）瓷绝缘子、套管是否完好，清洁，有无裂纹放电现象。

2）检查油位、油色是否正常，有无渗油和漏油现象。

3）吸湿器是否畅通，是否有受潮变色现象。

4）接线端子是否牢固，是否有发热现象。

5）运行中的互感器声音是否正常，是否冒烟及有异常气味。

6）接地是否牢固且接触良好。

4. 电力电容器

电力电容器的巡视检查内容包括：

1）检查电容器电流是否正常，三相是否平衡（电力电容器的各相之差应不大于10%），有无不稳定及激振现象。

2）检查放电用电压互感器指示灯是否良好，放电回路是否完好。

3）检查电容器的声音是否正常，有无吱吱放电声。

4）检查外壳是否变形，有无渗漏油现象。

5）检查套管是否清洁，有无放电闪络现象；回路导体应紧固，触头不过热；绝缘架、绝缘台的绝缘应良好，绝缘子应清洁无损。

6）检查保护熔断器是否良好。

7）无功补偿自动控制器应运行正常；电容器组的自动投切动作应正常；功率因数应在设定范围内。

8）外壳接地是否良好、完整。

5. 二次系统的巡视检查

（1）硅整流电容储能直流装置的巡视检查　内容包括：

1）检查硅整流器的输入和输出电压是否在正常运行值范围内。

2）接触器、继电器和调压器的触头（触点）接触是否良好，有无过热或放电现象。

3）调压器转动手柄是否灵活，有无卡阻。

4）硅整流器应清洁，连接的焊点或螺栓应牢固无松动。

5）检查电容器的开关应在充电位置，电容器外壳洁净、无变形、无放电；连接线无虚焊、断线。

（2）铅酸蓄电池组的巡视检查　内容包括：

1）当蓄电池采用浮充电方式时，值班人员要根据直流负载的大小，监视或调整浮充电源的电流，使直流母线电压保持额定值，并使蓄电池总是处于浮充电状态下工作。每个蓄电池电压应保持在 2.15V，变动范围为 2.1~2.2V。如果电压长期高于 2.35V，会产生过充；低于 2.1V，则会产生欠充。过充或欠充都会影响蓄电池的使用寿命。

2）蓄电池室及电解液温度应保持在 10~30℃ 之间，最低不低于 5℃，最高不高于 35℃。

3）检查极板的颜色和形状。充好电后的正极板应是红褐色，负极板应是深灰色；极板应无断裂、弯曲现象，极板间应无短路或杂物充塞。

4）电池外壳无破裂、无漏液。

5）蓄电池各接头连接应紧固，无腐蚀现象。

9.2 供配电线路的运行与维护

9.2.1 架空线路的运行与维护

架空线路的建设取材容易，施工方便，但运行易受自然、外力等的影响，为了保证安全可靠的供电，应加强运行维护工作，及时发现缺陷并及早处理。

1. 巡视的期限

对厂区或市区架空线路，一般要求每月进行一次巡视检查，郊区或农村每季一次，低压架空线路每半年一次，如遇恶劣气候、自然灾害及发生故障等情况时，应临时增加巡视次数。

2. 巡视内容

1）检查线路负荷电流是否超过导线的允许电流。

2）检查导线的温度是否超过允许的工作温度，导线接头是否接触良好，有无过热、严重氧化、腐蚀或断落现象。

3）检查绝缘子及瓷横档是否清洁，有无破损及放电现象。

4）检查线路弧垂是否正常，三相是否保持一致，导线有否断股，上面是否有杂物。

5）检查拉线有无松弛、锈蚀、断股现象，绝缘子是否拉紧，地锚有无变形。

6）检查避雷装置及其接地是否完好，接地线有无断线、断股等现象。

7）检查电杆（铁塔）有无歪斜、变形、腐朽、损坏及下陷现象。

8）检查沿线周围是否堆放易燃、易爆、强腐蚀性物品以及危险建筑物；并且要保证与架空线路有足够的安全距离。

9.2.2 电缆线路的运行与维护

电缆线路的作用与架空线路相同，在电力系统中起到连接、输送电能、分配电能的作用。当架空线的走线或安全距离受到限制或输配电发生困难时，采用电缆线路就成为一种较好的选择。

电缆线路具有成本高、查找故障困难等缺点，所以必须做好线路的运行维护工作。

1. 巡视期限

对电缆线路要做好定期巡视检查工作。敷设在土壤、隧道、沟道中的电缆，每三个月巡视一次；竖井内敷设的电缆，至少每半年巡视一次；变电所、配电室的电缆及终端头的检查，应每月一次。如遇大雨、洪水及地震等特殊情况或发生故障时，需临时增加巡视次数。

2. 巡视检查内容

1）负荷电流不得超过电缆的允许电流。

2）电缆、中间接线盒及终端温度正常，不超过允许值。

3）引线与电缆头接触良好，无过热现象。

4）电缆和接线盒清洁、完整，不漏油，不流绝缘膏，无破损及放电现象。

5）电缆无受热、受压、受挤现象；直埋电缆线路，路面上无堆积物和临时建筑，无挖掘取土现象。

6）电缆钢铠正常，无腐蚀现象。

7）电缆保护管正常。

8）充油电缆的油压、油位正常，辅助油系统不漏油。

9）电缆隧道、电缆沟、电缆夹层的通风、照明良好，无积水；电缆井盖齐全并且完整无损。

10）电缆的带电显示器及护层过电压防护器均正常。

11）电缆无鼠咬、白蚁蛀蚀的现象。

12）接地线良好，外皮接地牢固。

9.2.3 车间配电线路的运行与维护

车间是用电设备所在地，所以车间配电线路的维护尤其显得重要。要做好车间配电线路的维护，须全面了解车间配电线路的走向、敷设方式、导线型号规格以及配电箱和开关的位置等情况，还要了解车间负荷规律以及车间变电所的相关情况。

1. 巡视期限

车间配电线路一般由车间维修电工每周巡视检查一次，对于多尘、潮湿、高温，有腐蚀性及易燃、易爆等特殊场所应增加巡视次数。线路停电超过一个月以上，重新送电前亦应进行一次全面检查。

2. 巡视项目

1）检查导线发热情况。裸母线正常运行时最高允许温度一般为70℃。若温度过高，母线接头处的氧化加剧，接触电阻增大，电压损耗加大，供电质量下降，甚至可能引起接触不良或断线。

2）检查线路负荷是否在允许范围内。负荷电流不得超过导线的允许载流量，否则导线过热会使绝缘层老化加剧，严重时可能引起火灾。

3）检查配电箱、开关电器、熔断器、二次回路仪表等的运行情况。着重检查导体连接处有无过热变色、氧化、腐蚀等情况，连线有无松脱、放电和烧毛现象。

4）检查穿线铁管、封闭式母线槽的外壳接地是否良好。

5）敷设在潮湿、有腐蚀性气体的场所的线路和设备，要定期检查绝缘。绝缘电阻值不得低于 0.5MΩ。

6）检查线路周围是否有不安全因素存在。

在巡视中发现的异常情况，应记入专用记录本内，重要情况应及时汇报。

3. 线路运行中突遇停电的处理

电力线路在运行中，可能会突然停电，这时应按不同情况分别处理。

1）电压突然降为零时，说明是电网暂时停电。这时总开关不必拉开，但各路出线开关应全部拉开，以免突然来电时用电设备同时起动，造成过负荷，从而导致电压骤降，影响供电系统的正常运行。

2）双电源进线中的一路进线停电时，应立即进行切换操作（即倒闸操作），将负荷特别是重要负荷转移到另一路电源。若备用电源线路上装有电源自动投入装置，则切换操作会自动完成。

3）厂内架空线路发生故障使开关跳闸时，如开关的断流容量允许，可以试合一次。由于架空线路的多数故障是暂时性的，所以一次试合成功的可能性很大。但若试合失败，即开关再次跳开，说明架空线路上的故障还未消除，并且可能是永久性故障，应进行停电隔离检修。

4）放射式线路发生故障使开关跳闸时，应采用分路合闸检查的方法找出故障线路，并使其余线路恢复供电。

例9-1　如图9-1所示的供配电系统，假设故障出现在 WL₈ 线路上，由于保护装

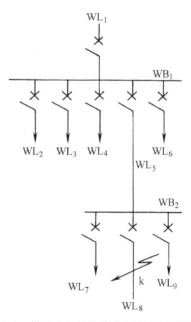

图 9-1　供配电系统分路合闸检查故障说明图

置失灵或选择性不好，使 WL_1 线路的开关越级跳闸，分路合闸检查故障的具体步骤如下：

1）将出线 $WL_2 \sim WL_6$ 开关全部断开，然后合上 WL_1 的开关，由于母线 WB_1 正常运行，所以合闸成功。

2）依次试合 $WL_2 \sim WL_6$ 的开关，当合到 WL_5 的开关时，因其分支线 WL_8 存在故障，再次跳闸，其余出线开关均试合成功，恢复供电。

3）将分支线 $WL_7 \sim WL_9$ 的开关全部断开，然后合上 WL_5 的开关。

4）依次合上 $WL_7 \sim WL_9$ 的开关，当合到 WL_8 的开关时，因其线路上存在故障，开关再次自动跳开，其余线路均恢复供电。

这种分路合闸检查故障的方法可将故障范围逐步缩小，并最终查出故障线路，同时恢复其他正常线路的供电。

9.3 倒闸操作

电气设备通常有三种状态，分别为运行、备用（包括冷备用及热备用）、检修。电气设备由于周期性检查、试验或处理事故等原因，需操作断路器、隔离开关等电气设备来改变电气设备的运行状态，这种将设备由一种状态转变为另一种状态的过程称为倒闸，所进行的操作称为倒闸操作。

倒闸操作是电气值班人员及电工的一项经常性的重要工作，操作人员在进行倒闸操作时，必须具备高度的责任心，严格执行有关规章制度。因为在倒闸操作时，稍有疏忽就可能造成严重事故，给人身和设备安全带来危险，造成难以挽回的损失。

实际上，事故处理时所进行的操作，是特定条件下的一种紧急倒闸操作。

9.3.1 倒闸操作的基本知识

1. 电气设备工作状态的类型

电气设备的工作状态通常分为以下四种类型：

1）运行中。隔离开关和断路器已经合闸，使电源和用电设备连成电路。

2）热备用。电气设备的电源由于断路器的断开已停止运行，但断路器两端的隔离开关仍处于合闸位置。

3）冷备用。设备所属线路上的所有隔离开关和断路器均已断开。

4）检修中。不仅设备所属线路上的所有隔离开关和断路器已经全都断开，而且悬挂"有人工作，禁止合闸"的警告牌，并装设遮拦及安装临时接地线。

区别以上几种状态的关键在于判定各种电气设备是处于带电状态还是断电状态。可以通过观察开关所处的状态、电压表的指示、信号灯的指示及验电器的测试反应来判定。

2. 电力系统设备的标准名称及编号

为了便于操作，利于管理，保证操作的正确性，应熟悉电力系统设备的标准名称，并对设备进行合理编号。电力系统主要设备的标准名称见表 9-1。

表 9-1　电力系统主要设备的标准名称

编号	设备名称		调度操作标准名称	编号	设备名称	调度操作标准名称
1	母线	母线	××（正、副或号）	4	系统主变压器	×号主变
		电抗母线	电抗母线		变电所所用变压器	×号所用变
		旁路母线	旁路母线		系统联络变压器	×号联变
					系统中性点接地变压器	接地变
2	开关	油断路器、低压断路器、真空断路器、SF₆断路器	××断路线（×号断路器）	5	电流互感器	流变
		母线联络开关	母线×开关（×号开关）			
		旁路、旁联开关	旁路开关、旁联开关			
		母线分段开关	分段×开关			
3	隔离开关	隔离开关	××刀开关（×号刀开关）	6	电压互感器	压变
		母线侧隔离开关	母线刀开关（×母刀开关）	7	电缆	电缆
		线路侧隔离开关	线路刀开关	8	电容器	×号电容器
		变压器侧隔离开关	变压器刀开关	9	避雷器	××避雷器
		变压器中性点接地用隔离开关	主变（××kV）中性点接地刀开关	10	消弧线圈	×消弧线圈
				11	调压变压器	×号调压变
		避雷器隔离开关	避雷器刀开关	12	电抗器	电抗器
				13	耦合电容器	耦合电容器
		电压互感器隔离开关	压变刀开关	14	阻波器	阻波器
				15	三相重合闸	重合闸
				16	过载连切装置	过载连切装置

　　设备的编号全国目前还没有完全统一的标准，但有些电力系统和有些地区按照历史延续下来的习惯对设备进行编号，以便调度工作及倒闸操作。所以，各供电部门可按照本部门的历史习惯对设备进行编号。在编号时要注意一一对应，无重号现象，要能体现设备的电压等级、性质、用途以及与馈电线的关系，并且有一定的规律性，便于掌握和记忆。

3. 电力系统常用的操作术语

　　为了准确进行倒闸操作，应熟悉电力系统的操作术语，见表 9-2。

表 9-2　电力系统常见的操作术语

编号	操作术语	含　义
1	操作命令	值班调度员对其所管辖的设备为变更电气接线方式和事故处理而发布的倒闸操作命令
2	合上	把开关或刀闸放在接通位置
3	拉开	把开关或刀闸放在切断位置

(续)

编号	操作术语	含　义
4	跳闸	设备自动从接通位置改成断开位置（开关或主气门等）
5	倒母线	母线刀闸从一组母线倒换至另一组母线
6	冷倒	开关在热备用状态，拉开母线刀闸，合上（另一组）母线刀闸
7	强送	设备因故障跳闸后，未经检查后即送电
8	试送	设备因故障跳闸后，经初步检查后再送电
9	充电	不带电设备与电源接通
10	验电	用校验工具验明设备是否带电
11	放电	设备停用后，用工具将静电放去
12	挂（拆）接地线或合上（拉开）接地开关	用临时接地线（或接地开关）将设备与大地接通（或拆开）
13	带电拆装	在设备带电状态下进行拆断或接通安装
14	短接	用临时导线将开关或刀闸等设备跨越（旁路）连接
15	拆引线或接引线	架空线的引下线或弓字线的接头拆断或接通
16	消弧线圈从＊调到＊	消弧线圈调分接头
17	线路事故抢修	线路已转为检修状态，当检查到故障点后，可立即进行事故抢修工作
18	拉路	将向用户供电的线路切断，停止送电
19	校验	预测电气设备是否在良好状态，如安全自动装置、继电保护等
20	信号掉牌	继电保护动作发出信号
21	信号复归	将继电保护的信号牌恢复原位
22	放上或取下熔断器（或压板）	将保护熔断器（或继电保护压板）放上或取下
23	启用（或停用）＊＊（设备）＊＊（保护）＊段	将＊＊（设备）＊＊（保护）＊段跳闸压板投入（或断开）
24	＊＊保护由跳＊＊开关改为跳＊＊开关	＊＊保护由投跳＊＊开关改为投跳＊＊开关而不跳原来开关（如同时跳原来开关，则应说明改为跳＊＊＊＊开关）

9.3.2　倒闸操作技术

电气设备的操作、验电、挂地线是倒闸操作的基本功。为了保证操作的正常进行，需熟练掌握这些基本功。

1. 电气设备的操作

（1）断路器的操作　内容包括：

1）断路器不允许现场带负载手动合闸。因为手动合闸速度慢，易产生电弧灼烧触头，从而导致触头损坏。

2）断路器拉合后，应先查看有关的信息装置和测量仪表的指示，判断断路器的位置，而且还应该到现场查看其实际位置。

3）断路器合闸送电或跳闸后试发，工作人员应远离现场，以免因带故障合闸造成断路器损坏时，发生意外。

4）拒绝拉闸或保护拒绝跳闸的断路器，不得投入运行或列为备用。

（2）高压隔离开关的操作　内容包括：

1）手动闭合高压隔离开关时，应迅速果断，但在合到底时不能用力过猛，防止产生的冲击导致合过头或损坏支持绝缘子。如果一合上隔离开关就发生电弧，应将开关迅速合上，并严禁往回拉，否则，将会使弧光扩大，导致设备损坏更严重。如果误合了隔离开关，只能用断路器切断回路后，才允许将隔离开关拉开。

2）手动拉开高压隔离开关时，应慢而谨慎，一般按"慢—快—慢"的过程进行操作。刚开始要慢，便于观察有无电弧。如有电弧应立即合上，停止操作，并查明原因。如无电弧，则迅速拉开。当隔离开关快要全部拉开时，反应稍慢些，避免冲击绝缘子。

切断空载变压器、小容量的变压器、空载线路和拉开系统环路等时，虽有电弧产生，也应果断而迅速地拉开，促使电弧迅速熄灭。

3）对于单相隔离开关，拉闸时，先拉中相，后拉边相；合闸操作则相反。

4）隔离开关拉合后，应到现场检查其实际位置；检修后的隔离开关，应保持在断开位置。

5）当高压断路器与高压隔离开关在线路中串联使用时，应按顺序进行倒闸操作，合闸时，先合隔离开关，再合断路器；拉闸时，先拉开断路器，再拉隔离开关。这是因为隔离开关和断路器在结构上有差异。隔离开关在设计时，一般不考虑直接接通或切断负荷电流，所以没有专门的灭弧装置，如果直接接通或切断负荷电流会引起很大的电弧，易烧坏触头，并可能引起事故。而断路器具有专门的灭弧装置，所以能直接接通或者切断负荷电流。

2. 验电操作

为了保证倒闸过程安全顺利地进行，验电操作必不可少。如果忽视这一步，可能会造成带电挂地线、相与相短路等故障，从而造成经济损失和人身伤害等事故，所以验电操作是一项很重要的工作，切不可等闲视之。

（1）验电的准备　验电前，必须根据所检验的系统电压等级来选择与电压相配的验电器。切忌"高就低"或"低就高"。验电器应该外观无破损，在试验合格期内。为了保证验电结果的正确，有必要先在有电设备上检查验电器，确认验电器良好。如果是高压验电，操作人员还必须戴绝缘手套。

（2）验电的操作注意事项

1）一般验电不必直接接触带电导体，验电器只要靠近导体一定距离，就会发光（或有声光报警），而且距离越近，亮度（或声音）就越强。

2）对架构比较高的室外设备，须借助绝缘拉杆验电。如果用绝缘拉杆勾住或顶着导体，即使导体有电也不会有火花和放电声。为了保证观察到有电现象，绝缘拉杆与导体应保持虚接或在导体表面来回蹭，如果设备有电，就会产生火花和放电声。

3）验电时，一人操作，一人监护。

3. 装设接地线

验明设备已无电压后，应立即安装临时接地线，将停电设备的剩余电荷导入大地，以防止突然来电或感应电压。接地线是电气检修人员的安全线和生命线。

（1）接地线的装设位置

1）对于可能送电到停电检修设备的各方面均要安装接地线。如变压器检修时，高、低压侧均要挂地线。

2）停电设备可能产生感应电压的地方，应挂地线。

3）检修母线时，母线长度在10m及以下，可装设一组接地线。

4）在电气上不相互连接的几个检修部位，如隔离开关、断路器分成的几段，各段应分别验电后，进行接地短路。

5）在室内，短路端应装在装置导电部分的规定地点，接地端应装在接地网的接头上。

（2）接地线的装设方法 接地线的装设必须由两人进行：一人操作规程，一人监护；装设时，应先接接地端，再接夹头端（导体端）。拆接地线的顺序正好相反。

9.3.3 倒闸操作步骤

倒闸操作有正常情况下的操作和有事故情况下的操作两种。在正常情况下应严格执行倒闸操作票制度。《电业安全工作规程》规定：在1kV以上的设备上进行倒闸操作时，必须根据值班调度员或值班负责人的命令，受令人复诵无误后执行。操作人员应按规定格式填写倒闸操作票，见表9-3。

表9-3 倒闸操作票　　　　　　　　　　　　　　编号

操作开始时间：		终了时间：	
操作任务：			
执行	顺序	操 作 项 目	
		全面检查	
		以下空白	
备注：		已执行章	

操作人：　　　　　　监护人：　　　　　　值班长：

变配电所的倒闸操作可以参照下列步骤进行：

（1）接受主管人员的预发命令 在接受预发命令时，要停止其他工作，并将记录内容向主管人员复诵，核对其正确性。对枢纽变电所等处的重要倒闸操作应有两人同时听取和接受主管人员的命令。

（2）填写操作票 值班人员根据主管人员的预发命令，核对模拟图，核对实际设备，参照典型操作票，认真填写操作票，在操作票上逐项填写操作项目。填写操作票的顺序不可颠倒，字迹清楚，不得涂改，不得用铅笔填写。在事故处理、单一操作、拉开接地开关或拆除全所仅有的一组接地线时，可不用操作票，但应该将上述操作记录于运行日志或操作记录本上。

操作票里应填入如下内容：应拉合的开关和刀闸；检查开关和刀闸的位置；检查负载分配；装拆接地线；安装或拆除控制回路、电压互感器回路的熔断器；切换保护回路并检验是否确无电压。

（3）审查操作票　操作票填写完毕后，写票人自己应进行核对，认为确定无误后，再交监护人审查。监护人应对操作票的内容逐项审查，对上一班预填的操作票，即使不是在本班执行，也要根据规定进行审查。审查中若发现错误，应由操作人重新填写。

（4）接受操作命令　在主管人员发布操作任务或命令时，监护人和操作人应同时在场，仔细听清主管人员发布的命令，同时要核对操作票上的任务与主管人员所发布的是否完全一致，并由监护人按照填写好的操作票向发令人复诵，经双方核对无误后，在操作票上填写发令时间，并由操作人和监护人签名。这样，这份操作票才合格可用。

（5）模拟操作　操作前，操作人、监护人应先在模拟图上按照操作票所列的顺序逐项唱票预演，再次对操作票的正确性进行核对，并相互提醒操作的注意事项。

（6）核对设备　到达操作现场后，操作人应先站准位置核对设备名称和编号，监护人核对操作人所站的位置、操作设备名称及编号是否正确无误。检查核对后，操作人穿戴好安全用具，眼看编号，准备操作。

（7）正式操作　当操作人准备就绪，监护人按照操作票上的顺序高声唱票，每次只准唱一步。严禁凭记忆不看操作票唱票，严禁看编号唱票。此时操作人应仔细听监护人唱票并看准编号，核对监护人所发命令的正确性。当操作人认为无误时，开始高声复诵并用手指向编号，做出操作手势。在监护人认为操作人复诵正确，两人一致认为无误后，监护人发出"对，执行"的命令，操作人方可进行操作并记录操作开始时间。

（8）检查　每一步操作完毕后，应由监护人在操作票执行项对应处打一个"√"，同时两人应到现场检查操作的正确性，如设备的机械指示、信号指示灯、表计变化情况等，用以确定设备的实际分合位置。监护人勾票后，应告诉操作人下一步的操作内容。

（9）汇报　操作结束后，应检查所有操作步骤是否全部执行，然后由监护人在操作票上填写操作的结束时间，并向主管人员汇报。对已执行的操作票，在工作日志和操作记录本上做好记录，并将操作票归档保存。

（10）复查评价　变配电所值班负责人要召集全班，对本班已执行完毕的各项操作进行复查，评价总结经验。

9.3.4　倒闸操作实例

执行某一操作任务时，首先要掌握电气接线的运行方式、保护的配置、电源及负荷的功率分布情况，然后依据命令的内容填写操作票。操作项目要全面，顺序要合理，以保证操作的正确、安全。

下面是某 66kV/10kV 变配电所的部分倒闸操作实例。

例 9-2　图 9-2 为 66kV/10kV 变配电所电气主接线图。任务：填写线路 WL_1 的停电操作票。

1）图 9-2 中，欲停电检修 101 断路器，填写 WL_1 停电倒闸操作票，详见表 9-4。

图 9-2 66kV/10kV 变配电所电气主接线图

表 9-4 变配电所倒闸操作票 编号 03—01

操作开始时间：20××年03月30日08时30分		终了时间：30日08时49分
操作任务：10kVI段 WL₁ 线路停电		

执行	顺序	操作 项 目
	(1)	拉开 WL₁ 线路 101 断路器
	(2)	检查 WL₁ 线路 101 断路器确在开位，开关盘表计指示正确（0A）
	(3)	取下 WL₁ 线路 101 断路器操作直流熔断器
	(4)	拉开 WL₁ 线路 101 甲刀开关
	(5)	检查 WL₁ 线路 101 甲刀开关确在开位
	(6)	拉开 WL₁ 线路 101 乙刀开关
	(7)	检查 WL₁ 线路 101 乙刀开关确在开位
	(8)	停用 WL₁ 线路保护跳闸压板
	(9)	在 WL₁ 线路 101 断路器至 101 乙刀开关间三相验电确无电压
	(10)	在 WL₁ 线路 101 断路器至 101 乙刀开关间装设 1 号接地线一组
	(11)	在 WL₁ 线路 101 断路器至 101 甲刀开关间三相验电确无电压
	(12)	在 WL₁ 线路 101 断路器至 101 甲刀开关间装设 2 号接地线一组
	(13)	全面检查
		以下空白
备注：		已执行章

操作人： 监护人： 值班长：

2）101 断路器检修完毕，恢复 WL_1 线路送电的操作要与线路 WL_1 停电操作票的操作顺序相反，但应注意恢复送电操作票的第（1）项应是"收回工作票"，第（2）项应是"检查 WL_1 线路上 101 断路器、101 甲刀开关间、2 号接地线一组和 WL_1 线路上的 101 断路器、101 乙刀开关间、1 号接地线一组确定已拆除"或"检查 1 号、2 号接地线，共两组确已拆除"；之后从第（3）项开始按停电操作票的相反顺序填写。

9.4　电力节能

9.4.1　节约电能的意义

能源是人类社会活动的物质基础，是从事物质资料生产的原动力，其中电能占据了重要的位置。由于电能在输送、分配和控制上和其他能源比较，既简便又经济，所以电能是应用最为广泛的一种二次能源。而且随着时代的发展，电能的应用范围越来越广。不过，由于电能来源于煤、油等一次能源的加工（特别是在我国，煤电占 76% 左右），这对我国的可持续发展造成了极大的影响。再加上由于经济的快速发展，电力供需之间矛盾十分突出，2003 年、2004 年两年夏秋之间席卷全国的"电荒"给我国的经济发展带来了巨大的负面影响，也给人们的生活带来了不便。所以必须高度重视电能的节约工作。

节约电能就是通过采用技术上可行、经济上合理、对环境保护无妨碍的措施，消除供电浪费，提高电能的利用率。

9.4.2　节约电能的基本措施

就目前我国的实际情况来看，节约电能主要有以下几种途径。

1. 加强管理，计划用电

根据供电系统的电能供应情况及各类用户不同的用电规律，合理地安排各类用户的用电时间，降低负荷高峰，填补负荷的低谷（即所谓"削峰填谷"），实现计划用电，充分发挥发电和变电设备的潜力，提高系统的供电能力。具体措施有：

1）积极错峰。同一地区各工厂的厂休日错开，同一工厂内各车间的上、下班时间错开，使各车间的高峰负荷分散。

2）主动躲峰。调整大量用电设备的用电时间，使其避开高峰负荷时间用电，做到各时段负荷均衡。

3）计划用电。用电单位要按地区电网下达的指标，并根据实际情况实行计划用电，必要时需采取限电措施，把电能的供应、分配和使用纳入计划。

2. 采用新技术

（1）远红外加热技术　过去电热设备通常采用常规的电阻发热元件，加热主要依靠热对流，由于电阻发热元件热辐射性能差，故加热时间长，电能损耗较大，使电热设备的耗电量很大。我国电热设备消耗的电量就占到总用电量的 15% 左右。为了节约电能，近几年推广了远红外加热技术。电热设备通过采用远红外线加热器或远红外线涂料，提高了发热元件的热辐射性能，远红外加热技术用于电加热设备上，可有 10% ~30% 的节能效果。

（2）变频调速技术　设备在运行中进行速度调节时会产生一定的损耗，而很多时候这种调节是频繁的，所以会产生很高的调节损耗。如果设备容量选择不对，如出现"大马拉小车"时，能量的损耗就显得更为突出。由电机的有关知识可知，交流电动机的转速与电源频率成正比，因此，只要通过变频器平滑改变电源的频率，即可平滑调节电动机的转速，从而满足机械负荷的需求，减小调节损耗，达到节电目的。

目前变频调速技术比较成熟，在调速的各个领域都得到了广泛应用，已成为当今主要的节电措施之一。虽然变频器结构复杂，初期投资大，但由于节电量高达20%～70%，所以效益是巨大的。

（3）软起动技术　对于交流电动机，传统的起动方式虽然控制简单，但起动电流的变化所引起的电网电压的波动会造成一定的电能损失。而采用变频器起动虽然很理想，但价格昂贵。因此，具有一定节电功能而且价格适中的软起动技术，就得到了极大的推广。

所谓软起动就是交流电动机起动时接入软起动器的一种起动控制方式。软起动器是一个不改变电源频率而能改变电压的调节器，采用软起动技术可以减少电动机的铁损，提高功率因数，从而达到节电的目的。

（4）蓄冷空调技术　蓄冷空调技术，就是利用后半夜电网的低谷电制冰或制冷水，并大量储存，在白天高峰期间将制冷机停用，用蓄存的冷量供空调使用。这种技术在一定程度上缓解了电网后半夜的调峰问题。

3. 改造旧设备

高耗能设备之所以能耗过多，其中一个重要的原因就是结构上有缺陷和不合理的地方。所以，对高耗能设备进行技术改造，也是降低能耗达到节电目的有效方法之一。如变压器，可以利用其原有的外壳、铁心，重新绕制线圈，就可以降低损耗，取得满意的经济效果。对于电动机，可以采取一些简易办法，如采用磁性槽楔降低铁损；更换节能风扇降低通风损耗；换装新型定子绕组以降低铜损。

4. 采用高效节能产品

要逐步淘汰现有的低效率的供电设备，通过设备的更新带来巨大的节电效果。

1）S9、SH-M等系列低能耗变压器的空载损耗ΔP_0、负载损耗ΔP_k要比S7、SJ、SJL等系列高能耗变压器低。如SH-M系列的ΔP_0要比S7系列低80%左右。

2）推广使用Y系列及Y_X系列电动机。Y系列节能电动机效率比老产品JS系列高2%～3%，Y_X系列可以把损耗降低20%～30%，效率提高3%。

3）采用高效的电光源及灯具。白炽灯的光效最差，钠灯光效较高，电子节能灯的功率因数高，而且发光效率高，9W、11W的亮度相当于50W、60W的普通白炽灯；ZJD系列高光效金属卤化物灯是目前一种理想的节能新光源，它比普通白炽灯节电75%左右。

5. 改进供配电系统，降低线路损耗

对现有的不尽合理的供配电系统应进行技术改造，降低线路损耗，节约电能。如单相供电改多相供电，因为三相供电的损耗只有单相的1/6；加大导线截面，使线路的电阻及损耗成比例下降；在技术经济合理的情况下，适当提高供电设备的额定电压，因为电压提高一倍，线损将降低75%；优化供电半径，改单端供电为负荷中心放射式多路供电，可有效降低损耗。将变压器放在厂区的负荷中心形成放射式多路供电，便能有效缩短供电半径，从而降低线损。

6. 实行经济运行方式

所谓经济运行方式是指能够降低电力系统的电能损耗，并能获得最佳经济效益的运行方式。具体措施有：

（1）使设备在经济区运行　设备在经济区运行效率是最高的。要改变"大马拉小车"的状况，对于容量选择过大、长期不合理轻载运行的设备，应当调换容量适当的设备。

（2）变压器的经济运行

1）单台变压器运行的经济负荷计算。综合考虑变压器的有功损耗和无功损耗，可得变压器的经济负荷 S_{ECT} 为

$$S_{ECT} = S_N \sqrt{\frac{\Delta P_0 + K_q \Delta Q_0}{\Delta P_k + K_q \Delta Q_N}} \tag{9-1}$$

式中，S_N 为变压器的额定容量；ΔQ_0 为变压器的空载无功损耗，$\Delta Q_0 \approx \dfrac{I_0\%}{100} S_N$（$I_0\%$ 为空载电流占额定电流的百分值，可查表）；ΔQ_N 为变压器额定负载时的无功损耗，$\Delta Q_N \approx \dfrac{U_k\%}{100} S_N$（$U_k\%$：变压器的短路电压占额定电压的百分值，可查表）；$\Delta P_k$ 为变压器的负载有功损耗；K_q 为无功功率经济当量，对于发电机电压直配的工厂，取 $0.02 \sim 0.04$，经两级变压的工厂，取 $0.05 \sim 0.08$，经三级以上变压的工厂，取 $0.01 \sim 0.15$，一般情况，工厂变配电所平均取 0.1。

例 9-3　试计算 S9 - 630/10 型变压器的经济负荷。

解：查附录 C 得 S9 - 630/10 型变压器的有关技术数据：$\Delta P_0 = 1.2kW$，$\Delta P_k = 6.2kW$，$I_0\% = 0.9$，$U_k\% = 4.5$，

$$\Delta Q_0 \approx \frac{I_0\%}{100} S_N = 630 \times 0.009 kvar = 5.67 kvar$$

$$\Delta Q_N \approx \frac{U_k\%}{100} S_N \Rightarrow \Delta Q_N = 630 \times 0.045 kvar = 28.35 kvar$$

$$S_{ECT} = S_N \sqrt{\frac{\Delta P_0 + K_q \Delta Q_0}{\Delta P_k + K_q \Delta Q_N}} = 0.44 \times 630 kVA = 277.2 kVA$$

因此，该台变压器的经济运行负荷为 277.2kVA。

2）多台并列运行变压器的经济运行。输送同样的负荷，单台变压器并不见得比两台并列运行的变压器节电，有时甚至相反。通过分析，两台变压器经济运行的临界负荷 S_{cr} 的计算公式为

$$S_{cr} = S_N \sqrt{2 \times \frac{\Delta P_0 + K_q \Delta Q_0}{\Delta P_k + K_q \Delta Q_N}} \tag{9-2}$$

当负荷 $S > S_{cr}$ 时，宜两台运行，当负荷 $S < S_{cr}$ 时，宜一台运行。

例 9-4　某厂变电所装有两台 S9 - 630/10 型变压器，试计算两台变压器经济运行的临界负荷 S_{cr}。

利用例 9-2 的数据，取 $K_q = 0.1$，可得

$$S_{cr} = S_N \sqrt{2 \times \frac{\Delta P_0 + K_q \Delta Q_0}{\Delta P_k + K_q \Delta Q_N}} \approx 394 \quad (kVA)$$

当负荷 $S < 394kVA$ 时，宜一台运行；当负荷 $S > 394kVA$ 时，宜两台运行。

7. 提高功率因数

提高供电系统的功率因数，可以降低电力系统的电压损失，减少电压波动，减小输、变、配电设备中的电流，从而降低电能的损耗。

通常，采用自然调整和人工调整这两种方法来提高效率因数。

1）自然调整功率因数的措施：①尽量减小变压器和电动机的初装容量，避免出现"大马拉小车"现象，使变压器和电动机的实际负荷在 75% 以上；②调整负荷，提高设备利用率，减少空载运行的设备；③当电动机轻载运行时，在不影响照明质量的前提下，适当降低变压器的二次电压；④三角形联结的电动机，其负荷在 50% 以下时，可改为星形联结。

2）人工调整功率因数的措施：①安装电容器，这是提高功率因数最经济和最有效的方法；②使大容量绕线转子异步电动机同步运行；③长期运行的大型机械设备，采用同步电动机传动或者使其空载过励运行。

9.4.3 并联电容器的使用

1. 并联电容器的补偿方式

当前，工厂常采用并联电容器的方法来补偿无功功率，提高功率因数。

在工厂供电系统中，按照电容器的装设位置，可以把补偿方式分为集中补偿和单独就地补偿两类，其中集中补偿又可分为高压集中补偿和低压集中补偿。

（1）高压集中补偿 高压电容器集中装设在工厂变配电所的 6~10kV 母线上，并由一组专用的开关控制设备进行控制。

采用高压集中补偿方式，电容器的利用率较高，能减少电力系统和用户主变压器及供电线路的无功负载。但这种补偿方式只能补偿 6~10kV 母线前所有线路的无功功率，而母线后的系统并未得到补偿。不过由于这种方式初投资较小，便于集中运行维护，所以过去在一些大中型工厂的应用较普遍。近年来，由于装设高压电容器和低压电容器在补偿效果相当的条件下投资差不多，所以采用高压集中补偿的做法在 10kV 变配电所中已不常见。

图 9-3 为接在变配电所 6~10kV 母线上集中补偿的电容器组电路图。

图 9-3　接在变配电所 6~10kV 母线上集中补偿的电容器组电路图

（2）低压集中补偿　低压集中补偿是将低压电容器集中装设在车间变电所的低压母线上。

图9-4　低压集中补偿的
电容器组电路图

低压集中补偿方式能补偿车间变电所低压母线前系统的无功功率，可使车间主变压器的视在功率减小，从而使主变压器容量选得较小，因而比较经济。这种补偿方式在工厂中应用非常普遍，尤其是6～10kV供电的中小型工厂的变电所多采用这种补偿方式。

图9-4为低压集中补偿的电容器组电路图。图中白炽灯既作为电容器运行的指示灯，灯丝电阻同时也作为放电电阻。

（3）单独就地补偿　又称个别补偿。它是将补偿电容器组装设在需要进行无功补偿的各个用电设备附近。

单独就地补偿方式可补偿安装部位前系统的所有无功功率，所以这种补偿方式补偿范围最广，效果最好。但总投资较大，且在用电设备停止工作时，电容器组也一并切除，所以利用率低。

2. 并联电容器的接线方式

电容器组的接线方式，应根据电容器的电压、保护方式和容量等来选择。通常有三角形联结和星形联结两种。当电容器的额定电压与网络额定电压一致时，应采用三角形联结；当电容器的额定电压低于网络额定电压时，可采用星形联结，或者经串、并联组合后，再按星形联结。

（1）三角形联结　在10kV电网中，额定电压为10.5kV和11kV的电容器，应采用三角形联结。低压电容器多数是三相的，其内部已为三角形联结。

（2）星形联结　额定电压为6.3kV和$11/\sqrt{3}$kV的电容器应采用星形联结；额定电压为3.15kV和$11/2\sqrt{3}$kV的电容器应两台串接后再按星形联结。

小　结

本章主要介绍了供配电系统的运行与维护和节约电能两部分内容。供配电系统的运行与维护主要包括维护、监视的内容以及一些基本的处理异常运行的方法。节约电能则主要介绍一些常用的节电方法。

1）供配电系统的运行维护包括：工厂变配电所的值班方式有轮班制、在家值班制和无人值班制；变压器的巡视内容包括常规巡视和特殊巡视；变压器的投运和试运行检查及故障处理方法。

2）配电设备的巡视内容及故障处理包括：断路器的巡视和异常处理；隔离开关和负荷开关的巡视和异常处理；互感器的巡视检查内容；电力电容器的巡视检查内容；二次系统的巡视检查内容。

3）供配电线路的运行维护包括：架空线、电缆线和车间配电线路的巡视检查内容；线路运行中突遇停电的处理。

4）将设备由一种状态转变为另一种状态的过程称为倒闸，所进行的操作称为倒闸操作，包括倒闸操作的技术、步骤及其中所包含的各项基本操作。

5）节约电能的途径包括：加强管理、计划用电；采用新技术、新设备，降低损耗；改造设备，提倡节能；改变运行方式，实现经济运行；无功补偿，提高功率因数等。

其中，经济运行方式是指一种能够降低电力系统的电能损耗，且能获得最佳经济效益的运行方式。

6）采用并联电容器是进行无功补偿、提高功率因数的重要措施。并联电容器的补偿方式有单独补偿、高压集中补偿和低压集中补偿。

习　题

9-1　做好供配电系统的运行维护工作有何重要意义？

9-2　如何对油浸式变压器的运行进行维护？

9-3　油浸式变压器出现的异常情况主要有哪些？如何处理？

9-4　断路器的常见故障有哪些？如何处理？

9-5　当发生突然停电事故时，变配电所值班人员应如何处理？

9-6　图9-1中，假设故障出现在 WL_9 线路上，由于保护装置失灵或选择性不好，使 WL_1 线路的开关越级跳闸，请写出分路合闸检查方法的步骤。

9-7　倒闸操作的步骤主要有哪些？

9-8　图9-2中，请填写线路 WL_2 的停电操作票。

9-9　就目前我国的实际情况来看，节约电能主要有哪几种途径？

9-10　并联电容器有哪几种补偿方式？各有什么特点？

9-11　某车间变电所有两台 S9-1000/10 型电力变压器并列运行，但变电所负荷只有 750kVA。试问采用一台还是两台变压器运行较为经济合理（取 $K_q=0.1$）？

附　　录

附录 A　需要系数和二项式系数

表 A-1　用电设备组的需要系数、二项式系数及功率因数值

用电设备组名称	需要系数 K_d	二项式系数		最大容量设备台数 x[①]	$\cos\varphi$	$\tan\varphi$
		b	c			
小批生产的金属冷加工机床	0.16 ~ 0.2	0.14	0.4	5	0.5	1.73
大批生产的金属冷加工机床	0.18 ~ 0.25	0.14	0.5	5	0.5	1.73
小批生产的金属热加工机床	0.25 ~ 0.3	0.24	0.4	5	0.6	1.33
大批生产的金属热加工机床	0.3 ~ 0.35	0.26	0.5	5	0.65	1.17
通风机、水泵、空压机及电动发电机组	0.7 ~ 0.8	0.65	0.25	5	0.8	0.75
非连锁的连续运输机械及铸造车间整砂机械	0.5 ~ 0.6	0.4	0.4	5	0.75	0.88
连锁的连续运输机械及铸造车间整砂机械	0.65 ~ 0.7	0.6	0.2	5	0.75	0.88
锅炉房和机加工、机修、装配等类车间的吊车（$\varepsilon = 25\%$）	0.1 ~ 0.15	0.06	0.2	3	0.5	1.73
铸造车间的吊车（$\varepsilon = 25\%$）	0.15 ~ 0.25	0.09	0.3	3	0.5	1.73
自动连续装料的电阻炉设备	0.75 ~ 0.8	0.7	0.3	2	0.95	0.33
非自动连续装料的电阻炉设备	0.65 ~ 0.7	0.7	0.3	2	0.95	0.33
实验室用的小型电热设备（电阻炉、干燥箱等）	0.7	0.7	0	—	1.0	0
工频感应电炉（未带无功补偿装置）	0.8	—	—		0.35	2.68
高频感应电炉（未带无功补偿装置）	0.8	—	—		0.6	1.33
电弧熔炉	0.9	—	—		0.87	0.57
点焊机、缝焊机	0.35	—	—		0.6	1.33
对焊机、铆钉加热机	0.35	—	—		0.7	1.02
自动弧焊变压器	0.5	—	—		0.4	2.29
单头手动弧焊变压器	0.35	—	—		0.35	2.68
多头手动弧焊变压器	0.4	—	—		0.35	2.68
单头弧焊电动发电机组	0.35	—	—		0.6	1.33
多头弧焊电动发电机组	0.7	—	—		0.75	0.88

①　如果用电设备组的设备总台数 $n < 2x$ 时，则最大容量设备台数取 $x = n/2$，且按四舍五入修约规则取整数。

表 A-2　部分工厂的全厂需要系数、功率因数及年最大有功负荷利用小时参考值

工厂类别	需要系数 K_d	功率因数 $\cos\varphi$	年最大有功负荷利用小时数	工厂类别	需要系数 K_d	功率因数 $\cos\varphi$	年最大有功负荷利用小时数
汽轮机制造厂	0.38	0.88	5000	量具刃具制造厂	0.26	0.60	3800
锅炉制造厂	0.27	0.73	4500	工具制造厂	0.34	0.65	3800
柴油机制造厂	0.32	0.74	4500	电机制造厂	0.33	0.65	3000
重型机械制造厂	0.35	0.79	3700	电器开关制造厂	0.35	0.75	3400
重型机床制造厂	0.32	0.71	3700	电线电缆制造厂	0.35	0.73	3500
机床制造厂	0.20	0.65	3200	仪器仪表制造厂	0.37	0.81	3500
石油机械制造厂	0.45	0.78	3500	滚珠轴承制造厂	0.28	0.70	5800

附录 B　并联电容器的技术数据

表 B-1　并联电容器的无功补偿率（Δq_c）

补偿前的功率因数 $\cos\varphi_1$	补偿后的功率因数 $\cos\varphi_2$				补偿前的功率因数 $\cos\varphi_1$	补偿后的功率因数 $\cos\varphi_2$			
	0.85	0.90	0.95	1.00		0.85	0.90	0.95	1.00
0.60	0.713	0.849	1.004	1.333	0.76	0.235	0.371	0.526	0.85
0.62	0.646	0.782	0.937	1.266	0.78	0.182	0.318	0.473	0.80
0.64	0.581	0.717	0.872	1.206	0.80	0.130	0.266	0.421	0.75
0.66	0.518	0.654	0.809	1.138	0.82	0.078	0.214	0.369	0.69
0.68	0.458	0.594	0.749	1.078	0.84	0.026	0.162	0.317	0.64
0.70	0.400	0.536	0.691	1.020	0.86	—	0.109	0.264	0.59
0.72	0.344	0.480	0.635	0.964	0.88		0.056	0.211	0.54
0.74	0.289	0.425	0.580	0.909	0.90		0.000	0.155	0.48

表 B-2　BW 型并联电容器的技术数据

型号	额定容量/kvar	额定电容/μF	型号	额定容量/kvar	额定电容/μF
BW0.4 - 12 - 1	12	240	BWF6.3 - 30 - 1W	30	2.4
BW0.4 - 12 - 3	12	240	BWF6.3 - 40 - 1W	40	3.2
BW0.4 - 13 - 1	13	259	BWF6.3 - 50 - 1W	50	4.0
BW0.4 - 13 - 3	13	259	BWF6.3 - 100 - 1W	100	8.0
BW0.4 - 14 - 1	14	280	BWF6.3 - 120 - 1W	120	9.63
BW0.4 - 14 - 3	14	280	BWF10.5 - 22 - 1W	22	0.64
BW6.3 - 12 - 1TH	12	0.96	BWF10.5 - 25 - 1W	25	0.72
BW6.3 - 12 - 1W	12	0.96	BWF10.5 - 30 - 1W	30	0.87
BW6.3 - 16 - 1W	16	1.28	BWF10.5 - 40 - 1W	40	1.15
BW 10.5 - 12 - 1W	12	0.35	BWF10.5 - 50 - 1W	50	1.44
BW 10.5 - 16 - 1W	16	0.46	BWF10.5 - 100 - 1W	100	2.89
BWF6.3 - 22 - 1W	22	1.76	BWF10.5 - 120 - 1W	120	3.47
BWF6.3 - 25 - 1W	25	2.0			

附录 C　S9 系列 6~10kV 级铜绕组低损耗电力变压器的技术数据

额定容量/kVA	额定电压/kV		联结组标号	空载损耗/W	负载损耗/W	阻抗电压（%）	空载电流（%）
	一次	二次					
30	10.5，6.3	0.4	Yyn0	130	600	4	2.1
50	10.5，6.3	0.4	Yyn0	170	870	4	2.0
63	10.5，6.3	0.4	Yyn0	200	1040	4	1.9
80	10.5，6.3	0.4	Yyn0	240	1250	4	1.8
100	10.5，6.3	0.4	Yyn0	290	1500	4	1.6
		0.4	Dyn11	300	1470	4	4
125	10.5，6.3	0.4	Yyn0	340	1800	4	1.5
		0.4	Dyn11	360	1720	4	4
160	10.5，6.3	0.4	Yyn0	400	2200	4	1.4
		0.4	Dyn11	430	2100	4	3.5
200	10.5，6.3	0.4	Yyn0	480	2600	4	1.3
		0.4	Dyn11	500	2500	4	3.5
250	10.5，6.3	0.4	Yyn0	560	3050	4	1.2
		0.4	Dyn11	600	2900	4	3
315	10.5，6.3	0.4	Yyn0	670	3650	4	1.1
		0.4	Dyn11	720	3450	4	3
400	10.5，6.3	0.4	Yyn0	800	4300	4	1.0
		0.4	Dyn11	870	4200	4	3
500	10.5，6.3	0.4	Yyn0	960	5100	4	1.0
		0.4	Dyn11	1030	4950	4	3
630	10.5，6.3	0.4	Yyn0	1200	6200	4.5	0.9
		0.4	Dyn11	1300	5800	5	1.0
800	10.5，6.3	0.4	Yyn0	1400	7500	4.5	0.8
		0.4	Dyn11	1400	7500	5	2.5
1000	10.5，6.3	0.4	Yyn0	1700	10300	4.5	0.7
		0.4	Dyn11	1700	9200	5	1.7
1250	10.5，6.3	0.4	Yyn0	1950	12000	4.5	0.6
		0.4	Dyn11	2000	11000	5	2.5
1600	10.5，6.3	0.4	Yyn0	2400	14500	4.5	0.6
		0.4	Dyn11	2400	14000	6	2.5
2000	11，10.5，10，6.3，6	0.4	Yyn0	3000	18000	6	0.8
		0.4	Dyn11	3000	18000	6	0.8
	11，10.5，10	6.3	Yd11	3000	18000	6	1.2

附录 D 常用高压断路器的技术数据

类别	型号	额定电压/kV	额定电流/A	开断电流/kA	断流容量/MVA	动稳定电流峰值/kA	热稳定电流/kA	固有分闸时间/s	合闸时间/s	配用操动机构型号
少油户外	SW2－35/1000	35	1000	16.5	1000	45	16.5（4s）	≤0.06	≤0.4	CT2－XG
	SW2－35/1500		1500	24.8	1500	63.4	24.8（4s）			
少油户内	SN10－35 I	35	1000	16	1000	45	16（4s）	≤0.06	≤0.2	CT10
	SN10－35 II		1250	20	1000	50	20（4s）		≤0.25	CT10 IV
	SN10－10 I	10	630	16	300	40	16（4s）	≤0.06	≤0.15	CT8
			1000	16	300	40	16（4s）		≤0.2	CD10 I
	SN10－10 II		1000	31.5	500	80	31.5（2s）	0.06	0.2	CT10 I、II
	SN10－10 III		1250	40	750	125	40（2s）	0.07	0.2	CD10 III
			2000	40	750	125	40（4s）			
			3000	40	750	125	40（4s）			
真空户内	ZN23－35	35	1600	25		63	25（4s）	0.06	0.075	CT12
	ZN3－10 I	10	630	8		20	8（4s）	0.07	0.15	CD10 等
	ZN3－10 II		1000	20		50	20（20s）	0.05	0.10	
	ZN4－10/1000		1000	17.3		44	17.3（4s）	0.05	0.2	CD10 等
	ZN4－10/1250		1250	20		50	20（4s）			
	ZN5－10/630		630	20		50	20（2s）	0.05	0.1	专用 CD 型
	ZN5－10/1000		1000	20		50	20（2s）			
	ZN5－10/1250		1250	25		63	25（2s）			
	ZN12－10/1250		1250	25		63	25（4s）	0.06	0.1	CD8 等
	ZN12－10/2000		2000							
	ZN12－10/1250		1250	31.5		80	31.5（4s）			
	ZN12－10/2000		2000							
	ZN12－10/2500		2500	40		100	40（4s）			
	ZN12－10/3150		3150							
	ZN24－10/1250－20		1250	20		50	20（4s）	0.06	0.1	CD8 等
	ZN24－10/1250		1250	31.5		80	31.5（4s）			
	ZN24－10/2000		2000							
六氟化硫（SF6）户内	LN2－35 I	35	1250	16		40	16（4s）	0.06	0.15	CT12 II
	LN2－35 II		1250	25		63	25（4s）			
	LN2－35 III		1600	25		63	25（4s）			
	LN2－10	10	1250	25		63	25（4s）	0.06	0.15	CT12 I CT8 I

附录 E　常用高压隔离开关的技术数据

型　号	额定电压/kV	额定电流/A	极限通过电流/kA		5s 热稳定电流/kA	操动机构型号
			峰　值	有效值		
GN$_8^6$ - 6T/200	6	200	25.5	14.7	10	CS6 - 1T （CS6 - 1）
GN$_8^6$ - 6T/400		400	40	30	14	
GN$_8^6$ - 6T/600		600	52	30	20	
GN$_8^6$ - 10T/200	10	200	25.5	14.7	10	CS6 - 1T （CS6 - 1）
GN$_8^6$ - 10T/400		400	40	30	14	
GN$_8^6$ - 10T/600		600	52	30	20	
GN$_8^6$ - 10T/1000		1000	75	43	30	

附录 F　常用高压熔断器的技术数据

表 F-1　RN1 型室内高压熔断器的技术数据

型　号	额定电压/kV	额定电流/A	熔体电流/A	额定断流容量/MVA	最大开断电流有效值/kA	最小开断电流（额定电流倍数）	过电压倍数（额定电压倍数）
RN1 - 6	6	25	2, 3, 5, 7.5, 10, 15 20, 25, 30, 40, 50, 60, 75, 100	200	20	1.3	2.5
		50					
		100					
RN1 - 10	10	25			11.6	—	
		50					
		100					

表 F-2　RN2 型室内高压熔断器的技术数据

型　号	额定电压/kV	额定电流/A	三相最大断流容量/MVA	最大开断电流/kA	开断极限短路电流时的最大电流峰值/kA	过电压倍数（额定电压倍数）
RN2 - 6	6	0.5	1000	85	300	2.5
RN2 - 10	10			50	1000	

表 F-3　RW4、RW7、RW9、RW10 型室外高压跌开式熔断器的技术数据

型　号	额定电压/kV	额定电流/A	断流容量/MVA		分合负荷电流/A
			上限	下限	
RW4 – 10G/50		50	89	7.5	
RW4 – 10G/100		100	124	10	
RW4 – 10/50	10	50	75	—	—
RW4 – 10/100		100	100	—	
RW4 – 10/200		200	100	30	
RW7 – 10/50 – 75		50	75	10	
RW7 – 10/100 – 100		100	100	30	
RW7 – 10/200 – 100	10	200	100	30	—
RW7 – 10/50 – 75GY		50	75	10	
RW7 – 10/100 – 100GY		100	100	30	
RW9 – 10/100	10	100	100	20	—
RW9 – 10/200		200	150	30	
RW10 – 10（F）/50		50	200	40	50
RW10 – 10（F）/100	10	100	200	40	100
RW10 – 10（F）/200		200	200	40	200

附录 G　LCZ – 35Q 型电流互感器的主要技术参数

额定一次电流/A	额定二次电流/准确级组合 A	额定输出/VA	额定短时热电流 I_{th}/KA	额定动稳定电流 I_{dyn}/kA
20			1.3	3.25
30			2	5
40	0.2/10P10	20/50	3	7.5
50	0.210P20	20/25	4.5	11.5
75	0.5/10P10	50/50	6	15
100	0.5/10P20	50/25	9	22.5
150	10P10/10P10	50/50	12	30
200	10P20/10P20	25/25	18	45
300	0.2/0.5/10P10	15/50/50	24	60
400	0.2/0.5/10P20	15/50/25	36	90
600	0.2/10P10/10P10	15/25/50		
800	0.2/10P10/10P20	15/25/25		
1000	0.5/10P10/10P10	50/25/50		
1200	0.5/10P10/10P20	50/25/25	48	120
1500				

（额定二次电流栏：5）

附录 H　常用电压互感器的技术数据

型　号	额定电压/V			额定容量(cosφ=0.9)/VA			大容量/VA	联结组
	一次线圈	二次线圈	辅助线圈	0.5级	1级	3级		
JDZJ－6	6000/√3	100/√3	100/√3	30	50	100	200	1/1/1－12－12
JDZJ－6				50	80	200	400	
JDZJ－6								
JDZJ－10	10000/√3	100/√3	100√3	40	60	150	300	
JDZJ－10				50	80	200	400	
JDZJ－10								
JSJW－6	6000/√3	100/√3	100/√3	80	150	320	640	Y0/Y0/△
JSJW－10	1000/√3	100/√3	100/√3	120	200	480	960	
JDZ－6	6000	100		50	80	200	300	1/1－12
JDZ－10	10000	100		80	120	300	500	1/1－12

附录 I　常用高压开关柜的技术数据

开关柜型号	JYN1－35	JYN2－10	KYN－10	KGN－10	GFG15（F）	GFG7B（F）
型　式	单母线移开式			单母线固定式	单母线手车式	
电压等级/kV	35	10				
额定电流/A	1000	630~3000	630~3000	630, 1000	630, 1500	630, 1000
断路器型号	SN10－35	SN10－10 Ⅰ Ⅱ Ⅲ	SN10－10 Ⅰ Ⅱ Ⅲ	SN10－10 Ⅰ Ⅱ Ⅲ	SN10－10 Ⅰ Ⅱ Ⅲ	SN10－10 Ⅰ Ⅱ Ⅲ ZN3－10 ZN5－10
操动机构型号	CD10 CT8	CD10 CT8	CD10 CT8	CD10 CTS	CD10 CT8	CD10 CT8
电流互感器型号	LCZ－35	LZZB6－10 LZZQB6－10	CDJ－10	LA－10 LAJ－10	LZXZ－10 JDZJ－10	LZJG10 LJ1－10
电压互感器型号	JDJ2－35 JDZJJ2－35	JDZ6－10 JDZJ6－10	JDZ－10 JDZ－10		JDZ－10 JDZJ－10	JDE－10 JDEJ－10
高压熔断器型号	RN2－35	RN2－10	RN2－10		RN2－10	RN1－10 RN2－10
避雷器型号	FZ－35 FYZ1－35	FCD3				FS FZ FCD3
接地开关型号		JN－101	JN－10		JN－10	
外形尺寸/mm（长×宽×高）	1818 ×2400 ×2925	（1000） 840 ×1500 ×2200	（1500） 800 ×1650 ×2200 （1800）	1180 ×1600 ×2800	800×1500 ×220 （2100）	840×1500×2200

附录 J　常用低压断路器的技术数据

表 J-1　DZ20 系列塑料外壳式低压断路器的技术数据

断路器额定电流/A	脱扣器额定电流/A	极限分断能力代号	额定极限短路分断能力/kA				交流额定运行短路分断能力/kA		瞬时脱扣器整定电流倍数		电寿命/次
			交流		直流						
			380V有效值	cosφ	220V	时间常数 t_{ima}/ms	380V有效值	cosφ	配电用	保护电动机用	
100	16、20、22、40、50、63、80、100	Y	18	0.3	10	10	14	0.3	10	12	100
		J	35	0.25	15	10	18	0.25			
		G	100	0.2	20	10	50	0.2			
200(225)	100、125、160、180、200、225	Y	25	0.25	20	10	19	0.3	5~10	8~12	2000
		J	42	0.25	20	10	25	0.25			
		G	100	0.2	25	15	50	0.2			
400	200、250、315、350、400	Y	30	0.25	25	15	23	0.25	10	12	1000
		J	42	0.25	25	15	25	0.25	5~10		
		G	100	0.2	30	15	50	0.2			
630	500、630	Y	30	0.25	25	15	23	0.25	5~10		1000
		J	42	0.25	25	15	25	0.25			
1250	630、700、800、1000、1250	Y	50	0.25	30	15	38	0.25	4~7		500

注：1. 极限分断能力代号中，Y——一般型，J——较高型；G——最高型。

　　2. 脱扣器额定电流为 40A 及以下的瞬时脱扣最小整定电流为 500A。

表 J-2　配电用 DZ20 系列低压断路器过电流脱扣器反时限断开特性数据

试验电流名称	脱扣电流	约定时间						起始状态
		断路器额定电流 100A		断路器额定电流/A				
		$I_{OR} \leqslant 63A$	$63A < I_{OR} < 100A$	200	400	630	1250	
约定不脱扣电流	1.05	1h	2h	2h				冷态
约定脱扣电流	1.25	2h		2h				热态
	1.35	1h						
可返回电流	3.0	5s	8s	8s	12s	12s	12s	冷态

注：I_{OR}——脱扣器额定电流。

表 J-3　保护电动机用 DZ20 系列低压断路器过电流脱扣器反时限断开特性数据

试验电流名称	脱扣电流	约定时间						起始状态
		断路器额定电流 100A		断路器额定电流/A				
		$I_{OR} \leqslant 63A$	$63A < I_{OR} < 100A$	200	400	630	1250	
约定不脱扣电流	1.05	1h	2h	2h				冷态
约定脱扣电流	1.25	2h		2h				热态
	1.35	1h						
可返回电流	3.0	3s	8s	8s	12s	12s	12s	冷态

注：I_{OR}——脱扣器额定电流。

表 J-4　DW15 系列低压断路器（200～600A）的技术数据

断路器额定电流/A	瞬时通断能力有效值/kA						一次极限分断能力有效值/kA	短延时通断能力有效值（380V，cosφ=0.5）/kA	机械寿命/次	电寿命/次				
	额定电压/V			cosφ						配电用			电动机保护用
	380	660	1140	380V	660V	1140V				380V	660V	1140V	
200	20	10	—	0.35	0.30	—	50	4.4	20000	5000	2500	—	10000
400	25	15	10	0.35	0.30	0.30	50	8.8	10000	2500	1500	1000	5000
600	30	20	12	0.30	0.30	0.30	50	13.2	10000	2500	1500	1000	5000

表 J-5　DW15 系列低压断路器（200～600A）过电流脱扣器的技术数据

断路器额定电流/A	过电流脱扣器额定电流/A		过电流脱扣器整定电流/A				
			长延时动作电流		半导体式		
	热式	半导体式	热式	半导体式	短延时	瞬时	
200	100	100	64～80～100	40～100	300～1000	300～1000，800～2000	
	150		96～120～150				
	200	200	128～160～200	80～120	600～2000	600～2000，1600～4000	
400	200	200	128～160～200	80～120	600～2000	600～2000，1600～4000	
	300		192～240～300				
	400	400	256～320～400	160～400	1200～4000	1200～4000，3200～8000	
600	300	300	192～240～300	120～300	900～3000	900～3000，2400～6000	
	400	400	256～320～400	160～400	1200～4000	1200～4000，3200～8000	
	600	600	384～480～600	240～600	1800～6000	1800～6000，4800～12000	

注：1. 当额定电压为 660V 和 1140V 时，过电流脱扣器为半导体式，其瞬时整定电流为 3～10 倍。

2. 热式脱扣器为不可调式，当额定电压为 380V 时，其瞬时整定电流为 10 倍或 1。

表 J-6　DW15 系列低压断路器（1000～4000A）的技术数据

断路器额定电流/A	交流 380V 时的极限通断能力有效值/kA				最大飞弧距离/mm	机械寿命/次	插入式触头机械寿命/次	电寿命/次
	瞬时	cosφ	短延时 0.4s	cosφ				
1000	40	0.25	30	0.25	350	10000	1000	2500
1500	40	0.25	30	0.25	350	10000	1000	2500
2500	60	0.2	40	0.25	350	5000	600	500
4000	80	0.2	60	0.2	400	5000	—	500

表 J-7　DW15 系列低压断路器（1000～4000A）过电流脱扣器的技术数据

断路器额定电流/A	脱扣器额定电流/A	选择性低压断路器半导体脱扣器整定电流/A			非选择性低压断路器脱扣器整定电流/A		
		长延时	短延时	瞬时	热-电磁式		电磁式
					长延时	瞬时	瞬时
1000	600	420～600	1800～6000	6000～12000	420～600	1800～6000	600～1800
	800	560～800	2400～8000	8000～16000	560～800	2400～8000	800～2400
	1000	700～1000	3000～10000	10000～20000	700～1000	300～10000	1000～3000
1500	1500	1050～1500	4500～15000	15000～30000	1050～1500	4500～15000	1500～4500

（续）

断路器额定电流/A	脱扣器额定电流/A	选择性低压断路器半导体脱扣器整定电流/A			非选择性低压断路器脱扣器整定电流/A		
		长延时	短延时	瞬时	热-电磁式		电磁式
					长延时	瞬时	瞬时
2500	1500	1050~1500	4500~9000	10500~21000	1050~1500	4500~15000	1500~4500
	2000	1400~2000	6000~12000	14000~28000	1400~2000	6000~20000	2000~6000
	2500	1750~2500	7500~15000	17500~35000	1750~2500	7500~25000	2500~7500
4000	2500	1750~2500	7500~15000	17500~35000	1750~2500	7500~25000	2500~7500
	3000	2100~3000	9000~18000	21000~42000	2100~3000	9000~30000	3000~9000
	4000	2800~4000	12000~24000	28000~56000	2800~4000	12000~40000	4000~12000

表 J-8　DW15 系列低压断路器（1000~4000A）长延时过电流脱扣器的延时特性

试验电流/脱扣器整定电流	1.0	1.3	2.0	3.0
动作时间	不动作	小于1h	小于10min	可返回时间大于8s

附录 K　常用低压熔断器的技术数据

型号	额定电压/V	额定电流/A		最大分断电流/kA	
		熔断器	熔体	电流	$\cos\varphi$
RT0-100	交流380、直流440	100	30，40，50，60，80，100	50	0.1~0.2
RT0-200		200	(80，100)，120，150，200		
RT0-400		400	(150，200)，250，300，350，400		
RT0-600		600	(350，400)，450，500，550，600		
RT0-1000		1000	700，800，900，1000		
RM10-15	交流220/380/500、直流220/440	15	6，10，15	1.2	0.8
RM10-60		60	15，20，25，35，45，60	3.5	0.7
RM10-100		100	60，80，100	10	0.35
RM10-200		200	100，125，160，200	10	0.35
RM10-350		350	200，225，260，300，350	10	0.35
RM10-600		600	350，430，500，600	10	0.35
RL1-15	交流380、直流440	15	2，4，5，6，10，15	25	
RL1-60		60	20，25，30，35，40，50，60	25	
RL1-100		100	60，80，100	50	
RL1-200		200	100，125，150，200	50	

附录 L　常用裸绞线和矩形母线的允许载流量

表 L-1　铜、铝及钢芯铝绞线的允许载流量（环境温度 +25℃，最高允许温度 +70℃）

铜绞线			铝绞线			钢芯铝绞线	
导线型号	允许载流量/A		导线型号	允许载流量/A		导线型号	允许载流量/A
	屋外	屋内		屋外	屋内		屋外
TJ-16	130	100	LJ-16	105	80	LGJ-16	105
TJ-25	180	140	LJ-25	135	110	LGJ-25	135
TJ-35	220	175	LJ-35	170	135	LGJ-35	170
TJ-50	270	220	LJ-50	215	170	LGJ-50	220

（续）

铜绞线			铝绞线			钢芯铝绞线	
导线型号	允许载流量/A		导线型号	允许载流量/A		导线型号	允许载流量/A
	屋外	屋内		屋外	屋内		屋外
TJ-70	340	280	LJ-70	265	215	LGJ-70	275
TJ-95	415	340	LJ-95	325	260	LGJ-95	335
TJ-120	485	405	LJ-120	375	310	LGJ-120	380
TJ-150	570	480	LJ-150	440	370	LGJ-150	445
TJ-185	645	550	LJ-185	500	425	LGJ-185	515
TJ-240	770	650	LJ-240	610	—	LGJ-240	610

表 L-2　矩形母线的允许载流量（竖放）（环境温度 +25℃，最高允许温度 +70℃）

母线尺寸/mm （宽×厚）	铜母线（TMY）允许载流量/A			铝母线（LMY）允许载流量/A		
	每相的铜排数			每相的铝排数		
	1	2	3	1	2	3
15×3	210	—	—	165	—	—
20×3	275	—	—	215	—	—
25×3	340	—	—	265	—	—
30×4	475	—	—	365	—	—
40×4	625	—	—	480	—	—
40×4	700	—	—	540	—	—
50×5	860	—	—	665	—	—
50×6	955	—	—	740	—	—
60×6	1125	1740	2240	870	1355	1720
80×6	1480	2110	2720	1150	1630	2100
100×6	1810	2470	3170	1425	1935	2500
60×8	1320	2160	2790	1245	1680	2180
80×8	1690	2620	3370	1320	2040	2620
100×8	2080	3060	3930	1625	2390	3050
120×8	2400	3400	4340	1900	2650	3380
60×10	1475	2560	3300	1155	2010	2650
80×10	1900	3100	3990	1480	2410	3100
100×10	2310	3610	4650	1820	2860	3650
120×10	2650	4100	5200	2070	3200	4100

注：母线平放时，宽为 60mm 以下，载流量减少 5%；当宽为 60mm 以上时，应减少 8%。

附录 M　绝缘导线的允许载流量（导线正常最高允许温度 +65℃）

表 M-1　绝缘导线明敷时的允许载流量　　　　　　　　（单位：A）

芯线截面积/mm²	橡皮绝缘线								塑料绝缘线							
	环境温度/℃								环境温度/℃							
	25		30		35		40		25		30		35		40	
	铜芯	铝芯	铜芯	铝芯	铜芯	铝芯	铜芯	铝芯	铜芯	铝芯	铜芯	铝芯	铜芯	铝芯	铜芯	铝芯
2.5	35	27	32	25	30	23	27	21	32	25	30	23	27	21	25	19
4	45	35	41	32	39	30	35	27	41	32	37	29	35	27	32	25
6	58	45	54	42	49	38	45	35	54	42	50	39	46	36	43	33
10	84	65	77	60	72	56	66	51	76	59	71	55	66	51	59	46
16	110	85	102	79	94	73	86	67	103	80	95	74	89	69	81	63
25	142	110	132	102	123	95	112	87	135	105	126	98	116	90	107	83
35	178	138	166	129	154	119	141	109	168	130	156	121	144	112	132	102
50	226	175	210	163	195	151	178	138	213	165	199	154	183	142	168	130
70	284	220	266	206	245	190	224	174	264	205	246	191	228	177	209	162
95	342	265	319	247	295	229	270	209	323	250	301	233	279	216	254	197
120	400	310	361	280	346	268	316	243	365	283	343	266	317	246	290	225
150	464	360	433	336	401	311	366	284	419	325	391	303	362	281	332	257
185	540	420	506	392	468	363	428	332	490	380	458	355	423	328	387	300
240	660	510	615	476	570	441	520	403								

注：型号表示：铜芯橡皮线—BX，铝芯橡皮线—BLX，铜芯塑料线—BV，铝芯塑料线—BLV。

表 M-2　聚氯乙烯绝缘导线穿钢管时的允许载流量　　　　　（单位：A）

芯线截面积/mm²	两根单芯线 环境温度/℃			管径/mm		三根单芯线 环境温度/℃			管径/mm		四、五根单芯线 环境温度/℃			管径/mm	
	25	30	35	SC	TC	25	30	35	SC	TC	25	30	35	SC	TC
BLV 铝芯															
2.5	20	18	17	15	15	18	16	15	15	15	15	14	12	15	15
4	27	25	23	15	15	24	22	20	15	15	22	20	19	15	20
6	35	32	30	15	20	32	29	27	15	20	28	26	24	20	25
10	49	45	42	20	25	44	41	38	20	25	38	35	32	25	25
16	63	58	54	25	25	56	52	48	25	32	50	46	43	25	32
25	80	74	69	25	32	70	65	60	32	32	65	60	50	32	40
35	100	93	86	32	40	90	84	77	32	40	80	74	69	32	
50	125	116	108	32		110	102	95	40		100	93	86	50	
70	155	144	134	50		143	133	123	50		127	118	109	50	
95	190	177	164	50		170	158	147	50		152	142	131	70	
120	220	205	190	50		195	182	168	50		172	160	148	70	
150	250	233	216	70		225	210	194	70		200	187	173	70	
185	285	266	246	70		255	238	220	70		230	215	198	80	
BV 铜芯															
1.0	14	13	12	15	15	13	12	11	15	15	11	10	9	15	15
1.5	19	17	16	15	15	17	15	14	15	15	16	14	13	15	15
2.5	26	24	22	15	15	24	22	20	15	15	22	20	19	15	15
4	35	32	30	15	15	31	28	26	15	15	28	26	24	15	20
6	47	43	40	15	20	41	38	35	15	20	37	34	32	20	25
10	65	60	56	20	25	57	53	49	20	25	50	46	43	25	25
16	82	76	70	25	25	73	68	63	25	32	65	60	56	25	32
25	107	100	92	25	32	95	88	82	32	32	85	79	73	32	40
35	133	124	115	32	40	115	107	99	32	40	105	98	90	32	
50	165	154	142	32		146	136	126	40		130	121	112	50	
70	205	191	177	50		183	171	158	50		165	154	142	50	
95	250	233	216	50		225	210	194	50		200	187	173	70	
120	290	271	250	50		260	243	224	50		230	215	198	70	
150	330	308	285	70		300	280	259	70		265	247	229	70	
185	380	355	328	70		340	317	294	70		300	280	259	80	

注：SC—焊接钢管，管径按内径计；TC—电线管，管径按外径计。

表 M-3　聚氯乙烯绝缘导线穿塑料管时的允许载流量　　　　（单位：A）

芯线截面积/mm²	两根单芯线 环境温度/℃			管径/mm	三根单芯线 环境温度/℃			管径/mm	四根单芯线 环境温度/℃			管径/mm
	25	30	35	PC	25	30	35	PC	25	30	35	PC
BLV 铝芯												
2.5	18	16	15	15	16	14	13	15	14	13	12	20
4	24	22	20	20	22	20	19	20	19	17	16	20
6	31	28	26	20	27	25	23	20	25	23	21	25
10	42	39	36	25	38	35	32	25	33	30	28	32
16	55	51	47	32	49	45	42	32	44	41	38	32
25	73	68	63	32	65	60	56	40	57	53	49	40
35	90	84	77	40	80	74	69	40	70	65	60	50
50	114	106	98	50	102	95	88	50	90	84	77	63
70	145	135	125	50	130	121	112	50	115	107	99	63
95	175	163	151	63	158	147	136	63	140	130	121	75
120	200	187	173	63	180	168	155	63	160	149	138	75
150	230	215	198	75	207	193	179	75	185	172	160	75
185	265	247	229	75	235	219	203	75	212	198	183	90
BV 铜芯												
1.0	12	11	10	15	11	10	9	15	10	9	8	15
1.5	16	14	13	15	15	14	12	15	13	12	11	15
2.5	24	22	20	15	21	19	18	15	19	17	16	20
4	31	28	26	20	28	26	24	20	25	23	21	20
6	41	36	35	20	36	33	31	20	32	29	27	25
10	56	52	48	25	49	45	42	25	44	41	38	32
16	72	67	62	32	65	60	56	32	57	53	49	32
25	95	88	82	32	85	79	73	40	75	70	64	40
35	120	112	103	40	105	98	90	40	93	86	80	50
50	150	140	129	50	132	123	114	50	117	109	101	63
70	185	172	160	50	167	156	144	50	148	138	128	63
95	230	215	198	63	205	191	177	63	185	172	160	75
120	270	252	233	63	240	224	207	63	215	201	185	75
150	305	285	263	75	275	257	237	75	250	233	216	75
185	355	331	307	75	310	289	268	75	280	260	242	90

注：PC—硬塑料管。

附录 N 电力电缆的允许载流量

表 N-1 油浸纸绝缘电力电缆的允许载流量 （单位：A）

电缆型号	ZLQ、ZLQ、ZLL			ZLQ20、ZLQ30 ZLQ12、ZLL30			ZLQ2、ZLQ3、ZLQ5 ZLL12、ZLL13		
电缆额定电压/kV	1~3	6	10	1~3	6	10	1~3	6	10
最高允许温度/℃	80	65	60	80	65	60	80	65	60
芯数×截面积/mm²	敷设于25℃空气中						敷设于15℃土壤中		
3×2.5	22	—	—	24	—	—	30	—	—
3×4	28	—	—	32	—	—	39	—	—
3×6	35	—	—	40	—	—	50	—	—
3×10	48	43	—	55	48	—	67	61	—
3×16	65	55	55	70	65	60	88	78	73
3×25	85	75	70	95	85	80	114	104	100
3×35	105	90	85	115	100	95	141	123	118
3×50	130	115	105	145	125	120	174	151	147
3×70	160	135	130	180	155	145	212	186	170
3×95	195	170	160	220	190	180	256	230	209
3×120	225	195	185	255	220	206	289	257	243
3×150	265	225	210	300	255	235	332	291	277
3×180	305	260	245	345	295	270	376	330	310
3×240	365	310	290	410	345	325	440	386	367

表 N-2 聚氯乙烯绝缘及护套电力电缆的允许载流量 （单位：A）

电缆额定电压/kV	1				6			
最高允许温度/℃	+65							
芯数×截面积/mm²	15℃地中直埋		25℃空气中敷设		15℃地中直埋		25℃空气中敷设	
	铝	铜	铝	铜	铝	铜	铝	铜
3×2.5	25	32	16	20	—	—	—	—
3×4	33	42	22	28	—	—	—	—
3×6	42	54	29	37	—	—	—	—
3×10	57	73	40	51	54	69	42	54
3×16	75	97	53	68	71	91	56	72
3×25	99	127	72	92	92	119	74	95
3×35	120	155	87	112	116	149	90	116
3×50	147	189	108	139	143	184	112	144
3×70	181	233	135	174	171	220	136	175
3×95	215	277	165	212	208	268	167	215
3×120	244	314	191	246	238	307	194	250
3×150	280	261	225	290	272	350	224	288
3×180	316	407	257	331	308	397	257	331
3×240	361	465	306	394	353	455	301	388

表 N-3　交联聚乙烯绝缘聚氯乙烯护套电力电缆的允许载流量　　　（单位：A）

电缆额定电压/kV	1 (3~4 芯)				10 (3 芯)			
最高允许温度/℃	90							
芯数×截面积/mm²	15℃地中直埋		25℃空气中敷设		15℃地中直埋		25℃空气中敷设	
	铝	铜	铝	铜	铝	铜	铝	铜
3×16	99	128	77	105	102	131	94	121
3×25	128	167	105	140	130	168	123	158
3×35	150	200	125	170	155	200	147	190
3×50	183	239	155	205	188	241	180	231
3×70	222	299	195	260	224	289	218	280
3×95	266	350	235	320	266	341	261	335
3×120	305	400	280	370	302	386	303	388
3×150	344	450	320	430	342	437	347	445
3×180	389	511	370	490	382	490	394	504
3×240	455	588	440	580	440	559	461	587

表 N-4　电缆在不同环境温度时的载流量矫正系数

电缆敷设地点		空 气 中				土 壤 中			
环境温度/℃		20	25	30	35	10	15	20	25
缆芯最高工作温度/℃	60	1.069	1.0	0.926	0.864	1.054	1.0	0.943	0 > 882
	65	1.061	1.0	0.935	0.866	1.049	1.0	0.949	0.894
	70	1.054	1.0	0.943	0.882	1.044	1.0	0.953	0.905
	80	1.044	1.0	0.953	0.905	0.038	1.0	0.961	0.920
	90	1.038	1.0	0.961	0.920	1.033	1.0	0.966	0.931

表 N-5　电缆在不同土壤热阻系数时的载流量矫正系数

土壤热阻系数/℃mW⁻¹	分类特征（土壤特性和雨量）	校 正 系 数
0.8	土壤很潮湿，经常下雨。如湿度大于9%的沙土；湿度大于14%的沙—泥土等	1.05
1.2	土壤潮湿，规律性下雨。如湿度大于7%但小于9%的沙土；湿度为12%~14%的沙—泥土等	1.0
1.5	土壤较干燥，雨量不大。如湿度为8%~12%的沙—泥土等	0.93
2.0	土壤干燥，少雨。如湿度大于4%但小于7%的沙土；湿度为4%~8%的沙—泥土等	0.87
3.0	多石地层，非常干燥。如湿度小于4%的沙土等	0.75

表 N-6　电缆埋地多根并列时的载流量矫正系数

电缆外皮间距/mm	电缆根数							
	1	2	3	4	5	6	7	8
100	1	0.90	0.85	0.80	0.78	0.75	0.73	0.72
200	1	0.92	0.87	0.84	0.82	0.81	0.80	0.79
300	1	0.93	0.90	0.87	0.86	0.85	0.85	0.84

附录 O　导线机械强度最小截面

表 O-1　架空裸绞线的最小截面

线 路 类 别		导线最小截面积/mm^2		
		铝及铝合金绞线	钢芯铝绞线	铜绞线
35kV 及以上线路		35	35	35
3~10kV 线路	居 民 区	35	25	25
	非居民区	25	16	16
低 压 线 路	一 般	16	16	16
	与铁路交叉跨越档	35	16	16

表 O-2　绝缘导线芯线的最小截面

线 路 类 别			芯线最小截面积/mm^2		
			铜芯软线	铜 线	铝 线
照明用灯头引下线		室内	0.5	1.0	2.5
		室外	1.0	1.0	2.5
移动式设备线路		生活用	0.75	—	—
		生产用	1.0	—	—
敷设在绝缘支持件上的绝缘导线（L 为支持点间距）	室内	$L \leq 2m$	—	1.0	2.5
	室外	$L \leq 2m$	—	1.5	2.5
		$2m < L \leq 6m$	—	2.5	4
		$6m < L \leq 15m$	—	4	6
		$15m < L \leq 25m$	—	6	10
穿管敷设的绝缘导线			1.0	1.0	2.5
沿墙明敷的塑料护套线			—	1.0	2.5
板孔穿线敷设的绝缘导线			—	1.0（0.75）	2.5
PE 线和 PEN 线	有机械保护时		—	1.5	2.5
	无机械保护时	多芯线	—	2.5	4
		单芯干线	—	10	16

附录 P 导线、电缆的电阻和电抗

表 P-1 架空铝绞线的单位长度每相电阻和电抗值

导线型号	LJ-16	LJ-25	LJ-35	LJ-50	LJ-70	LJ-95	LJ-120	LJ-150	LJ-185	LJ-240
单位长度每相电阻/(Ω/km)	1.98	1.28	0.92	0.64	0.46	0.34	0.27	0.21	0.17	0.132
线间几何均距/m	单位长度每相电抗/(Ω/km)									
0.6	0.358	0.344	0.334	0.323	0.312	0.303	0.295	0.287	0.281	0.273
0.8	0.377	0.362	0.352	0.341	0.330	0.321	0.313	0.305	0.299	0.291
1.0	0.390	0.376	0.366	0.355	0.344	0.335	0.327	0.319	0.313	0.305
1.25	0.404	0.390	0.380	0.369	0.358	0.349	0.341	0.333	0.327	0.319
1.5	0.416	0.402	0.390	0.380	0.369	0.360	0.353	0.345	0.339	0.330
2.0	0.434	0.420	0.410	0.398	0.387	0.378	0.371	0.363	0.356	0.348

表 P-2 室内明敷及穿管的铝、铜芯绝缘导线的单位长度每相电阻和电抗值

(单位：Ω/km)

芯线截面积/mm²	单位长度每相铝芯绝缘导线			单位长度每相铜绝缘导线		
	电阻 R_0 (65℃)	电抗 X_0		电阻 R_0 (65℃)	电抗 X_0	
		明线间距100mm	穿管		明线间距100mm	穿管
1.5	24.39	0.342	0.14	14.48	0.342	0.14
2.5	14.63	0.327	0.13	8.69	0.327	0.13
4	9.15	0.312	0.12	5.43	0.312	0.12
6	6.10	0.300	0.11	3.62	0.300	0.11
10	3.66	0.280	0.11	2.19	0.280	0.11
16	2.29	0.265	0.10	1.37	0.265	0.10
25	1.48	0.251	0.10	0.88	0.251	0.10
35	1.06	0.241	0.10	0.63	0.241	0.10
50	0.75	0.229	0.09	0.44	0.229	0.09
70	0.53	0.219	0.09	0.32	0.219	0.09
95	0.39	0.206	0.09	0.23	0.206	0.09
120	0.31	0.199	0.08	0.19	0.199	0.08
150	0.25	0.191	0.08	0.15	0.191	0.08
185	0.20	0.184	0.07	0.13	0.184	0.07

表 P-3　电力电缆的单位长度每相电阻和电抗值

额定截面积 /mm	单位长度每相电阻/(Ω/km)						单位长度每相电抗/(Ω/km)					
	铝 芯 电 缆			铜 芯 电 缆			纸绝缘三芯电缆			塑料三芯电缆		
	线芯工作温度/℃						额定电压（等级）/kV					
	60	75	80	60	75	80	1	6	10	1	6	10
2.5	14.38	15.13	—	8.54	8.98	—	0.098	—	—	0.100	—	—
4	8.99	9.45	—	5.34	5.61	—	0.091	—	—	0.093	—	—
6	6.00	6.31	—	3.56	3.75	—	0.087	—	—	0.091	—	—
10	3.60	3.78	—	2.13	2.25	—	0.081	—	—	0.087	—	—
16	2.25	2.36	2.40	1.33	1.40	1.43	0.077	0.099	0.110	0.082	0.124	0.133
25	1.44	1.51	1.54	0.85	0.90	0.91	0.067	0.088	0.098	0.075	0.111	0.120
35	1.03	1.08	1.10	0.61	0.64	0.65	0.065	0.083	0.092	0.073	0.105	0.113
50	0.72	0.76	0.77	0.43	0.45	0.46	0.063	0.079	0.087	0.071	0.099	0.107
70	0.51	0.54	0.56	0.31	0.32	0.33	0.062	0.076	0.083	0.070	0.093	0.101
95	0.38	0.40	0.41	0.23	0.24	0.24	0.062	0.074	0.080	0.070	0.089	0.096
120	0.30	0.31	0.32	0.18	0.19	0.19	0.062	0.072	0.078	0.070	0.087	0.095
150	0.24	0.25	0.26	0.14	0.15	0.15	0.062	0.071	0.077	0.070	0.085	0.093
185	0.20	0.21	0.21	0.12	0.12	0.13	0.062	0.070	0.075	0.070	0.082	0.090
240	0.16	0.16	0.17	0.09	0.10	0.10	0.062	0.069	0.073	0.070	0.080	0.087

附录 Q　导体在正常和短路时的最高允许温度及热稳定系数

| 导体种类和材料 | | | 最高允许温度/℃ | | 热稳定系数 $C/(As^{1/2}/mm^2)$ |
			额定负荷时	短路时	
母　线	铜		70	300	171
	铝		70	200	87
油浸纸绝缘电缆	铜　芯	1~3kV	80	250	148
		6kV	65（80）	250	150
		10kV	60（65）	250	153
		35kV	50（65）	175	
	铝　芯	1~3kV	80	200	84
		6kV	65（80）	200	87
		10kV	60（65）	200	88
		35kV	50（65）	175	
橡皮绝缘导线和电缆	铜　芯		65	150	131
	铝　芯		65	150	87
聚氯乙烯绝缘导线和电缆	铜　芯		70	160	115
	铝　芯		70	160	76

（续）

导体种类和材料		最高允许温度/℃		热稳定系数 $C/(\text{As}^{1/2}/\text{mm}^2)$
		额定负荷时	短路时	
交联聚乙烯绝缘电缆	铜　芯	90（80）	250	137
	铝　芯	90（80）	200	77
含有锡焊中间接头的电缆	铜　芯		160	
	铝　芯		160	

注：1. 表中电缆（除橡皮绝缘电缆外）的最高允许温度是根据 GB 50217—2018《电力工程电缆设计标准》编制；表中热稳定系数是参照《工业与民用配电设计手册》编制。
2. 表中"油浸纸绝缘电缆"中加括号的数字，适于不滴流纸绝缘电缆。
3. 表中"交联聚乙烯绝缘电缆"中加括号的数字，适于 10kV 以上电压。

附录 R　电流继电器的技术数据

表 R-1　DL 型电磁式电流继电器的技术数据

型　号	最大整定电流/A	长期允许电流/A		动作电流/A		最小整定值时的功率消耗/W	返回系数
		线圈串联	线圈并联	线圈串联	线圈并联		
DL－11/2	2	4	8	0.5～1	1～2	0.1	0.8
DL－11/6	6	10	20	1.5～3	3～6	0.1	0.8
DL－11/10	10	10	20	2.5～5	5～10	0.15	0.8
DL－11/20	20	15	30	5～10	10～20	0.25	0.8
DL－11/50	50	20	40	12.5～25	25～50	1.0	0.8
DL－11/100	100	20	40	25～50	50～100	2.5	0.8

表 R-2　GL 型感应式电流继电器的技术数据

型　号	额定电流/A	整　定　值		速断电流倍数	返回系数
		动作电流/A	10 倍动作电流的动作时间/s		
GL－11/10，GL－21/10	10	4，5，6，7，8，9，10	0.5，1，2，3，4	2～8	0.85
GL－11/5，GL－21/5	5	2，2，5，3，3.5，4，4.5，5			
GL－15/10，GL－25/10	10	4，5，6，7，8，9，10	0.5，1，2，3，4		0.8
GL－15/5，GL－25/5	5	2，2，5，3，3.5，4，4.5，5			

附录 S　接地技术数据

表 S-1　电力装置工作接地电阻要求

序　号	电力装置名称	接地电力装置的特点		接地电阻值
1	1kV 以上大电流接地系统	仅用于该系统的接地装置		$R_E \leqslant \dfrac{2000\,V}{I_k^{(1)}}$ 当 $I_k^{(1)} > 4000\,A$ 时 $R_E \leqslant 0.5\,\Omega$
2	1kV 以上小电流接地系统	仅用于该系统的接地装置		$R_E \leqslant \dfrac{250\,V}{I_C}$ 且 $R_E \leqslant 10\,\Omega$
3		与 1kV 以下系统共用的接地装置		$R_E \leqslant \dfrac{120\,V}{I_C}$ 且 $R_E \leqslant 10\,\Omega$
4	1kV 以下系统	与总容量在 100kVA 以上的发电机或变压器相连的接地装置		$R_E \leqslant 4\,\Omega$
5		与总容量在 100kVA 及以下的发电机或变压器相连的接地装置		$R_E \leqslant 10\,\Omega$
6		本表序号 4 装置的重复接地		$R_E \leqslant 10\,\Omega$
7		本表序号 5 装置的重复接地		$R_E \leqslant 30\,\Omega$
8	避雷装置	独立避雷针和避雷线		$R_E \leqslant 10\,\Omega$
9		变配电所装设的避雷器	与序号 4 装置共用	$R_E \leqslant 4\,\Omega$
10			与序号 5 装置共用	$R_E \leqslant 10\,\Omega$
11		线路上装设的避雷器或保护间隙	与电机无电气联系	$R_E \leqslant 10\,\Omega$
12			与电机有电气联系	$R_E \leqslant 5\,\Omega$
13	建筑物	第一类防雷建筑物		$R_{sh} \leqslant 10\,\Omega$
14		第二类防雷建筑物		$R_{sh} \leqslant 10\,\Omega$
15		第三类防雷建筑物		$R_{sh} \leqslant 30\,\Omega$

注：R_E—工频接地电阻；R_{sh}—冲击接地电阻；$I_k^{(1)}$—流经接地装置的单相短路电流；I_C—单相接地电容电流，按式 (1-4) 计算。

表 S-2　土壤电阻率参考值

土壤名称	电阻率/Ωm	土壤名称	电阻率/Ωm
陶黏土	10	砂质黏土、可耕地	100
泥炭、泥灰岩、泥泽地	20	黄土	200
捣碎的木炭	40	含沙黏土、砂土	300
黑土、田园土、陶土	50	多石土壤	400
黏土	60	砂、砂粒	1000

表 S-3　垂直管形接地体单排敷设时的利用系数（未计入连接扁钢的影响）

管间距离与管长度之比 a/l	管子根数 n	利用系数 η_E	管间距离与管长度之比 a/l	管子根数 n	利用系数 η_E
1		0.84 ~ 0.87	1		0.67 ~ 0.72
2	2	0.90 ~ 0.92	2	5	0.79 ~ 0.83
3		0.93 ~ 0.95	3		0.85 ~ 0.88
1		0.76 ~ 0.80	1		0.56 ~ 0.62
2	3	0.85 ~ 0.88	2	10	0.72 ~ 0.77
3		0.90 ~ 0.92	3		0.79 ~ 0.83

表 S-4　垂直管形接地体环形敷设时的利用系数（未计入连接扁钢的影响）

管间距离与管长度之比 a/l	管子根数 n	利用系数 η_E	管间距离与管长度之比 a/l	管子根数 n	利用系数 η_E
1		0.66 ~ 0.72	1		0.44 ~ 0.50
2	4	0.76 ~ 0.80	2	20	0.61 ~ 0.66
3		0.84 ~ 0.86	3		0.68 ~ 0.73
1		0.58 ~ 0.65	1		0.41 ~ 0.47
2	6	0.71 ~ 0.75	2	30	0.58 ~ 0.63
3		0.78 ~ 0.82	3		0.66 ~ 0.71
1		0.52 ~ 0.58	1		0.38 ~ 0.44
2	10	0.66 ~ 0.71	2	40	0.56 ~ 0.61
3		0.74 ~ 0.78	3		0.64 ~ 0.69

部分习题参考答案

1-1　T_1：10.5/242kV；WL_1：220kV；WL_2：35kV。

1-2　G：10.5kV；T_1：10.5/38.5kV；T_2：35/6.6kV；T_3：10/0.4kV。

3-1　取 $K_{\Sigma p} = 0.9$，$K_{\Sigma q} = 0.92$，$P_{30} = 39.2$kW，$Q_{30} = 68.2$kvar，$S_{30} = 78.7$kVA，$I_{30} = 119.5$A。

3-2　需要系数法：$K_d = 0.2$，$\cos\varphi = 0.5$，$P_{30} = 17$kW，$Q_{30} = 29.4$kvar，$S_{30} = 34$kVA，$I_{30} = 51.7$A。

　　二项式系数法：$b = 0.14$，$c = 0.4$，$\cos\varphi = 0.5$，$P_{30} = 20.9$kW，$Q_{30} = 36.2$kvar，$S_{30} = 41.8$kVA，$I_{30} = 63.5$A。

3-3　$P_{30(1)} = 428$kW，$Q_{30(1)} = 383$kvar，$\cos\varphi = 0.746$；$Q_C = 175$kvar。

3-4　需要系数法（$K_\Sigma = 0.9$）：$P_{30} = 31.68$kW，$Q_{30} = 50.58$kvar，$S_{30} = 59.68$kVA，$I_{30} = 90.7$A。

　　二项式法：$P_{30} = 38.38$kW，$Q_{30} = 62.58$kvar，$S_{30} = 73.41$kVA，$I_{30} = 111.5$A。

3-5　车间计算负荷（$K_\Sigma = 0.95$）：$P_{30} = 225.75$kW，$Q_{30} = 348.82$kvar，$S_{30} = 415.5$kVA，$I_{30} = 630.5$A。

　　总降变压器高压侧（$K_\Sigma = 0.75$）：$P_{30} = 609.4$kW，$Q_{30} = 583.7$kvar，$S_{30} = 843.8$kVA，$I_{30} = 46.4$A；$\cos\varphi_{av} = 0.7$。

3-6　补偿前变压器一次测：$P_{30} = 2204.5$kW，$Q_{30} = 1721.6$kvar，$S_{30} = 2797.1$kVA，$I_{30} = 46.1$A。

　　如二次侧补偿到0.95，则能保证一次侧补偿到0.90。

　　补偿后变压器一次测：$P_{30} = 2199.1$kW，$Q_{30} = 994.1$kvar，$S_{30} = 2393.2$kVA，$I_{30} = 39.5$A。

3-7　$I_{30} = 88.8$A，$I_{pk} = 283.4$A。

4-1

短路计算点	短路电流/kA					短路容量/MVA
	$I_k^{(3)}$	$I''^{(3)}$	$I_\infty^{(3)}$	$i_{sh}^{(3)}$	$I_{sh}^{(3)}$	$S_k^{(3)}$
k-1	3.43	3.43	3.43	8.74	5.18	61.35
k-2	32.6	32.6	32.6	59.98	35.53	22.64

4-2　同4-1答案。

6-1　选两台 S9-1000/10/0.4 型变压器。

6-2　相线截面选为95mm²，$I_{al} = 152$A；PEN线选为50mm²，穿线钢管选为 $G70$mm。

6-3　所选结果为 BLV-500-（$3 \times 95 + 1 \times 50 + PE50$）-G70。

6-4 相线采用 LJ – 50 型，其 $I_{al(30℃)} = 202A > I_{30} = 179A$，PE 线可选 LJ – 25 型；$\Delta U\% = 3.9\% < \Delta U_{al}\% = 5\%$。

6-5 按发热条件选 BLX – 500 – 1 × 25 型导线，其 $I_{al} = 102A$，$\Delta U\% = 1.93\%$。

6-6 ① 选 LGJ – 35 型导线。

② $I_{al} = 179A$，满足发热要求。

③ $\Delta U\% = 4.74\%$，满足电压损失要求。

④ 满足 35kV 导线最小截面机械强度的要求。

7-1 动作整定电流为 8A，速断电流倍数整定为 7 倍左右，均满足保护灵敏度要求。

7-2 前一级继电器的动作时间整定为 0.8s。

7-3 动作电流整定为 6A，速断电流倍数整定为 5.6 倍，过电流灵敏度满足要求。

8-1 避雷针保护半径约为 16.1m > 15m，因此能保护该建筑物。

参 考 文 献

[1] 刘介才. 工厂供电 [M]. 2版. 北京：机械工业出版社，2014.

[2] 周鸿昌. 工厂供电及例题习题 [M]. 上海：同济大学出版社，1992.

[3] 朱献清. 物业供用电. 北京：机械工业出版社，2006.

[4] 张松春，赵秀芬，蒋春宝. 电子控制设备抗干扰技术及其应用，[M]. 2版. 北京：机械工业出版社，1998.

[5] 唐志平，魏胜宏，杨卫东. 工厂供配电 [M]. 北京：电子工业出版社，2006.

[6] 张莹，张焕丽，严俊. 工厂供配电技术 [M]. 2版. 北京：电子工业出版社，2008.

[7] 刘介才. 供配电技术 [M]. 4版. 北京：机械工业出版社，2017.

[8] 余健明，同向前，苏文成. 供电技术 [M]. 4版. 北京：机械工业出版社，2008.

[9] 戴绍基. 工厂供电 [M]. 2版. 北京：机械工业出版社，2010.

[10] 刘思亮. 建筑供配电 [M]. 北京：中国建筑工业出版社，1998.

[11] 李友文. 工厂供电 [M]. 北京：化学工业出版社，2001.

[12] 黄纯华，刘维仲. 工厂供电 [M]. 天津：天津大学出版社，1996.

[13] 黄明琪，李善奎，文方. 工厂供电 [M]. 重庆：重庆大学出版社，1995.